建筑力学

(第2版)

柳素霞 郭宁秀 主编

清华大学出版社
北京

内 容 简 介

"建筑力学"是建筑类专业的基础课程,为该类专业的岗位知识和技能的学习奠定力学计算和分析的基础。本书主要内容包括：①力学基础篇,主要研究物体的受力分析及所需的相关基础知识——力的投影、力矩、力偶、荷载、约束等；②承载能力篇,主要研究杆件安全工作所必需具有的强度、刚度和稳定性条件；③结构的受力分析篇,主要研究工程中常见的静定结构和超静定结构的受力情况,以便对结构进行强度、刚度、稳定性分析。

为提高学习效果、落实"课程思政"、加强理实一体,本书的纸质版教材在每章设置了拓展阅读、小结、思考题、习题等作为学习的参考。数字资源包则包括课件PPT、重难点讲解动画和视频、试题测试等,有效利用信息化教学优势,辅助课程教学。

本书以实用、够用的原则进行编写,具有资源丰富、通俗易懂、理实一体等特点,是一本系统学习建筑力学的理想教材。本书可作为高等职业、专科院校建筑专业的教材及培训教材,也可供建筑行业技术人员参考。

版权所有,侵权必究。举报：010-62782989,beiqinquan@tup.tsinghua.edu.cn。

图书在版编目（CIP）数据

建筑力学 / 柳素霞,郭宁秀主编. -- 2版.
北京 : 清华大学出版社, 2024. 6. -- ISBN 978-7-302-66468-0
Ⅰ. TU311
中国国家版本馆CIP数据核字第2024XF8474号

责任编辑：秦 娜 王 华
封面设计：陈国熙
责任校对：欧 洋
责任印制：杨 艳

出版发行：清华大学出版社
网　　址：https://www.tup.com.cn, https://www.wqxuetang.com
地　　址：北京清华大学学研大厦A座　　邮　编：100084
社 总 机：010-83470000　　邮　购：010-62786544
投稿与读者服务：010-62776969, c-service@tup.tsinghua.edu.cn
质量反馈：010-62772015, zhiliang@tup.tsinghua.edu.cn

印 装 者：三河市龙大印装有限公司
经　　销：全国新华书店
开　　本：185mm×260mm　　印　张：19　　字　数：458千字
版　　次：2012年8月第1版　　2024年8月第2版　　印　次：2024年8月第1次印刷
定　　价：59.00元

产品编号：097127-01

编者名单

主　编：柳素霞　郭宁秀
参　编：熊晓艳　马晓凡　张露凝　柳月婷　郑　辉
　　　　张　喆　张辰希　吴海波　王馨梅

前言

"建筑力学"作为建筑类专业的基础课程,为该类专业的岗位知识和技能的学习奠定力学计算和分析的基础。而该课程的定位由原来的理论的系统性、完整性转向实用性。对内容的取舍以实用、够用为限度,以讲清概念、强化应用为重点,突出培养学生分析问题和解决问题的能力。因此,根据建筑专业的技能需求,本书将传统的静力学、材料力学和结构力学的有关内容进行融合、贯通和取舍,达到重新整合教材体系并加强内容针对性的目的。全书分为力学基础篇、承载能力篇、结构的受力分析篇,更贴近建筑工程技术人员的岗位需求。

本书作为新形态一体化教材,包括纸质版教材和数字资源包。纸质版教材共分9章,包括绪论、力学基本概念、静力分析、结构的约束力、杆件的内力、杆件的承载能力、结构的几何组成分析、静定结构的受力分析与位移计算、超静定结构的受力分析。针对纸质版教材还配备了数字资源包,作为教学辅助和参考。

本书由柳素霞统稿。其中,绪论、力学基本概念、结构的几何组成分析、静定结构的受力分析与位移计算、超静定结构的受力分析由柳素霞编写;静力分析、结构的约束力、杆件的内力、杆件的承载能力由郭宁秀编写。柳素霞、郭宁秀、熊晓艳、马晓凡、张露凝、柳月婷、郑辉、张喆、张辰希、吴海波、王馨梅等教师完成了拓展阅读资料的编写和数字资源包的制作。

目 录

绪论 ·· 1
   0.1 建筑力学研究的对象和任务 ·· 3
   0.2 建筑力学的主要内容 ·· 4
   0.3 建筑力学的基本研究方法 ·· 5
   0.4 建筑力学的学习方法 ·· 6
   0.5 建筑力学在建筑设计和施工中的作用 ·· 6
   0.6 力学与建筑力学发展简况 ·· 7
   拓展阅读 ·· 8
   课后练习 ·· 12

第1篇 力 学 基 础

第1章 力学基本概念 ·· 15

   1.1 力、力系 ·· 15
       1.1.1 力的概念 ·· 15
       1.1.2 作用力与反作用力 ·· 16
       1.1.3 力的效应 ·· 18
       1.1.4 力与力系的等效 ·· 18
   1.2 力在轴上的投影 ·· 19
       1.2.1 力在直角坐标轴上的投影 ·· 19
       1.2.2 合力投影定理 ·· 21
   1.3 力矩 ·· 22
       1.3.1 力对点之矩 ·· 22
       1.3.2 合力矩定理 ·· 24
   1.4 力偶 ·· 25
       1.4.1 力偶和力偶矩 ·· 25
       1.4.2 力偶的性质 ·· 26
       1.4.3 力向一点平移的结果——力的平移定理 ·· 28
   拓展阅读 ··· 29
   小结 ··· 32

课后练习 ·· 33

第 2 章　静力分析 ·· 37

　2.1　平衡 ·· 37

　　　2.1.1　平衡的概念 ··· 37

　　　2.1.2　二力平衡条件 ··· 37

　2.2　约束 ·· 38

　　　2.2.1　约束和约束反力的概念 ··· 38

　　　2.2.2　几种常见的约束及其反力 ··· 38

　2.3　物体受力分析　受力图 ·· 41

　　　2.3.1　受力分析的方法 ··· 41

　　　2.3.2　受力分析的步骤 ··· 41

　2.4　结构计算简图 ·· 44

　　　2.4.1　基本概念 ··· 44

　　　2.4.2　荷载与荷载的简化 ··· 44

　　　2.4.3　支座的简化 ··· 45

　　　2.4.4　结构与构件的简化 ··· 46

　　拓展阅读 ·· 47

　　小结 ·· 49

　　课后练习 ·· 50

第 3 章　结构的约束力 ··· 53

　3.1　静力平衡方程 ·· 53

　　　3.1.1　力系平衡的数学表达——静力平衡方程 ··························· 53

　　　3.1.2　平面受力的特殊情况及其平衡方程 ··································· 54

　3.2　构件及结构的约束力计算 ··· 55

　　　3.2.1　约束力的计算方法 ·· 55

　　　3.2.2　平衡方程的应用 ·· 56

　　拓展阅读 ··· 62

　　小结 ··· 63

　　课后练习 ··· 63

第 2 篇　承 载 能 力

第 4 章　杆件的内力 ··· 69

　4.1　内力计算基础 ·· 69

　　　4.1.1　变形固体的基本假设 ·· 69

　　　4.1.2　四种基本变形 ·· 70

　　　4.1.3　内力 ·· 71

4.2　轴向拉伸和压缩杆件的内力 ·· 72
　　　4.2.1　轴向拉伸和压缩的概念及实例 ·· 72
　　　4.2.2　轴向拉(压)时横截面上的内力 ·· 72
　4.3　剪切与扭转的内力 ·· 76
　　　4.3.1　剪切的概念 ·· 76
　　　4.3.2　扭转 ·· 77
　4.4　直梁弯曲的内力 ·· 80
　　　4.4.1　平面弯曲和梁的类型 ·· 80
　　　4.4.2　梁的内力——剪力和弯矩 ·· 82
　　　4.4.3　梁的内力图及常用绘制方法 ·· 86
　　　4.4.4　用叠加法画梁的弯矩图 ·· 91
拓展阅读 ·· 93
小结 ·· 94
课后练习 ·· 95

第5章　杆件的承载能力 ·· 99

　5.1　应力和应变的概念 ·· 99
　　　5.1.1　应力的概念 ·· 99
　　　5.1.2　变形与应变 ·· 99
　5.2　轴向荷载作用下材料的力学性能 ·· 100
　　　5.2.1　材料的轴向拉伸试验 ·· 101
　　　5.2.2　应力-应变曲线 ·· 102
　　　5.2.3　材料失效的两种形式 ·· 103
　　　5.2.4　塑性材料和脆性材料不同性能的比较 ·· 105
　　　5.2.5　构件的失效及其分类 ·· 105
　5.3　强度失效和强度条件 ·· 106
　　　5.3.1　强度失效、极限应力 ·· 106
　　　5.3.2　许用应力、安全系数 ·· 106
　5.4　平面图形的几何性质 ·· 107
　　　5.4.1　形心的计算 ·· 108
　　　5.4.2　截面二次矩(惯性矩) ··· 111
　　　5.4.3　截面二次极矩 ·· 114
　　　5.4.4　惯性半径 ·· 115
　5.5　轴向拉(压)杆件的承载能力计算 ·· 115
　　　5.5.1　轴向拉(压)杆件横截面上的应力 ·· 115
　　　5.5.2　轴向拉(压)杆件的强度计算 ·· 116
　　　5.5.3　轴向拉伸和压缩时的变形——胡克定律 ·· 119
　　　5.5.4　应力集中 ·· 121
　　　5.5.5　细长受压杆件的稳定问题 ·· 122

5.6 圆轴扭转时的强度计算 ·· 127
　　5.6.1 圆轴扭转时的横截面应力 ··· 127
　　5.6.2 圆轴扭转时的强度计算 ··· 129
5.7 梁的强度、刚度计算 ·· 131
　　5.7.1 梁的强度计算 ··· 131
　　5.7.2 梁的刚度计算 ··· 140
5.8 连接件的实用强度计算 ·· 143
　　5.8.1 剪切的强度计算 ··· 143
　　5.8.2 挤压强度的实用计算 ··· 145
5.9 偏心受压构件的应力和强度条件 ·· 150
　　5.9.1 荷载的简化和内力计算 ··· 150
　　5.9.2 应力计算和强度条件 ··· 150
拓展阅读 ··· 153
小结 ··· 154
课后练习 ··· 157

第3篇　结构的受力分析

第6章　结构的几何组成分析 ·· 173
6.1 几何不变体系和几何可变体系 ·· 173
6.2 几何不变体系的组成规则 ·· 174
　　6.2.1 二元体规则 ··· 175
　　6.2.2 两刚片规则 ··· 176
　　6.2.3 三刚片规则 ··· 176
　　6.2.4 瞬变体系 ··· 177
6.3 结构组成分析方法 ·· 178
6.4 静定结构与超静定结构 ·· 182
拓展阅读 ··· 183
小结 ··· 186
课后练习 ··· 187

第7章　静定结构的受力分析与位移计算 ·· 189
7.1 工程中常见静定结构概述 ·· 189
　　7.1.1 静定结构的概念 ··· 189
　　7.1.2 静定结构的类型 ··· 189
7.2 静定结构的内力 ·· 190
　　7.2.1 静定结构的几何组成分类 ··· 190
　　7.2.2 截面法计算静定结构的内力 ··· 192
　　7.2.3 单跨静定梁 ··· 193

    7.2.4 多跨静定梁 ·············· 195
    7.2.5 静定刚架 ·················· 197
    7.2.6 静定桁架 ·················· 205
    7.2.7 三铰拱简介 ··············· 210
    7.2.8 静定组合结构简介 ········ 213
  7.3 静定结构的位移 ················ 214
    7.3.1 概述 ······················ 214
    7.3.2 单位荷载法计算桁架的位移 ········ 215
    7.3.3 图乘法计算梁和刚架的位移 ······· 218
  7.4 静定结构的特性 ················ 223
    7.4.1 静定结构的一般性质 ······ 223
    7.4.2 几种静定结构的受力性能比较 ····· 225
  拓展阅读 ······························ 227
  小结 ·································· 230
  课后练习 ······························ 232

第8章 超静定结构的受力分析 ········ 238

  8.1 超静定结构概述 ················ 238
    8.1.1 超静定结构的概念 ········ 238
    8.1.2 超静定结构类型 ·········· 239
    8.1.3 超静定次数的确定 ········ 240
  8.2 力法计算超静定梁和超静定刚架 ··· 242
    8.2.1 力法原理 ·················· 242
    8.2.2 力法典型方程 ············ 244
    8.2.3 力法的计算步骤及举例 ··· 246
    8.2.4 力法计算支座移动引起超静定结构的内力 ···· 252
  8.3 利用对称性的简化计算 ·········· 254
  8.4 超静定结构的特性 ·············· 263
  拓展阅读 ······························ 265
  小结 ·································· 267
  课后练习 ······························ 268

参考文献 ································ 272

附录 型钢规格表 ······················ 273

二维码目录

视频

0-1	承载能力	4
0-2	建筑力学主要内容	4
1-1	例 1-1	17
1-2	力的合成与分解-力的平行四边形法则	19
1-3	例 1-2	19
1-4	力在直角坐标轴上的投影	19
1-5	例 1-3	20
1-6	例 1-4	21
1-7	力矩	22
1-8	例 1-5	23
1-9	例 1-8	24
1-10	力偶	25
2-1	圆柱铰链约束	39
2-2	例 2-1	42
2-3	例 2-2	42
2-4	例 2-3	42
2-5	例 2-4	43
2-6	例 2-5	44
3-1	例 3-1	56
3-2	例 3-4	58
3-3	例 3-5	58
3-4	例 3-6	59
3-5	例 3-7	60
4-1	直杆的四种基本变形形式	70
4-2	内力的计算方法:截面法	71
4-3	例 4-1	73
4-4	例 4-2	74
4-5	例 4-5	78
4-6	例 4-7	83
4-7	计算剪力和弯矩的规律	84

4-8	例 4-9	88
5-1	应力应变	99
5-2	轴向拉伸压缩实验	101
5-3	强度失效	106
5-4	例 5-1	110
5-5	例 5-4	113
5-6	轴向拉(压)杆件横截面上的应力	115
5-7	例 5-6	116
5-8	胡克定律	119
5-9	圆轴扭转时横截面应力	127
5-10	例 5-16	129
5-11	梁弯曲时的正应力	133
5-12	例 5-19	135
5-13	提高梁弯曲强度的措施	137
5-14	例 5-23	142
6-1	几何组成分析的基本规则	175
6-2	例 6-1	180
6-3	例 6-2	181
6-4	例 6-3	181
7-1	例 7-1	193
7-2	例 7-2	196
7-3	例 7-4	201
7-4	例 7-6	207
7-5	例 7-7	209
7-6	例 7-9	217
7-7	例 7-10	221
8-1	力法原理	242
8-2	例 8-1	246
8-3	例 8-3	252
8-4	例 8-5	257

PPT

PPT0-1	绪论	1
PPT1-1	力、力系	15
PPT1-2	力在轴上的投影	19
PPT1-3	力矩	22
PPT1-4	力偶	25
PPT2-1	平衡	37
PPT2-2	约束	38

PPT2-3	物体受力分析及受力图	41
PPT2-4	结构计算简图	44
PPT3-1	静力平衡方程	53
PPT3-2	构件及结构的约束力计算	55
PPT4-1	内力计算基础	69
PPT4-2	轴向拉伸和压缩杆件的内力	72
PPT4-3	剪切与扭转的内力	76
PPT4-4	直梁弯曲的内力	80
PPT5-1	应力应变	99
PPT5-2	轴向荷载作用下的材料力学性能	100
PPT5-3	强度失效	106
PPT5-4	平面图形的几何性质	107
PPT5-5	轴向拉（压）杆件的承载能力计算	115
PPT5-6	圆周扭转时的强度计算	127
PPT5-7	梁的强度、刚度计算	131
PPT5-8	连接件的实用强度计算	143
PPT5-9	偏心受压构件的应力和强度条件	150
PPT6-1	几何不变体系和几何可变体系	173
PPT6-2	几何不变体系的组成规则	174
PPT6-3	结构组成分析方法	178
PPT6-4	静定结构与超静定结构	182
PPT7-1	工程中常见静定结构概述	189
PPT7-2	静定结构的内力	190
PPT7-3	静定结构的位移	214
PPT7-4	静定结构的特性	223
PPT8-1	超静定结构概述	238
PPT8-2	力法计算超静定梁和超静定刚架	242
PPT8-3	利用对称性的简化计算	254
PPT8-4	超静定结构的特性	263

客观题

第0章	绪论	12
第1章	力学基本概念	36
第2章	静力分析	52
第3章	结构的约束力	65
第4章	杆件内力	98
第5章	杆件承载能力分析	169
第6章	结构的几何组成分析	188
第7章	静定结构的受力分析与位移计算	237
第8章	超静定结构受力分析	271

绪 论

我们的祖先早在1000多年以前就开始利用石材、木材建造复杂的建筑物。比如：西安大雁塔建于唐代，塔身全部采用砖石材料，如图0-1所示；山西应县佛光寺的木塔建于辽代，为木结构楼阁式塔身，总高超过67 m，经过十几次大地震，木塔仍安然无恙，如图0-2所示。随着生产力的不断发展，现代化建筑物层出不穷，比如：我国第一座独立自主建造的现代化桥梁——南京长江大桥，形式优美、设计先进的上海卢浦大桥，北京的国家体育场——鸟巢，现今亚洲最高的建筑——上海环球金融中心等现代化建筑物见证了我国建筑业在新材料、新结构、新技术方面的迅猛发展，如图0-3(a)～(d)所示。但这些建筑工程的设计与施工，都离不开"建筑力学"课程的基本知识。

图0-1 西安大雁塔

图0-2 山西应县木塔

"建筑力学"是对建筑物进行力学分析和计算的一门学科。一个合理的建筑物在建造之前，设计人员将对其进行受力分析和力学计算，从而保证建筑物的经济性和安全性。经济性是指用的材料节省，易于建造，生产成本低廉等；安全性是指长时间使用不易损坏。另外，读者通过学习"建筑力学"这门课程，能够解决建筑物设计和施工中所遇到的很多受力问题。

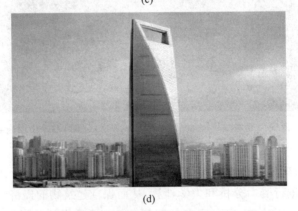

图 0-3　我国的一些现代化建筑

(a) 南京长江大桥；(b) 上海卢浦大桥；(c) 北京的国家体育场——鸟巢；(d) 上海环球金融中心

0.1 建筑力学研究的对象和任务

建筑力学研究的对象为建筑工程的结构与构件。建筑物一般都是由板、梁、墙(或柱)、基础等构件组成的,这种构件互相连接、互相支承,合理地构成各种形式的平面或空间体系,能承受荷载、维持平衡,并起到建筑物的骨架作用。这种骨架称为建筑工程的结构,简称结构。图 0-4 所示的房屋的楼板、主梁、次梁、柱、基础等构成的体系,称为房屋的结构。而构成结构的零部件称为构件。如图 0-4 所示房屋结构中的主梁、次梁、柱等皆为构件。

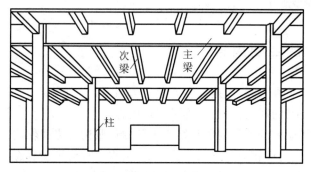

图 0-4 房屋结构图

建筑工程的结构与构件在施工或使用期间会受到各种力的作用,如建筑物顶部的积雪重力,楼板上的人群、家具、设备重力以及本身的重力,墙上承受楼面传来的压力和风力,基础则承受墙身传来的压力,等等。这些主动作用在建筑物上的力在建筑工程中称为荷载。荷载作用在构件上,会引起周围物体对它的反作用力,比如:一根受荷载作用的梁搭在柱子上会受到柱子对梁的支持力。这样任何一个构件在设计时都需要分析它们受到哪些荷载的作用以及周围物体对它有哪些反作用力,并分析计算构件上力的大小和方向。

另外,当构件受到上述各种力的作用时会发生变形,存在破坏的可能,因此,要求结构或构件都必须具有抵抗外部作用的能力。根据工程要求,构件首先不能发生破坏,因此在设计结构构件时,必须保证它具有足够的抵抗破坏的能力,即具有足够的强度。在有些情况下,还要求构件在荷载等因素作用下不能产生较大的变形。例如屋盖中的檩条,如变形过大会造成屋面漏水;再如工业厂房楼面变形过大会使加工的工业产品质量不合格等。因此,在设计时除需要构件具有足够的强度外,还要具有足够的抵抗变形的能力,使变形的量值不超过工程所允许的范围,即具有足够的刚度。此外,像柱子之类的受压杆件,如果比较细长,当压力达到某一定值时将会突然变弯再不能保持它原有的直线状态而发生破坏,这种现象叫压杆失去稳定性,简称失稳。因此,设计压杆或其他受压结构时必须保证其具有保持原有平衡状态的能力,即具有足够的稳定性。构件的强度、刚度和稳定性,统称为构件的承载能力。

为了保证构件具有足够的承载能力,往往需要选用优质材料或较大的构件横截面尺寸。但任意选用优质材料或过大的横截面又会造成浪费。建筑结构应当以最经济的代价,获得最大的承载能力。提高构件或结构的承载能力,并不意味着只有增大横截面尺寸才能达到。例如,用一张硬纸片,一端固定,另一端放一个砝码,如图 0-5(a)所示,将会看到:硬纸片因承受不了砝码的重力而发生很大的变形,最后造成破坏;若把纸片折成 W 形,它不仅可以

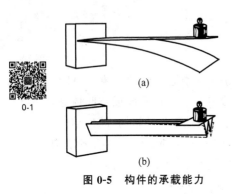

图 0-5 构件的承载能力

承受该砝码的重力,而且变形很小,如图 0-5(b)所示。可见构件的承载能力不但与材料的力学性质和截面尺寸有关,还与构件的横截面形状有关。而建筑结构的承载能力,不仅与组成结构的单个构件有关,还与各构件间的连接方式有关。不同的连接方式会形成不同的结构形式,而不同的结构形式则具有不同的力学特性和承载能力。

综上所述,建筑力学的主要任务是研究构件(或结构)的受力情况和构件(或结构)的承载能力,以保证建筑结构的安全性和经济性。

0.2 建筑力学的主要内容

建筑力学应用于工程实际,直接为发展生产力服务,它研究的正是建筑工程实际问题。本着"实用"和"少而精"的原则,本书安排了三篇内容。

力学基础。本篇研究的主要问题是结构中各构件及构件之间作用力的问题。因为在正常情况下,建筑结构或构件相对于地球是静止的,工程上称为平衡状态。建筑结构或构件处于平衡状态时作用在它上面的力是有条件的,这些条件称为平衡条件。因此构件上所受到的各种力都要符合使物体保持平衡状态的条件,利用平衡条件可以确定作用力的大小和方向。本篇的重点是以研究力之间的平衡关系为主题,并将它应用到结构的受力分析中。

学习思路为:

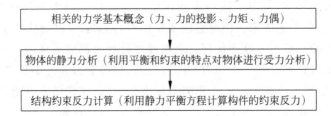

承载能力。本篇研究的主要问题是杆件的强度、刚度和稳定性,又统称为构件的承载能力。首先研究杆件在外力作用下会产生什么样的变形规律、内力分布规律以及应力分布规律,分析得到构件的强度条件、刚度条件和稳定性条件,并为设计既安全又经济的构件选择适当的材料、截面形状和尺寸,从而掌握构件承载能力的计算。本篇的重点是研究构件的承载能力,保证建筑物正常、安全地工作。

学习思路为:

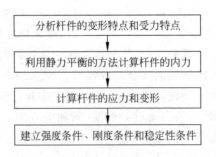

结构的受力分析。本篇研究的主要问题是以杆件体系作为研究对象讨论其承载能力。首先研究平面杆件结构的几何组成规律,保证各个部分不致发生相对运动,并在荷载的作用下维持平衡。然后研究分析不同形式的杆件体系的内力和变形情况,为工程设计提供分析方法和计算公式,为结构的承载能力计算打下基础。结构的受力分析包括静定结构受力分析和超静定结构受力分析。

学习思路如下:

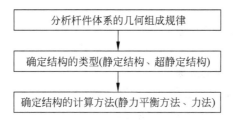

0.3 建筑力学的基本研究方法

1. 受力分析法

建筑结构或构件上受力都是比较复杂的。在对其进行力学计算前,一定要弄清哪些是已知力,哪些是未知力,这些力之间存在什么内在联系,根据计算需要画出结构或构件的受力图,这一分析过程叫作物体的受力分析。掌握这一分析方法十分重要,它是解决各种力学问题的前提,如果这一步错了,那么以后一切计算皆是错。

2. 平衡条件分析法

平衡条件是指物体处于平衡状态时,作用在物体上的力系所应满足的条件。我们知道,如果一个物体或物系处于平衡状态,那么它所截取的任一部分都处于平衡状态。因此,当要计算物体所受的未知力时,可以去掉外部约束,取出隔离体,画出隔离体的受力图,利用平衡条件计算未知的约束力,这种方法称为隔离体法。当要计算某个截面的内力时,就可假想地用一平面将这一截面切开,任取一部分为研究对象,画出其受力图,利用平衡条件计算出未知的内力,这种方法称为截面法。隔离体法和截面法都是利用平衡条件计算未知力的方法,统称为平衡条件分析法,这是求解未知力的一种普遍方法,贯穿于建筑力学课程的始终。

3. 变形连续假设分析法

变形连续条件是指变形连续固体受力变形后仍然是均匀连续的,这样就可以用数学连续函数来分析问题。尽管它不完全符合实际情况,但基本上可以满足工程要求,且能使计算大大简化。

4. 力与变形的物理关系分析法

变形固体受力作用后要发生变形,根据小变形假设可以证明,力与变形成正比(即胡克定律)。这样就可以利用外力、变形和应力、应变的物理关系方便地建立构件的强度条件、刚度条件和稳定性条件。

5. 小变形分析法

小变形系指结构或构件在外力等因素作用下产生的变形与原尺寸相比是非常微小的,为了简化计算,在某些具体问题计算中可忽略不计,即外荷载的大小、方向、作用点在变形前后都一样,仍用原尺寸进行计算,这样可以用叠加法计算内力和变形,从而大大简化计算工作量。

6. 实验分析法

材料的力学性质都是通过实验测量出来的。因此,实验是建筑力学课程的一个重要的教学内容,通过实验可使学生巩固所学的力学基本理论,掌握测定常用建筑材料力学性质的基本方法和技能,提高学生的动手能力,并锻炼学生实事求是的思维方式。

0.4 建筑力学的学习方法

1. 建筑力学与其他课程的关系

在建筑力学的学习过程中,经常会遇到高等数学、物理学中的一些知识,因此,在学习中应该根据需要对相关的内容进行必要的复习,并在运用中得到巩固和提高。在后续课程中,建筑力学又是建筑结构、地基基础和施工技术等课程的基础,如果学不好建筑力学,将给后继课程的学习带来很多困难。

2. 建筑力学具体学习方法指导

(1) 建筑力学系统性较强,各部分有较紧密的联系,学习中要循序渐进,及时解决不清楚的问题,以免在以后的学习中失去信心。

(2) 上课要用心听讲,听老师是如何引出概念、如何阐明理论、如何分析问题和解决问题的。这样才能深入体会和理解基本概念、基本理论和基本方法,不能满足于背公式、记结论。要重点学习建筑力学分析问题的思路和解决问题的方法。

(3) 课后应及时复习,加深对所学内容的理解。在复习理解的基础上,再做一定量的练习。练习是运用基本理论解决实际问题的一种基本训练,要在理解概念与掌握公式的基础上进行,切忌死记硬背。可以说,不联系实际、不做习题是学不好建筑力学的。

(4) 学完一章或一篇后,要将主要内容进行提纲挈领的归纳和总结,对新概念、新理论要多问几个"为什么",弄清新旧知识之间的联系与区别,这样才能将书本上的知识变成自己的知识。

(5) 建筑力学的知识源于实际,因此也必须用于实际。学习这门课程必须联系实际,要大量地观察实际生活中的力学现象,并学会用力学基本知识去解释这些现象,在力学的实际应用中学会创新,并提高分析问题与解决问题的能力。

0.5 建筑力学在建筑设计和施工中的作用

从事建筑设计和施工的工程技术人员,必须掌握建筑力学的基本理论和知识。从事建筑施工的人员,只有掌握了这些知识,才能懂得建筑物中各种构件的作用、受力情况、传力途径以及它们在各种力的作用下和一定的工作条件下可能产生的破坏机理等。这样,在施工中就可以正确理解设计意图,确保工程质量,避免事故发生。比如:某建筑因工程需要缩短桁架的跨度,施工人员为省工时,擅自将原屋架的端节点处的蹬口及上、下弦全部锯掉以减小跨度,只用三个圆钉和两块木夹板在两面固定,以达到方便施工的目的,如图 0-6 所示。这样,完全破坏了屋架的正常受力状态,在屋面荷载作用下,圆钉被推弯、拔出,屋架端部失去承载力，导致整个屋盖倒塌。究其原因是施工人员不懂得桁架的受力分析，不能正确理解桁架设计的意图，盲目蛮干。因此，施工中切不可随意修改图纸，也不可盲目套用图纸。一定要用力学知识去分析施工现场的实际问题，以杜绝事故的发生。

另外，只有掌握了这些知识，才能在不同的施工情况下提出合理的施工方法及正确分析工程事故原因。许多工程事故是施工人员不懂得力学知识而造成的。例如：不懂梁的内力分布规律，将阳台的受力筋放在阳台的下侧面部位而造成阳台折断；不懂结构的几何组成规则，在脚手架中不搭设斜撑而导致脚手架倒塌；不懂温度、支座沉陷对超静定结构内力造成的巨大影响，使超静定结构受内力过大出现裂纹而不能正常工作等。所以，《建筑力学》的基本理论和知识，是从事建筑设计、建筑施工的工程技术人员所必须掌握的，也是建筑类专业学生所必须掌握的。

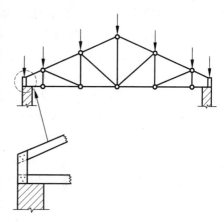

图 0-6 桁架破坏图

0.6　力学与建筑力学发展简况

力学是研究物质机械运动规律的一门学科，是最古老的科学之一。中国春秋时期，在墨翟及其弟子的著作《墨经》中，就有了关于力的概念，以及杠杆的平衡、重心、浮力、强度和刚度的概念。

18 世纪，科学家借助于当时取得的数学进展，使力学取得了十分辉煌的成就，在整个知识领域中起着支配作用。到 18 世纪末，经典力学的基础（静力学、运动学和动力学）得到极大的完善。

19 世纪，欧洲完成了工业革命，大机器工业生产对力学提出了更高的要求。为适应当时土木工程建筑、机械制造和交通运输的发展，解决建筑、机械中出现的大量强度和刚度问题，材料力学、结构力学和流体力学得到了发展和完善。

20 世纪上半叶，在航空、航天方面，飞机成为重要的交通工具，人造地球卫星成功发射，使得空气动力学得到迅猛发展，成功地解决了各种飞行器的空气动力学性能、推进器动力学、飞行稳定性等问题。

在这一时期，固体力学由古老的材料力学、19 世纪发展起来的弹性力学和结构力学及 20 世纪前期的塑性力学融合而成，且发展很迅速，很快又建立和开辟了弹性动力学、塑性动力学等新的领域。空气动力学则是流体力学在航空、航天事业推动下的主要发展。

20 世纪 60 年代以来，力学同计算技术和其他自然科学学科广泛结合，进入了现代力学的新时代。计算机超强的运算能力使得过去力学中大量复杂、困难而使人不敢问津的问题有了解决的希望。60 年代兴起的有限元法，发源于结构力学。一个复杂的连续体结构，经离散化处理为有限单元的组合后，计算机便可对这种复杂的结构系统计算出结果来。有限元法一出现，就显示出无比的优越性，被广泛地应用于力学的各个领域。

总之，力学和工程是紧密结合的。力学在研究自然界物质运动普遍规律的同时，其成果不断地服务于工程，促进工程技术的发展；反之，由于工程技术进步的要求，也不断地向力学工作者提出新课题，在解决这些课题的同时，力学自身也不断地得到丰富与发展。

建筑力学作为力学的一个分支，它以静力学、材料力学、结构力学中的主要内容，按照相似、相近的内容集中于一起的原则，重新组合而成，专门服务于建筑工程技术专业，它是建筑工程技术专业的一门技术基础课，广泛应用于冶金、煤炭、公路、铁路、石油、化工和航天、航空等工程中。改革开放以来，这些行业都得到飞速的发展，高层建筑、超高层建筑、大跨度桥梁层出不穷，这样对力学的要求也越来越高，建筑力学也随之得到发展。比如：钢结构的出现，使大跨度的钢架桥梁得到迅猛发展，如图 0-3(b)所示的上海卢浦大桥，超大跨度的桥梁需要技术人员的智慧设计出合理的受力结构形式，避免其承受异乎寻常的巨大内力。如图 0-3(c)所示的北京的国家体育场——鸟巢，其造型新颖优美，受力复杂，在施工中需要复杂的技术支持满足其施工过程中精确的受力要求。超高层建筑的出现，如图 0-3(d)所示的上海环球金融中心，使得复杂的力学结构计算必须应用计算机的高速运算能力，促进了力学电算化的发展。

今天，人们已经普遍认识到，要使建筑工程建设不断在既有水平上得到提高和发展，就必须对建筑力学进行研究；要使建筑工程设计既保障工程安全可靠，又能省钱，建筑工程建设人员就应熟练地掌握建筑力学，只有这样才能灵活、合理地解决建筑工程设计、施工中遇到的问题。

拓展阅读

力学名人及著名建筑简介

建筑与力学发展相辅相成，随着新技术、新材料、新工艺的发展，新型建筑提出新的力学问题，在解决力学问题的同时，力学体系也得到丰富和发展。力学工作者应该顺应历史发展的潮流，将工程技术与力学发展紧密结合，不断创新，服务于人类生活、生产，创造美好未来。

一、力学名人及贡献

墨子（约公元前 476—前 390 年），名翟，春秋战国时期思想家、教育家、科学家、军事家。作为科学家，在哲学、数学、物理、机械制造方面均有突出贡献。在墨翟及其弟子的著作《墨经》中曾给出力的定义："力，刑（形）之所以奋也"，即力是使物体运动的原因。更重要的是，他提出了"止，以久也……无久之不止，当牛非马"的观点，即物体运动的停止缘于阻力阻抗的作用，如果没有阻力的话，物体会永远运动下去。这个观点被认为是牛顿惯性定律的先驱，比同时代的思想超前了 1000 多年，而同时代的亚里士多德则认为力是使物体运动的原因，没有力物体就不会运动，如此观点虽符合常人观测结果，却是肤浅和错误的。

拉格朗日（Lagrange，1736—1813）法国人，在数学、力学和天文学中均有巨大贡献，其著于 1788 年的《分析力学》建立了完整的力学体系，使力学分析化。拉格朗日在总结历史上各种力学基本原理的基础上，根据达朗贝尔、欧拉等的研究成果，运用静力学和动力学的普遍方程，建立了拉格朗日方程，把力学体系的运动方程从以力为基本概念的牛顿形式改变为以能量为基本概念的分析力学形式，为把力学理论推广应用拓展到其他领域、丰富和发展力学体系、促进工程技术发展，作出了巨大贡献。

朗肯(Rankine,1820—1872),英国著名工程师、物理学家。朗肯在力学上有多方面理论研究。他在分析研究土对挡土墙的压力和挡土墙的稳定性方面,取得了重要成果;同时,在理论方面他提出了新的动能表示方法和较完善的能量守恒定理。朗肯1858年出版的《应用力学手册》,对工程师和建筑师而言是很有用的一本书籍,为建筑工程的设计、施工提供了力学依据。

古斯塔夫·埃菲尔(Gustave Eiffel,1832—1923),法国著名建筑大师、结构工程师、金属结构专家。他设计了桥梁、教堂、纪念塔、车站等数十座建筑,其中包含著名的巴黎埃菲尔铁塔和纽约自由女神的支撑结构。埃菲尔肯钻研,敢革新,成为用钢铁代替砖石土木为主要建筑材料的代表性人物,他利用现代结构力学的分析手段创造了许多新型钢结构。他设计建造的索尔河高架桥用两座高达59m的铁塔支撑着整个桥梁结构,使其可以承受山谷强风,保持稳定性。

茅以升(1896—1989),中国著名土木工程学家、桥梁专家。茅以升在自然条件比较复杂的钱塘江上主持修建了中国人自己设计并建造的第一座现代化大型桥梁——钱塘江大桥,大桥为钢结构桁梁桥,结构整体上为梁的受力方式,即主要承受弯矩和剪力的结构。建桥过程中困难重重,架设钢梁时茅以升巧妙利用自然力的"浮运法",潮涨时用船将钢梁运至两墩之间,潮落时钢梁便落在两墩之上,省工省时,进度大大加快;大桥建成后,为了阻止日军攻打杭州,茅以升亲自参与了炸桥,炸桥前曾赋诗一首:"斗地风云突变色,炸桥挥泪断通途。五行缺火真来火,不复原桥不丈夫。"此诗流露出茅以升为国家民族利益被迫炸桥以及今后复建的决心。抗日战争胜利后钱塘江大桥被成功修复。钱塘江大桥建成于抗日烽火之中,再生于和平建设之世。

二、著名建筑与力学

赵州桥(图0-7),始建于隋代,由李春设计建造,在世界桥梁史上首创"敞肩拱"结构形式,具有较高的科学研究价值,对全世界后代桥梁建筑有着深远的影响。它坐落在河北省赵县,横跨37m宽的河面,桥体全部用石料建成。其敞肩拱的两个拱肩部分各建两个对称的小拱,伏在主拱的肩上,符合结构力学原理,减轻桥身自重,节省材料,也减轻了桥身对桥台的垂直压力和水平推力;通过敞肩调整荷载分布,使恒载压力线和大拱的轴线极为接近;拱的构造经济合理,大大降低了拉应力,使赵州桥更加稳固、耐用。每一拱券采用"下宽上窄、略有收分"的方法,使每个拱券向里倾斜、相互挤靠,增强其横向联系,防止拱石向外倾倒;在桥的宽度上也采用"少量收分"方法,从桥两端到桥顶逐渐收缩桥的宽度,加强稳定性。

图0-7 赵州桥

把赵州桥圆弧形拱轴线与理论曲线进行比较，会发现古代设计与理论曲线基本吻合。分析赵州桥的受力，让人不得不感叹古代工匠的高超建造技巧、对工程的整体把握能力和灵活应用力学概念进行结构创新的精神。1000多年前的先人都能设计出具有如此优良力学性能的桥梁，我们更应该精益求精为我国工程建设的进步而努力。

应县木塔(图0-2)，位于山西省应县，木塔高约67m，相当于现在20层楼高，这样高的一座纯木结构的塔，为何能历经十几次大地震而近千年不倒呢？木塔外观为5层，而实际为9层，每两层之间都设有一个暗层，这个暗层是坚固的结构层。在历代的加固过程中，又在暗层内非常科学地增加了许多弦向和径向斜撑，加强木塔结构的整体性，组成了类似于现代的框架结构层，这个结构层具有较好的力学性能。正因为木塔有了这4道圈梁，其强度和抗震性能也就大大增强了。

从下仰望木塔，发现每层木塔都有很多斗拱，斗拱是我国古代木建筑中独特的结构形式。对于应县木塔来说，斗拱起着关键的稳定作用，由于斗拱系统本身是由若干个小木料衔接在一起的，能够调整倾斜、平衡弯矩，因此在受到地震、炮击等异常震动时，斗拱会成为一种阻尼装置，通过斗拱卯榫间的摩擦错位，可以消耗掉外来的巨大能量，使得木塔有较好的抗震性能、抗冲击性能，即使在现代这也是理想的抗震结构。这种结构布局的合理性，使应县木塔受到地震甚至炮击仍然屹立不倒。

中央电视台总部大楼(图0-8)，总建筑面积约55万m^2，最高234m，主楼的两座塔楼在162m以上由悬臂结构连为一体，有14层是悬空的，悬空部分通过钢桁梁、外龙骨和斜向拉杆分散受力。央视大楼的结构由许多个不规则的菱形网状金属结构组成，由于大楼的不规则设计造成楼梯各部受力差异很大，这些菱形块就成为调节受力的工具，受力大的部位，用较多的网纹构成很多小块菱形，分解受力，受力小的部位刚好相反，用较少的网纹构成大块菱形。

图0-8 中央电视台总部大楼

国家体育场——鸟巢(图0-3(c))，是2008年北京奥运会主体育场，是全民参与体育活动及享受体育娱乐的大型专业场所。鸟巢各结构元素之间相互支撑，汇聚成网格状，把建筑物的立面、楼梯、碗状看台和屋顶融合为一个整体。由于鸟巢整体受力结构复杂,搭建它的钢结构采用的是一种新型钢 Q460,它在受力强度达到 460 MPa 时才会发生塑性变形,这个强度要比一般钢材都大。

高空构件的稳定难度大。鸟巢采用分段吊装时,高空构件的风载较大,在分段未连成整体或结构未形成整体之前,稳定性较差,特别是桁架柱的上段和分段主桁架的稳定性较差,必须采用合理的吊装顺序和侧向稳定措施,保证其安装过程中受力的合理性。

各类力学的对比

根据力学研究对象和任务的不同,与建筑工程相关的力学课程有理论力学、材料力学、结构力学、弹性力学、塑性力学、断裂力学、损伤力学等。

理论力学是研究物体机械运动基本规律的学科。它是一般力学各分支学科的基础。理论力学通常分为三个部分:静力学、运动学、动力学。静力学研究作用于物体上力系的简化理论及力系平衡条件;运动学只从几何角度研究物体机械运动特性而不涉及物体的受力;动力学则研究物体机械运动与受力的关系。理论力学中的物体主要指质点、刚体及刚体系,当物体的变形不能忽略时,则成为变形体力学(如材料力学、弹性力学等)的讨论对象。

材料力学研究材料在各种外力作用下产生的应变、应力、强度、刚度、稳定性和导致材料破坏的极限。它是机械工程和土木工程以及相关专业的必修课程。材料力学的研究对象主要是单个杆件,如柱、梁、轴等。

结构力学是研究工程结构受力和传力的规律,以及如何进行结构优化的学科,它是土木工程专业和机械类专业的必修课程,广泛应用于建筑、机械、化工、航天等工程领域。结构力学通常有三种分析的方法:能量法、力法、位移法,由位移法衍生出的矩阵位移法成为利用计算机进行结构计算的理论基础。结构力学的研究对象主要是结构,如房屋的梁、柱、基础等杆件组成的结构。

弹性力学研究弹性物体在外力和其他外界因素作用下产生的变形和内力。依据弹性力学基本规律,利用计算机技术对板壳结构、实体结构进行有限元分析计算,促进建筑、机械、化工、航天等工程领域结构计算的快速发展。

塑性力学研究物体超过弹性极限后所产生的永久变形和作用力之间的关系以及物体内部应力和应变的分布规律。塑性力学考虑物体内产生的永久变形。塑性力学为研究如何发挥材料强度的潜力、充分利用材料塑性性质合理选材、制定加工成型工艺方面提供了理论计算依据。

断裂力学是研究含裂纹物体的强度和裂纹扩展规律的学科。国际上发生的一系列重大的低应力脆断灾难性事故,深化了断裂力学的研究。随着航天工业等领域的发展出现了超高强度的材料,传统的强度设计已不能满足需要。传统的强度理论把材料和结构看成是没有裂纹的完整体,而实际材料和结构中存在裂纹,因此必须考虑材料对于裂纹扩展的抵抗能力。

损伤力学研究材料或构件在各种加载条件下,其损伤随变形而演化发展并最终导致破坏的过程中的力学规律。在外载或环境作用下,由细观结构缺陷(如微裂纹、微孔隙等)萌生、扩展等不可逆变化引起的材料或结构宏观力学性能的劣化称为损伤。损伤力学体系尚在形成与发展之中,它与断裂力学一起组成破坏力学的主要框架,以研究物体由损伤直至断裂破坏的这样一类破坏过程的力学规律,主要应用于破坏分析、力学性能预计、寿命估计、材料韧化等方面。

课后练习

思考题

思 0-1 建筑力学的研究对象和任务是什么？

思 0-2 什么是构件的承载能力？

思 0-3 建筑力学研究的主要内容是什么？

思 0-4 如何学习建筑力学？

客观题

绪论

第1篇

力 学 基 础

出版后记

第 1 章

力学基本概念

1.1 力、力系

1.1.1 力的概念

PPT1-1

力看不见、也摸不着。人们所见的是力相互作用过程中发生的现象以及力所产生的效应。铅笔被折断了,静止的火车慢慢启动,巨大的塔式吊车在缓缓转动,这些都是力作用的效应与结果。

那么,究竟什么是力呢?

人们在长期的生产劳动和日常生活中逐渐形成并建立了力的概念。例如:人推车时,由于肌肉紧张,感到人对车施加了力,可以使车由静到动,或使车的运动速度变快,与此同时,也感觉到车在推人;手用力拉弹簧,使弹簧发生伸长变形,同时也感到弹簧在拉手。这种力的作用也可以发生在物体与物体之间,例如:自空中落下的物体由于受到地球的引力作用而运动速度加快,桥梁受到车辆的作用而产生弯曲变形等。无数事例说明:力是物体间的相互作用。这种作用使物体的运动状态发生变化(静止状态和运动状态之间的转变,以及运动方向、速度快慢的变化),也能使物体的形状和大小发生改变(伸长、缩短或弯曲等变形)。

既然力是物体与物体之间的相互作用,那么,力不可能脱离物体而单独存在,有受力物体必然有施力物体。比如:力作用在钢筋上可以使直的钢筋变弯,同时钢筋也有力作用在施力物体上。

在建筑力学中,力对物体的作用方式一般有两种情况。一种是两个物体相互接触时,它们之间产生拉力、压力和摩擦力等。例如:建筑工程中的吊车吊起构件、打夯机夯实地基、传送带传送施工材料等。另一种是物体之间不接触时,它们之间产生的吸引力、斥力等。比如:只要物体存在质量,物体与地球之间就产生相互吸引力,对物体来说,这种吸引力就是重力。

实践证明:力对物体的作用效果取决于以下三个要素——力的大小、力的方向、力的作用点。这三个要素通常称为力的三要素。

力的大小是指物体间相互作用的强弱程度。力大则对物体的作用效果也大,力小则作用效果也小。为了度量力的大小,我们必须规定力的单位。在国际单位制中,力的单位是 N

或 kN,分别称为牛顿(简称牛)或千牛,1 kN=1000 N。

力的方向通常包含方位和指向两个含义。如重力的方向为"铅垂向下"。力的方向不同对物体作用效果也不同。例如:撬杠起道钉(图1-1),如果力 F 不是向下压而是向上抬,则无论力 F 如何增加,道钉也不会起出。

力的作用点指力对物体的作用位置。力对物体的作用效果还与力的作用点的位置有关。在图1-1中,如果力 F 距离支点 O 很近,则道钉也不容易起出。

需要注意的是,在实际工程中,力对物体的作用位置实际上不是一个点而是一个面。当作用面积与物体相比较大时,就形成分布力,如屋顶所受的雨水压力和积雪压力,水坝所受的水压力等。当作用面积与物体相比很小时,可以近似地看作一个点。作用于一点的力称为集中力,该点称为力的作用点。比如:吊车起吊重物所用的拉力就可以看作一个集中力,作用点为起吊重物与钢丝绳的接触点。

力的三要素(大小、方向、作用点)中任何一个要素改变,力的作用效果就会随之改变。打乒乓球时,由于乒乓球板的击球方向、用力大小和击球点的位置不同,能打出各种不同效果的球。因此,描述一个力时必须全面表明力的三要素。

力是一个有大小和方向的物理量,所以力用矢量表示。我们用一个带箭头的线段来表示力的三要素。线段的长度(按选定的比例)表示力的大小,线段所在的方位和指向表示力的方向,线段的起点或终点表示力的作用点。在图1-2中,按比例画出力 F 的大小为 100 N,力的方向与水平线成 30°角即 $\alpha=30°$,指向右上方,作用于物体的 A 点上。

图1-1 撬杠起道钉

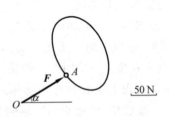

图1-2 图示力的三要素

用字母符号表示力矢量时,常用黑体字 $\boldsymbol{F}$ 或加一箭头的细体字 $\vec{F}$,而通常的细体字 F 仅表示力的大小。

1.1.2 作用力与反作用力

既然力是物体间的相互作用,那么,在甲物体对乙物体作用一个力的同时,乙物体必然也有一个力反作用于甲物体,如图1-3所示。当我们坐上小木船准备离岸的时候,往往习惯用桨去顶岸边的大石块,即给大石块和岸一个作用力。

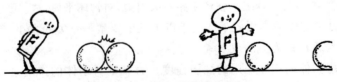

图1-3 物体间的相互作用

常识告诉我们,正是靠着大石块和岸对小船的反作用力的推动,小船才慢慢离岸。墨鱼也是靠喷水产生的反作用力使自身得到产生运动的推动力,如图 1-4 所示。由此可见,力不是单独存在,而是成对出现的。如果把物体间的相互作用中的一个力叫作用力,那么另一个力就叫这个力的反作用力。

图 1-4 墨鱼喷水产生反作用力

想使小船离岸,需用桨顶岸;墨鱼要前进,却向后喷水。说明作用力和反作用力方向是相反的。火箭准备升空却向地面方向喷气,其原因也在于此。在作用力和反作用力这一对相互依存的关系中,施力物体和受力物体是相对的,所组成的系统是可以互换的。在用桨顶石的过程中,作用力的发出者是人、桨、船,受力的是石块和岸组成的系统;在反作用力中,施力物是石块和岸所组成的系统,受力物是人、桨、船所组成的系统。

请两位同学各手持一弹簧秤,两秤经搭连后各自向相反的方向拉,A 弹簧秤显示甲拉乙的力,B 弹簧秤显示乙拉甲的力,我们会看到 A、B 两秤显示刻度始终相同,如图 1-5 所示。

实验表明,物体间的作用力和反作用力总是成对出现,它们大小相等,方向相反,在一条直线上,并分别作用在两个物体上,这就是作用力和反作用力原理。例如:人们在击掌时,左右两手掌的疼痛感受是相同的。

图 1-5 用弹簧秤测定作用力和反作用力

在力的概念中已经提到,力是物体间相互的机械作用,因而作用力与反作用力必然同时出现、同时消失。这里必须强调指出,作用力和反作用力分别作用在两个物体上,任何作用在同一物体上的两个力都不是作用力与反作用力。

【例 1-1】 如图 1-6 所示,在光滑的水平面上放置一个受重力为 G 的小球,(1)分析小球所受的力,并找出其施力物体;(2)这个对应的物体系统中有哪几对作用力和反作用力?

解:小球受到重力 G 和支持力 F'_N。

1-1

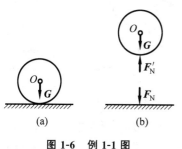

图 1-6 例 1-1 图

小球受到重力 G 是地球对小球的吸引力,其施力物体为地球。

小球受到支持力 F'_N 是光滑水平面对小球的支持力,其施力物体为光滑水平面。

小球给光滑水平面一个铅垂向下的压力 F_N,同时光滑水平面给小球一个向上的支持力 F'_N。这是一对作用力与反作用力。

地球对小球的吸引力为重力 G,同时小球也对地球有

一个吸引力 G'。这是一对作用力与反作用力。

另外,球体的重力 G 与光滑水平面对小球的支持力 F'_N,尽管它们是大小相等、方向相反、沿着同一直线作用的两个力,但由于它们作用在同一物体上,所以它们不是一对作用力与反作用力,而是一对平衡力。

1.1.3 力的效应

物体受力作用所产生的效果叫作力的效应。受力物体的运动状态发生改变,称力的运动效应,又称力的外效应。受力物体产生变形称力的变形效应,又称力的内效应。

运动效应可以分为移动效应和转动效应。例如:在足球比赛中,如果运动员要踢出"香蕉球"(弧线球),在击球时必须使球向前运动的同时还需要使球绕球心转动。前者为移动效应,后者为转动效应。

建筑力学的研究对象相对于地球而言基本上处于静止状态,因此我们研究力的效应应防止和避免受力物体运动状态的改变,而将重点放在研究其变形效应上。

常识告诉我们:受力物体或多或少会发生变形,变形的大小与构成物体的材料及力的大小有直接的关系。控制受力物体的变形显然关系到建筑工程中结构的承载能力,是提高结构承载能力的重要途径,这就决定了研究力的变形效应的重要性。此外,物体受力变形有多种形式,如橡皮条受拉伸长和木梁受弯变形显而易见分属两种不同的变形类型。

1.1.4 力与力系的等效

作用在同一物体上的一组力称为力系。

作用在物体上的一个力系,如果可以用另一个力系来代替,而不会改变原力系对物体的作用效果,则这两个力系称为等效。如果一个力与一个力系等效,这个力就称为该力系的合力,该力系的各力则称为这合力的分力。

如图 1-7 所示,一只手提旅行包可以替代两只手提旅行包,力 F 可以替代力系 F_1、F_2。也就是一个力 F 与一个力系 F_1、F_2 等效,这个力 F 就称为该力系 F_1、F_2 的合力,该力系的各力 F_1、F_2 则称为力 F 的分力。用一个力 F 等效替换力系 F_1、F_2 的过程称为力系的合成,用力系 F_1、F_2 等效替换单个力 F 的过程称为力的分解。

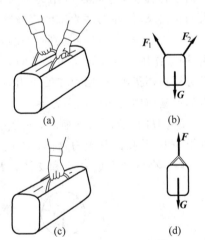

图 1-7 手提旅行包演示分力与合力

作用于物体上同一点的两个力可以合成一个合力。合力也作用在该点,合力的方向和大小由以这两个力为邻边所构成的平行四边形的对角线表示。这就是力合成的平行四边形法则,如图 1-8(a)所示。

同理,利用平行四边形法则也可以把作用在物体上的一个力分解成两个分力,如图 1-8(b)所示。可以看出,一个力分解为两个力是两个力合成一个力的逆运算。但是,当分力的夹角任意取值时,将一个已知力分解为两个分力可得无数的解答。要得到唯一的解答,必须给予附加的条件。在实际工程中常常遇到的是将一个力分解为方向已知的两个分力,得到唯一的解答。比如:将一个力沿着直角坐标轴 x、y 分解,利用平行四边形法则,得出两个相互垂直的分力 F_x 和 F_y,如图 1-8(c)所示。这样可以用简单的三角函数关系求得每个分力的大小:

$$F_x = F\cos\alpha$$
$$F_y = F\sin\alpha$$

力的平行四边形法则是力系合成或简化计算的基础。

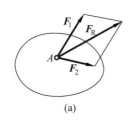
(a)

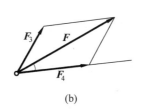
(b)

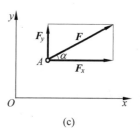
(c)

1-2

图 1-8 力的合成与分解
(a)两共点力的合成;(b)力 F 沿任意指定的两方位分解;(c)力 F 沿直角坐标轴的方位分解

【**例 1-2**】 如图 1-9(a)所示的柱子,柱子顶部受到屋架传来的压力 $F_N = 15$ kN,还有一个水平力 $F_H = 5$ kN。试求这两个力 F_N 和 F_H 的合力。

解:(1)以 F_N、F_H 为邻边构成的平行四边形为一个矩形,如图 1-9(b)所示。图中 AB 代表 F_N,AC 代表 F_H。

(2)利用勾股定理,可以求出合力 F_R 的大小:

$$F_R = \sqrt{F_N^2 + F_H^2} = \sqrt{15^2 + 5^2} \text{ kN} = 15.8 \text{ kN}$$

(3)合力 F_R 的方向与水平方向的夹角:

$$\tan\alpha = \frac{F_N}{F_H} = \frac{15}{5} = 3$$
$$\alpha = 71.5°$$

(4)合力 F_R 的作用点在 F_N 和 F_H 的交点上。

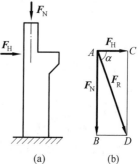

图 1-9 例 1-2 图

1.2 力在轴上的投影

1.2.1 力在直角坐标轴上的投影

力是矢量,可以利用矢量在坐标轴上的投影这一重要的方法,将矢量转化为标量,从而以常用的代数运算法则进行力的计算。在工程上,常利用力的投影分析力在指定坐标轴方向上移动效应的大小。

如图 1-10 所示,将力 F 的起点 A、终点 B 分别向坐标轴 x 引垂线,得垂足 a、b,那么有向线段 ab 是 F 在坐标轴 x 上的投影,可用 F_x 表示;同理可得力 F 在 y 轴上的投影 F_y。

当有向线段与坐标轴正向一致时,投影为正值,反之为负值。

投影的数值可由有向线段的长度用几何关系求出。

任一力 F 可以由 x、y 轴上的一组投影来表示。在图 1-10(a)所设的坐标系中:

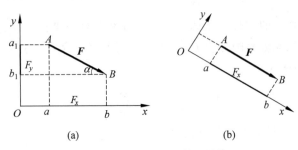

图 1-10 力在直角坐标轴上的投影

$$F_x = \pm F\cos\alpha$$
$$F_y = \pm F\sin\alpha \tag{1-1}$$

式中,α 为力 F 与 x 轴所夹的锐角。由于坐标轴是参考系,同一个力在不同方向坐标轴上的投影是不同的。而在图 1-10(b)所设的坐标系中:

$$F_x = F$$
$$F_y = 0 \tag{1-2}$$

同样,如果力 F 在坐标轴上的投影 F_x 和 F_y 为已知,也就能确定力 F 的大小和方向:

$$F = \sqrt{F_x^2 + F_y^2} \tag{1-3}$$

$$\tan\alpha = \frac{|F_y|}{|F_x|} \tag{1-4}$$

式(1-4)中,α 为 F 与 x 轴所夹的锐角,F 的方向由投影 F_x、F_y 的正、负号确定。

于是就实现了矢量 F 与一对代数量(投影)的一一对应,使力的矢量运算转化成了代数量运算。

应该看到,力的分解和力的投影在本质上是不同的,力的分力是矢量,而力的投影是一组带正、负号的代数量。

【例 1-3】 图 1-11 中 $F_1 = 100$ N,$F_2 = 150$ N,$F_3 = F_4 = 200$ N,试求各力在 x、y 轴上的投影。

解:

$$F_{1x} = F_1\cos45° = 100 \times \frac{\sqrt{2}}{2} \text{ N} = 50\sqrt{2} \text{ N}$$

$$F_{1y} = F_1\sin45° = 100 \times \frac{\sqrt{2}}{2} \text{ N} = 50\sqrt{2} \text{ N}$$

$$F_{2x} = -F_2\sin60° = -150 \times \frac{\sqrt{3}}{2} \text{ N} = -75\sqrt{3} \text{ N}$$

$$F_{2y} = F_2\cos60° = 150 \times \frac{1}{2} \text{ N} = 75 \text{ N}$$

$$F_{3x} = F_3\cos60° = 200 \times \frac{1}{2} \text{ N} = 100 \text{ N}$$

$$F_{3y} = -F_3\sin60° = -200 \times \frac{\sqrt{3}}{2} \text{ N} = -100\sqrt{3} \text{ N}$$

$$F_{4x} = 0 \text{ N}, \quad F_{4y} = -F_4 = -200 \text{ N}$$

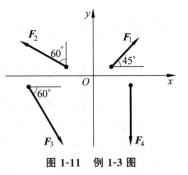

图 1-11 例 1-3 图

通过上例的计算可知:
(1) 当力与轴平行(或重合)时,力在该轴上投影的绝对值等于这个力的大小。
(2) 当力与轴垂直时,力在该轴上的投影等于零。

1.2.2 合力投影定理

图 1-12 中 F_{1x}、F_{2x} 分别为 $\boldsymbol{F}_1$、$\boldsymbol{F}_2$ 在 x 轴上的投影,F_{Rx} 为合力 $\boldsymbol{F}_R$ 在 x 轴上的投影。由于平行四边形两平行线在 x 轴上的投影相等,显而易见

$$F_{Rx} = F_{1x} + F_{2x}$$

同理也可得出

$$F_{Ry} = F_{1y} + F_{2y}$$

这一关系可以推广到任意一个共点力系的情况,即

$$\begin{cases} F_{Rx} = F_{1x} + F_{2x} + \cdots + F_{nx} = \sum_{i=1}^{n} F_{ix} \\ F_{Ry} = F_{1y} + F_{2y} + \cdots + F_{ny} = \sum_{i=1}^{n} F_{iy} \end{cases} \quad (1\text{-}5)$$

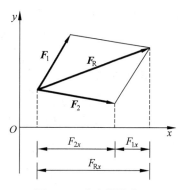

图 1-12 合力投影定理

式(1-5)表明:合力在任一坐标轴上的投影,等于各分力在同一坐标轴上投影的代数和,这就是合力投影定理。

合力投影定理为矢量运算向代数量运算提供了有力的依据。由合力的投影之和,再转换成合力

$$F_R = \sqrt{F_{Rx}^2 + F_{Ry}^2} = \sqrt{\left(\sum F_{ix}\right)^2 + \left(\sum F_{iy}\right)^2} \quad (1\text{-}6)$$

$$\tan\theta = \frac{|F_{Ry}|}{|F_{Rx}|} = \frac{|\sum F_{iy}|}{|\sum F_{ix}|} \quad (1\text{-}7)$$

式(1-7)中,θ 为合力 $\boldsymbol{F}_R$ 与 x 轴所夹锐角,合力作用线过共点力系的公共点,合力的指向由 $\sum F_{ix}$ 与 $\sum F_{iy}$ 的正、负号确定。

【例 1-4】 如图 1-13(a)所示,吊钩受 F_1、F_2、F_3 三个力的作用。若 $F_1 = 732$ N,$F_2 = 732$ N,$F_3 = 2000$ N,试求合力的大小和方向。

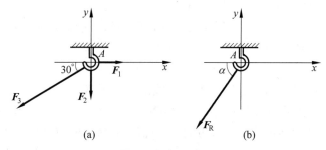

图 1-13 例 1-4 图

解:(1) 建立图 1-13(a)所示的平面直角坐标系。
(2) 根据力的投影公式,求各力在 x 轴、y 轴上的投影。

$$F_{1x} = 732 \text{ N}$$
$$F_{2x} = 0 \text{ N}$$
$$F_{3x} = -F_3\cos30° = -2000 \times \frac{\sqrt{3}}{2} \text{ N} = -1732 \text{ N}$$
$$F_{1y} = 0 \text{ N}$$
$$F_{2y} = -732 \text{ N}$$
$$F_{3y} = -F_3\sin30° = -2000 \times \frac{1}{2} \text{ N} = -1000 \text{ N}$$

(3) 由合力投影定理求合力：
$$F_{Rx} = F_{1x} + F_{2x} + F_{3x} = (732 + 0 - 1732) \text{ N} = -1000 \text{ N}$$
$$F_{Ry} = F_{1y} + F_{2y} + F_{3y} = (0 - 732 - 1000) \text{ N} = -1732 \text{ N}$$

则合力的大小为
$$F_R = \sqrt{(F_{Rx}^2 + F_{Ry}^2)} = \sqrt{(-1000)^2 + (-1732)^2} \text{ N} = 2000 \text{ N}$$

由于 F_{Rx}、F_{Ry} 均为负,则合力 F_R 指向左下方,如图1-13(b)所示,与 x 轴所夹锐角 α 为

$$\tan\alpha = \frac{|F_{Ry}|}{|F_{Rx}|} = \frac{|-1732 \text{ N}|}{|-1000 \text{ N}|} = 1.732$$
$$\alpha = 60°$$

1.3 力矩

1.3.1 力对点之矩

从实践中知道,力对物体的运动效应可分为移动效应和转动效应。力不仅能使物体移动,还能使物体绕指定点(或轴)转动。当人们用扳手拧动螺母,或用手推开房门的时候,已经应用了力的转动效应。

下面以扳手拧松螺母为例(图1-14),说明力对点之矩与哪些因素有关。

日常生活的经验告诉我们,扳手的长度越长,所使的劲越大,手与扳手之间的夹角越接近垂直,拧动螺母的可能性就越大。这就说明：力的转动效应,即力对点之矩,与力的大小、方向及转动中心到力作用线的垂直距离有关。

力对点之矩简称力矩。力矩是度量力对物体转动效应的物理量,也是使物体转动状态发生变化的原因。力对 O 点之矩用符号 $M_O(F)$ 表示：

$$M_O(F) = \pm F \cdot d \tag{1-8}$$

式中,转动中心 O 点为矩心,矩心到力 F 作用线的垂直距离 d 为力臂。正、负号代表力矩的转向,通常规定,使物体沿逆时针方向转动的力矩为正；使物体沿顺时针方向转动的力矩为负。图1-15 中 $M_O(F_1)$ 转向为顺时针方向,取负值；而 $M_O(F_2)$ 转向为逆时针方向,取正值。

力矩的单位是力的单位和长度单位的乘积,在国际单位制中,力矩的单位是 N·m,常用 kN·m,1 kN·m = 1000 N·m。

式(1-8)表明：

(1) 当力或合力的大小为零,或者力的作用线通过矩心(力臂 $d = 0$)时,力矩等于零,力

不产生转动效应。

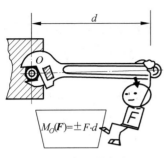

图 1-14 扳手拧松螺母

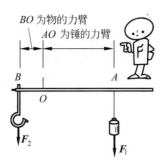

图 1-15 力臂与力矩转向

(2) 当力沿其作用线移动时,力臂没有变化,力矩也不变。

【例 1-5】 作用于 OA 杆上的力如图 1-16 所示。已知 $F_1=2$ kN, $F_2=10$ kN, $F_3=5$ kN,试求各力对点 O 的矩。

解:
$$M_O(F_1)=F_1 \cdot d_1=2\times 1 \text{ kN}\cdot\text{m}=2 \text{ kN}\cdot\text{m}$$
$$M_O(F_2)=-F_2 \cdot d_2=-10\times 2\times\sin 30° \text{ kN}\cdot\text{m}=-10 \text{ kN}\cdot\text{m}$$
$$M_O(F_3)=F_3\times d_3=0 \text{ kN}\cdot\text{m}$$

1-8

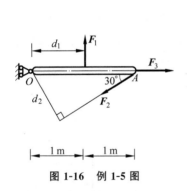

图 1-16 例 1-5 图

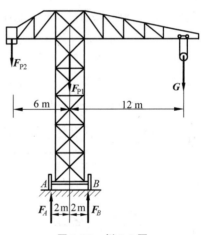

图 1-17 例 1-6 图

【例 1-6】 如图 1-17 所示塔式起重机,机身所受总重力 $F_{P1}=700$ kN,作用线通过塔架的中心,最大起重量 $G=200$ kN,最大悬臂长为 12m,轨道 A、B 间的距离为 4 m,平衡块重 $F_{P2}=100$ kN。试问起重机在使用中会不会翻倒(考虑满载和空载时的两种情况)?

解:要保证起重机不翻倒,就要保证起重机在空载时不向平衡块 F_{P2} 一边翻倒,满载时不向荷载 G 的一边翻倒。

(1) 当空载时,为了保证起重机不会绕 A 点逆时针转动翻倒,则要求顺时针转动的力矩大于逆时针转动的力矩。由已知条件得

$$M_A(F_{P2})=F_{P2}\times 4=100\times 4 \text{ kN}\cdot\text{m}=400 \text{ kN}\cdot\text{m}$$
$$M_A(F_{P1})=-F_{P1}\times 2=-700\times 2 \text{ kN}\cdot\text{m}=-1400 \text{ kN}\cdot\text{m}$$

因为顺时针转动的力矩 $M_A(F_{P1})$ 大于逆时针转动的力矩 $M_A(F_{P2})$,所以空载时不会绕 A 点倾倒。

(2) 当满载时,为了保证起重机不会绕 B 点顺时针转动翻倒,则要求逆时针转动的力矩大于顺时针转动的力矩。由已知条件得

$$M_B(F_{P1})+M_B(F_{P2})=F_{P1}\times 2+F_{P2}\times(6+2)$$
$$=(700\times 2+100\times 8)\text{ kN}\cdot\text{m}=2200\text{ kN}\cdot\text{m}$$
$$M_B(G)=-G\times 10=-200\times 10\text{ kN}\cdot\text{m}=-2000\text{ kN}\cdot\text{m}$$

因为逆时针转动的力矩 $M_B(F_{P1})+M_B(F_{P2})$ 大于顺时针转动的力矩 $M_B(G)$,所以满载时不会绕 B 点倾倒。

1.3.2 合力矩定理

如果力系存在合力,合力与力系是等效的,其中必包含力的转动效应的等效,即合力对某一点之矩,等于各力对同一点力矩的代数和。这就是合力矩定理,即

$$M_O(F_R)=M_O(F_1)+M_O(F_2)+\cdots+M_O(F_n)=\sum M_O(F_i) \tag{1-9}$$

合力矩定理可用于简化力矩的计算。求力对某点的力矩时,若计算力臂的大小有难度,可将力分解成两相互垂直的分力,进而以分力对矩心的力矩之代数和替代合力之矩。

应用合力矩定理时,应注意,矩心位置不变,也就是各个力矩的矩心必须相同。

【例 1-7】 如图 1-18 所示支架受力 F 作用,图中 l_1、l_2、l_3 及 α 角为已知,求 $M_O(F)$。

解:若直接求力 F 对 O 点的矩,确定力臂 d 比较麻烦。为此可先将力 F 分解为水平分力 F_x 与垂直分力 F_y 两个分量,再依合力矩定理进行计算,这样较为方便。

$$M_O(F)=M_O(F_x)+M_O(F_y)=-F_x l_1+F_y(l_1-l_3)$$
$$=-(F\sin\alpha)\cdot l_2+(F\cos\alpha)\cdot(l_1-l_3)$$
$$=F[(l_1-l_3)\cos\alpha-l_2\sin\alpha]$$

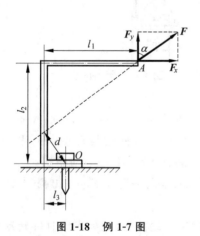

图 1-18 例 1-7 图

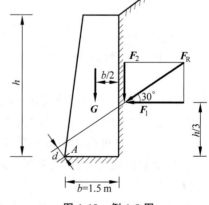

图 1-19 例 1-8 图

【例 1-8】 如图 1-19 所示 1 m 长挡土墙重力 $G=200$ kN,所受土压力的合力 $F_R=150$ kN,方向如图所示。其中挡土墙的高度 $h=4.5$ m,挡土墙的底部宽度 $b=1.5$ m。

(1) 求土压力使墙倾覆的力矩;
(2) 校核重力挡土墙在重力 G 和土压力作用下是否会倾倒。

解：(1) 土压力 F_R 可使挡土墙绕 A 点倾覆，故土压力 F_R 使墙倾覆的力矩就是 F_R 对 A 点的力矩。由已知尺寸求力臂 d 比较麻烦，可以将 F_R 分解为两个分力 F_1 和 F_2，因为两个分力的力臂是已知的。故由式(1-9)可得

$$M_A(F_R) = M_A(F_1) + M_A(F_2)$$
$$= F_R\cos30° \times \frac{h}{3} - F_R\sin30° \times b$$
$$= \left(150 \times \frac{\sqrt{3}}{2} \times \frac{4.5}{3} - 150 \times \frac{1}{2} \times 1.5\right) \text{kN·m}$$
$$= 82.35 \text{ kN·m}$$

(2) 重力 G 使挡土墙趋于稳定，称为稳定力矩。

$$M_A(G) = -G \times \frac{b}{2} = 200 \times \frac{1.5}{2} \text{ kN·m} = -150 \text{ kN·m}$$

由于重力对 A 点顺时针方向的力矩大于土压力 F_R 对 A 点逆时针方向的力矩，则挡土墙处于稳定状态，不会发生倾覆。

1.4 力偶

1.4.1 力偶和力偶矩

在日常生活和工程中，经常会遇到物体受到大小相等、方向相反、作用力相互平行的两个力作用的情形。实践证明，这样的两个力组成的力系对物体只产生转动效应，而不产生移动效应。例如司机驾驶汽车时，两手加在方向盘上的一对力使方向盘绕轴杆转动，如图 1-20(a)、(c)所示；钳工用丝锥攻螺纹时，两手加在扳手上的一对力如图 1-20(b)、(d)所示。此外，类似情形还有用拇指和食指拧开水龙头、拿钥匙开门锁等。

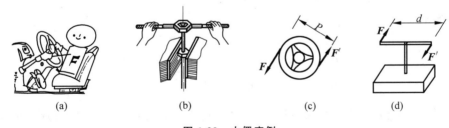

图 1-20 力偶实例

在力学上，我们把大小相等、方向相反、同时作用于同一物体，作用线平行但不重合的两个力称为力偶。并用符号 (F, F') 来表示。两个力之间的垂直距离 d 称为力偶臂，如图 1-21 所示。力偶不能再简化为更简单的形式，所以力偶与力一样被看作组成力系的基本元素。

力偶无合力，它无法使物体产生移动，而只能使物体产生转动效应。如何度量力偶对物

体的转动效应呢？组成力偶的力越大，或力偶臂越大，则力偶使物体的转动效应就越强。我们用力偶矩的大小和转向来度量力偶的转动效应，力偶矩等于力偶中一个力的大小与力偶臂的乘积，并冠以适当的正负号对应力偶的转向：

$$M = \pm F \cdot d \quad (1-10)$$

力偶矩的正、负号规定与力矩相同，通常以逆时针转向的力偶矩为正，顺时针转向的力偶矩为负，如图 1-21 所示。

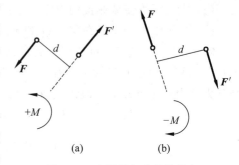

图 1-21　力偶臂与力偶的转向

力偶矩的单位与力矩相同，符号为 N·m 或 kN·m。

力偶矩的大小、力偶的转向、力偶的作用面称为力偶的三要素。力偶的三要素中任何一个发生了改变，力偶对物体的转动效应都将发生改变。

1.4.2　力偶的性质

性质 1：力偶没有合力，所以不能用一个力来代替。

从力偶的定义和力的合力投影定理可知，由于组成力偶的两力大小相等、方向相反、作用线平行，故两力在任一坐标轴上的投影必然大小相等，正负相反，代数和为零，也就是说力偶在其作用面内的任意轴上投影恒为零。证明如下：

设在坐标系 Oxy 平面内作用有一个力偶 $(\boldsymbol{F}, \boldsymbol{F}')$，如图 1-22 所示。

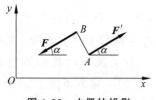

图 1-22　力偶的投影

由图 1-22 可知，力偶的两力 $\boldsymbol{F}$、$\boldsymbol{F}'$ 在 x 轴上的投影分别为

$$F_x = -F\cos\alpha$$
$$F'_x = F'\cos\alpha$$

因为 $F = F'$，所以有

$$\sum F_x = F_x + F'_x = F\cos\alpha - F'\cos\alpha = 0$$

同理，有

$$F_y = F\sin\alpha$$
$$F'_y = -F'\sin\alpha$$
$$\sum F_y = F_y + F'_y = F\sin\alpha - F'\sin\alpha = 0$$

力偶既然不能用一个力代替，可见力偶对于物体的运动效应与力对于物体的运动效应不同。一个力可以使物体产生移动效应和转动效应，而一个力偶只能使物体产生转动效应而没有移动效应。例如，一个不通过质心的力 F 使平板同时产生移动和转动；而作用在平板上的一个力偶只能使平板产生转动，如图 1-23 所示。

力偶的这一性质表明：力偶既然不能合成一个合力，那么力偶也不能与一个力平衡。力偶只能与力偶平衡。

性质 2：力偶对物体的转动效应，只用力偶矩度量而与矩心位置无关。

此性质表明，力偶对其作用面内任意一点之矩，恒等于力偶矩，而与矩心位置无关。无

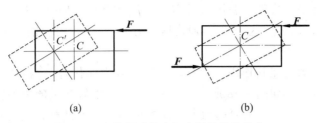

图 1-23 力的运动效应和力偶的运动效应

须强调该平面内组成力偶的两力的方位、力的大小和力偶臂的大小。

现证明如下：设有力偶 (F, F') 作用于某物体上，其力偶矩 $M = Fd$，在力偶作用面内任取一点 O 为矩心，如图 1-24 所示。用 x 表示矩心 O 到力 F 作用线的垂直距离。力偶 (F, F') 对 O 点的力矩是力 F 和 F' 分别对 O 点的力矩的代数和，其值为

$$M_O(F, F') = M_O(F) + M_O(F') = F(d+x) - F'x = Fd = M$$

在计算结果中不包含 x 值，说明力偶对作用面内任一点的力矩与矩心位置无关，恒等于力偶矩。

性质 3：在同一平面内的两个力偶，只要它们的力偶矩彼此大小相等、转向相同，则这两个力偶等效。

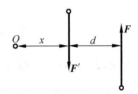

图 1-24 力偶对任意点的矩

由力偶三要素可知，只要两个力偶的作用平面、力偶的转向、力偶矩的大小相等，则两个力偶的转动效应相同。

由力偶的等效性，可以得到以下两个推论。

推论 1：只要力偶矩保持不变，力偶可以在其作用平面内任意移动或转动，而不改变其转动效应。也就是说力偶对物体的转动效应与它在作用面内的位置无关，如图 1-25 所示。

推论 2：只要力偶矩保持不变，可以变化其组成的力和力偶臂的数值大小，而不改变其转动效应，如图 1-26 所示。

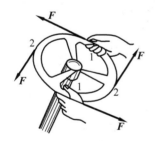

图 1-25 方向盘上力偶位置的改变

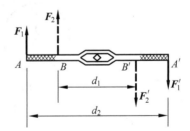

图 1-26 丝锥上力偶的力臂和力的改变

通过上述结论可知：在保持力偶矩大小和力偶转向不变的情况下，力偶在其作用面内任意搬移，或者可以任意改变力偶中力的大小和力偶臂的长短，而力偶对物体的转动效应不变。因此，根据等效力偶这一性质，在研究力偶的运动效应时，只需考虑力偶矩的大小和转向，而不必追究其在作用面内的位置、组成力偶的力的大小以及力偶臂的长短。因此，在工程中可以 M 或带曲线的箭头 ↷ 表示力偶，如图 1-27 所示为力偶的表示方

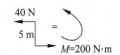

图 1-27 力偶的表示方法

法。其中,弧线所在平面代表力偶作用面,箭头表示力偶的转向,M 表示力偶矩的大小。

在工程中钳工可以利用这一性质,通过增大力臂的方法,用丝锥攻螺纹,从而达到节省力气的目的,如图 1-26 所示。

必须指出的是,力偶在其作用面内移动或用等效力偶代替,对物体的运动效应没有影响,但会影响变形效应。如图 1-28 所示,杆件上作用的力偶产生的力偶矩所形成的转动效应相同,因此杆件保持平衡所需要的约束力偶矩也相同。但是杆件的变形效应不相同。我们在后续的课程中再分别研究杆件的变形效应。

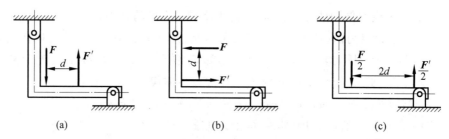

图 1-28 等效力偶对物体移动效应和变形效应的影响

1.4.3 力向一点平移的结果——力的平移定理

力和力偶都具有转动效应,这两者究竟有什么关联?先让我们看日常生活中的例子。划过小船的人都知道用双桨等力划船,船能沿直线前进。而用单桨奋力划船,船除了前进,还会打转,这是什么道理呢?

在转盘的轴心 A 处挂一水桶,如图 1-29(a)所示。经验告诉我们,转盘是静止的。假如将水桶移至转盘的边缘 B 处,转盘会发生转动,如若使转盘保持静止必附加一力偶,力偶矩应与力 F 对 A 点的力矩等值反向,即 $M = F \cdot r$,如图 1-29(b)所示。

上述现象表明:A 处的力 F 与 B 处的力 F 及附加力偶 $F \cdot r$ 是等效的。

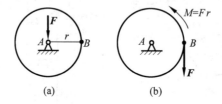

图 1-29 转盘的受力等效性

力向一点平移的结果告诉我们:力可以向同一平面内的任一点平行移动,平移后,除原力外还应附加一力偶,其力偶矩与原力对新一点的矩相同。

再看划船的情况。图 1-30 中,使小船前进的力 F 须作用在船的质心上,故须将力 F 平移到质心 C 上。双桨划动时,两力平移后附加的两力偶等值反向,作用抵消,而单桨划动时所产生的力平移后,附加力偶依然存在,于是除使船前进外,还会使船绕质心打转。

在实际工程中,也存在大量力的平移问题。如图 1-31(a)所示,柱子的 A 点承受吊车梁作用的荷载 F,将 F 移到柱的轴线 B 处便产生了附加力偶 M,如图 1-31(b)所示。有

$$M = F \cdot e \tag{1-11}$$

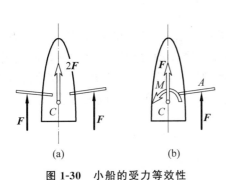
图 1-30 小船的受力等效性

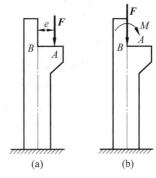
图 1-31 柱子受偏心力作用

拓展阅读

力学与生活

我们经常需要用到力学的基本概念,解决生活中的实际问题。

一、调整力的三要素

我们知道,力有三要素,包括力的大小、方向、作用点。走钢丝的杂技演员如何调整重力的作用位置帮助他们使自己保持平衡?杂技演员有的拿一根水平长棒,有的伸展双臂,有的拿一把花雨伞等,各种手段数不胜数,但是其本质都是为了容易调整重力作用位置。如图 1-32 所示的杂技演员在钢丝上走的时候是以脚为支点,需要用一个长长的木棍调整人体重力的作用位置,保持重力作用线通过脚下的支点,维持身体受力处于平衡状态。另外,在人体调整重力作用位置的过程中,长长的木棍可以改变重力的分布情况,使转动惯量变大,这样由原来的静止到掉下来的时间就会变长,人就有足够的时间调整自己的姿势,让重力作用线通过脚下的支点。

图 1-32 走钢丝

同样,乒乓球运动员在训练中,引入数字技术,利用数字技术模拟分析有经验的乒乓球运动员运用乒乓球板的击球方向、用力大小和击球点位置,通过研究力的三要素,帮助运动员尽快掌握动作技术要领,将动作进行力学分析,规范模拟动作练习要领,提高训练效果。

二、调整力矩和力偶

1. 杠杆原理

阿基米德在《论平面图形的平衡》中,提出了杠杆原理。我们的生活中,杠杆原理无处不在,如图1-33所示,根据杠杆力矩平衡的原理,动力乘以动力臂等于阻力乘以阻力臂,就像我们生活中的跷跷板一样,想省力则需增大力臂,但是会增加移动距离;想缩小移动距离则需减小力臂,但是会费力。通过调整力矩组成要素,将杠杆的效果应用到生活、生产的各个方面。

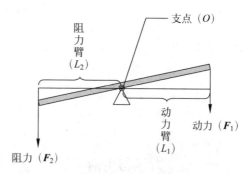

图1-33 杠杆原理

筷子是我国劳动人民的伟大发明,筷子夹食物就是一个典型杠杆的应用实例,如图1-34所示,动力是手指对筷子的作用力,一般在筷子中点上下,阻力是食物阻碍筷子合拢的力,一般作用在筷子前段。由于阻力臂(阻力到杠杆支点的距离)大于动力臂(动力到杠杆支点距离),我们夹食物时需要用力较大,是一种费力杠杆,但是可以节省手指运动的行程。生活中的费力杠杆还有镊子、钓鱼竿等,都是通过减小力臂而达到节省行程的目的。

如图1-35所示的撬杠,也是利用了杠杆原理,由于动力臂远远大于阻力臂,我们撬动巨大的石块,需要较小的动力即可,这是一种省力杠杆。正如阿基米德所说:"给我一根杠杆和一个支点,我就能撬动地球。"常用的省力杠杆还有钳子、瓶盖启瓶器、扳手等,都是通过增大力臂达到省力的目的。

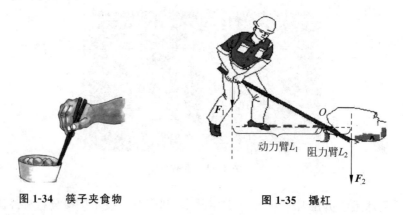

图1-34 筷子夹食物　　　　图1-35 撬杠

2. 力偶的优势

在生活、生产中,我们可以充分利用力偶的优势,达到优化生产、服务生活的目的。我们利用套筒扳手拆卸螺母时,如果无法拧动,则在手柄两边加长套筒,就可以很轻松地把螺母拆卸下来,这就利用了力偶矩的大小与力和力臂成正比的关系,外加套筒增大了力臂。另外,我们还知道,力偶只能产生力偶矩,使物体发生转动而不能移动,在工程中,为了保证钳工单手用丝锥攻螺纹时不出现偏心现象,造成产品不合格,要求钳工必须双手对称用力,组成大小相等、方向相反的一对力,形成力偶。木工用丁字头螺丝杆钻孔也是应用了这个原理,如图 1-36 所示。

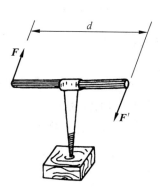

图 1-36　丁字头螺丝杆

3. 巧用力矩

在日常生活中,用小手锤拔起钉子时,通常采用以下两种加力方式,水平方向加力和垂直于小锤加力,如图 1-37 所示。从图中可以看出,由于垂直于小锤的力 F_1 对应的力臂 h_1 大于水平力 F_2 对应的力臂 h_2,因此在作用力 F_1 和 F_2 大小相等的情况下,第一种用力方式能产生较大的力矩,施加在钉子上的拉力较大,更容易拔出钉子。

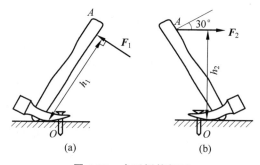

图 1-37　小手锤拔钉子

在生产过程中,钢筋混凝土带雨篷的门顶过梁如图 1-38 所示,有效地安排施工程序,防止产生过大的力矩,造成雨篷倾覆。钢筋混凝土部分的重力 W_1 会绕 A 点产生倾覆力矩(顺时针方向),因此施工过程中需要在雨篷下加木支撑。当过梁上的砌砖超过一定高度时,砖墙的重力 W_2 会绕 A 点产生抗倾覆力矩(逆时针方向),当抗倾覆力矩大于倾覆力矩时,雨篷就不会倾覆了,这时就可以拆除雨篷下的木支撑。

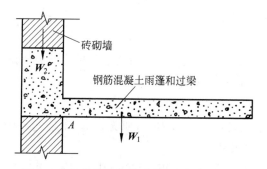

图 1-38　钢筋混凝土带雨篷的门顶过梁施工

小结

本章主要研究力学基础概念。

1. 力的性质

（1）力。力是物体间相互的机械作用，这种作用使物体的运动状态改变（外效应），或使物体产生变形（内效应）。力对物体的外效应取决于力的三要素：大小、方向和作用点（或作用线）。

（2）作用力与反作用力公理说明了物体间相互作用的关系。

2. 力的投影

1）力在坐标轴上的投影

由力的作用线的始端和末端分别向坐标轴做垂线，所得的垂足间的线段冠以适当的正负号，称为该力在该坐标轴上的投影。其求法为

$$F_x = \pm F\cos\alpha$$
$$F_y = \pm F\sin\alpha$$

2）合力投影定理

合力在任意轴上的投影等于诸分力在同一轴上投影的代数和。

3. 力矩

1）力对点之矩的概念

力的大小与力的作用线到矩心的距离的乘积冠以适当的正负号，称为力对点之矩。它是力使物体绕矩心转动效应的度量，其值与矩心位置有关。

2）力对点之矩的求法

（1）用定义式：$M_O(F) = \pm F \cdot d$

（2）用合力矩定理：$M_O(F_R) = M_O(F_1) + M_O(F_2) + \cdots + M_O(F_n) = \sum M_O(F_i)$

4. 力偶

1）力偶的概念

作用在同一物体上，大小相等、方向相反，但不共线的一对平行力组成的力系称为力偶。它对物体只有转动效应，无移动效应。

2）力偶矩

力偶中力的大小与力偶臂的乘积冠以适当的正负号称为力偶矩。它是力偶对物体转动效应的度量，其大小与矩心的位置无关。

3）力偶的性质

（1）力偶在任意轴上的投影恒等于零，力偶无合力，不能与一个力等效，也不能用一个力来平衡，力偶只能用力偶来平衡。

（2）力偶对其作用面内任意一点之矩，恒等于其力偶矩，而与矩心的位置无关。

（3）力偶可在其作用面内任意移动或转动；在不改变力偶矩的大小和转向的前提下，可任意改变力偶中力的大小和力偶臂的长度。

4) 力的平移定理

将作用于刚体上的力平移到刚体上任意一点,必须附加一个力偶才能与原力等效,附加力偶的力偶矩等于原力对平移点之矩。

课后练习

思考题

思 1-1　什么是力?力作用的效果取决于哪些因素?

思 1-2　图中的物体 A 受到向上的力是什么力?如果这个力是作用力,那么反作用力是什么力?作用在哪个物体上?

思 1-3　如图所示,A、B 两物体叠放在桌面上,A 物体重 G_A,B 物体重 G_B。问 A、B 物体各受到哪些力作用?这些力中哪些是平衡力?哪些是反作用力与反作用力?它们各作用在哪个物体上?

思 1-2 图　　　　　　　　思 1-3 图

思 1-4　为了使船前进,为什么人总是用桨向后划水?

思 1-5　试大致标出图中下列各物体的重力为多少千牛。

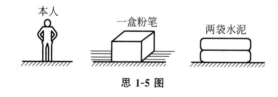

思 1-5 图

思 1-6　试分析图中各力在 x、y 轴上的投影的正、负号。

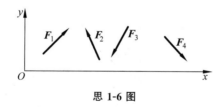

思 1-6 图

思 1-7　推小车时,人给小车一个作用力,小车也给人一个反作用力。此二力大小相等、方向相反,且作用在同一直线上,因此二力互相平衡。这种说法对不对?为什么?

思 1-8　作用在同一平面内的一个力和一个力偶可以合成为一个合力吗?

思 1-9　"分力一定小于合力"。这种说法对不对?为什么?试举例说明。

思 1-10　试比较力对点之矩和力偶矩有何异同点。

思 1-11　如图所示,圆盘在力偶 $M=Fr$ 和力 F 的作用下保持静止,能否说力偶可以用力来平衡？为什么？

思 1-12　如图 1-12(a)中的力 F 和(b)图的力偶 (F,F') 对轮的作用有何不同？

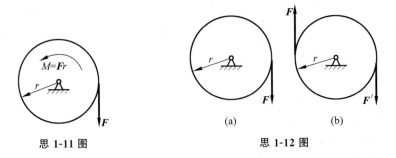

思 1-11 图　　　　　思 1-12 图

习题

习 1-1　试求图中各力在 x 轴及 y 轴上的投影。

(a) 已知 $F_1=500$ N, $F_2=300$ N, $F_3=600$ N。

(b) 已知 $F_1=100$ N, $F_2=50$ N, $F_3=60$ N, $F_4=80$ N。

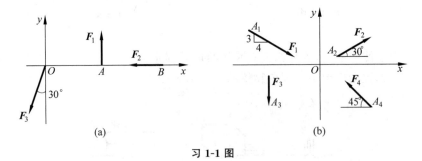

习 1-1 图

习 1-2　试求图中力系合力的大小,已知 $F_1=100$ N, $F_2=100$ N, $F_3=150$ N, $F_4=200$ N。

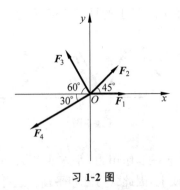

习 1-2 图

习 1-3　如图所示,钢板在 A、B、C、D 处受 4 个力的作用,尺寸如图。已知 $F_1=50$ N, $F_2=100$ N, $F_3=150$ N, $F_4=200$ N,试求合力的大小。

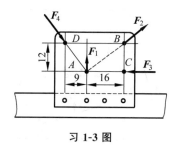

习 1-3 图

习 1-4 求图中力 F 对 O 点之矩。其中力 F 的大小为 10 kN,杆件尺寸 $l=4$ m, $b=2$ m, $r=1$ m。

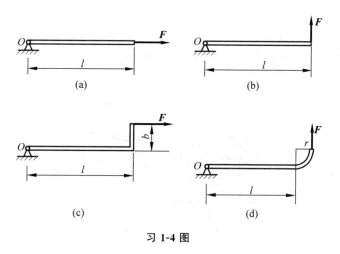

习 1-4 图

习 1-5 利用合力矩定理计算图中力 F 对 O 点之矩。

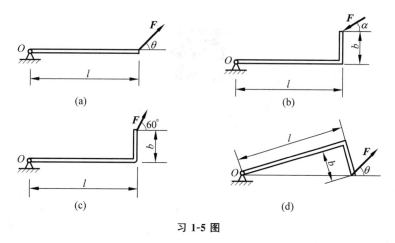

习 1-5 图

习 1-6 已知挡土墙重 $G_1=75$ kN,铅垂土压力 $G_2=120$ kN,水平土压力 $F=90$ kN,如图所示。试求这三个力对前趾点 A 之矩。其中,哪些力矩有使墙绕 A 点倾倒的趋势,哪些力矩使墙趋于稳定?它们的值各为多少?该挡土墙会不会倾倒?

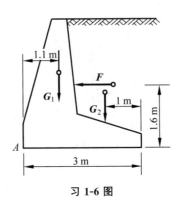

习 1-6 图

习 1-7 工人启闭闸门时,为了省力,常常用一根杆子插入手轮中,并在杆的一端 C 施力,以转动手轮。设手轮直径 $d=0.6$ m,杆长 $l=1.2$ m,在 C 端用 $F_C=100$ N 的力能将闸门开启,若不借用杆子而直接在手轮 A、B 处施加力偶(F,F'),问 F 至少应为多大才能开启闸门?

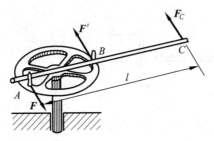

习 1-7 图

客观题

第1章

第 2 章

静 力 分 析

本章介绍平衡的概念、约束的基本类型及其约束反力和受力图的画法。掌握约束的基本类型,对物体进行正确的受力分析,是学好本课程的基础和前提。

2.1 平衡

2.1.1 平衡的概念

所谓平衡,是指物体相对于地球处于静止或作匀速直线运动的状态。它是物体机械运动的一种特殊形式。例如,静止在地面上的房屋、桥梁,固定在建筑物上的梁,以及匀速上升的吊重等都处于平衡状态。必须指出,一切平衡都是相对的、暂时的和有条件的,而运动则是绝对的和永恒的。

一般情况下,我们将物体处于平衡状态所满足的受力条件称为平衡条件。物体在力系作用下如保持平衡,则作用于该物体上的力称为平衡力系。平衡力系必须满足相应的平衡条件。

2.1.2 二力平衡条件

作用在物体上的两个力,使物体保持平衡的充分和必要条件是:这两个力大小相等、方向相反且作用在同一直线上(简称等值、反向、共线)。

如图 2-1(a)所示,AB 杆两端分别作用力 F_A 和 F_B,要使 AB 杆平衡,这两个力必须大小相等、方向相反且作用在同一直线上。又如钢丝绳吊重物图 2-1(b),重物受到钢丝绳的拉力 F_T 和重力 G 的作用,当重物匀速上升处于平衡状态时,这两个力必大小相等、方向相反且作用在同一直线上。

在两个力作用下处于平衡状态的杆件称为二力杆。图 2-2(a)所示为一三铰拱桥,由左、右两半拱铰接而成。分析半拱 BC 的受力,若自重不计,则半拱在 C 铰和 B 铰处各受一个力作用,半拱处于平衡状态,根据二力平衡条件,这两个力 F_B、F_C 必等值、反向且共线,如图 2-2(b)所示。

由此可见,二力杆(构件)所受二力作用线一定沿着此二力作用点的连线;使二力杆受拉或者受压。

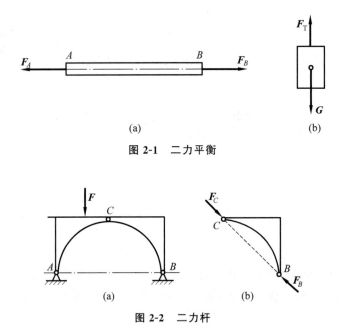

图 2-1 二力平衡

图 2-2 二力杆

2.2 约束

2.2.1 约束和约束反力的概念

在工程实际中,任何构件都受到与它相联系的其他构件的限制,而不能自由运动。例如,大梁受到柱子的限制、柱子受到基础的限制等。

一个物体的运动受到周围物体的限制时,这些周围物体就称为该物体的约束。例如上面所提到的柱子是大梁的约束,基础是柱子的约束。

物体所受到的力一般可以分为两类。一类是使物体运动或使物体有运动趋势的力,称为主动力,例如重力、水压力、土压力等。主动力在工程上称为荷载。另一类是约束限制物体运动的力,称为约束反力,简称反力。

由于约束能阻止物体沿某方向的运动,所以约束反力的方向总是与约束所能阻止物体运动的方向相反。

2.2.2 几种常见的约束及其反力

工程中的约束种类很多。本书介绍的是几种最常见、最基本的类型,而且通常不考虑约束与被约束体之间的摩擦,是理想状态的约束。

1. 柔体约束

绳索、链条、皮带等用于阻碍物体运动时,叫作柔体约束。由于只能限制物体沿着柔体约束的中心线离开柔体的运动,所以柔体约束的约束反力过联结点沿柔体约束中心线且为拉力,常用字母 F_T 表示,如图 2-3 所示。

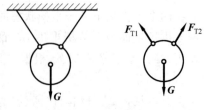

图 2-3 柔体约束

2. 光滑接触面约束

当约束与物体在接触处的摩擦力很小,即可以略去不计时,就是光滑接触面约束。因为没有摩擦力,这种约束不能阻止物体沿着接触面的公切线方向滑动,也不能阻止物体离开支承面的运动,只能阻止物体压入支承面。所以,光滑接触面的约束反力通过接触点,其方向沿着接触面的公法线且为压力,常用字母 F_N 表示,如图 2-4 所示。

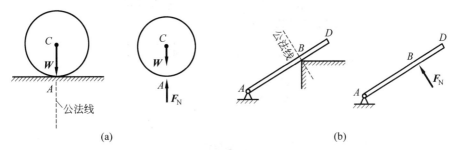

图 2-4 光滑接触面约束

3. 圆柱铰链约束与固定铰链支座

两物体用圆柱形光滑销钉相连接,这种约束称为圆柱铰链,简称铰链或铰,如图 2-5(b) 所示,其构成组件如图 2-5(a) 所示,其计算简图如图 2-5(d) 所示。

若一物体与支座用铰连接,而支座固定在不动的支承面上,则这种约束称为固定铰链支座,简称铰支座,如图 2-6(a) 所示,其计算简图如图 2-6(b) 所示。

铰及铰支座这类约束的特点是销钉只能阻止物体在垂直于销钉轴线平面内任何方向移动,而不能阻止物体绕销钉转动。当物体受主动力作用时,销钉与物体可在某处接触,且接触处是光滑的,如图 2-5(c)、图 2-6(a) 所示。

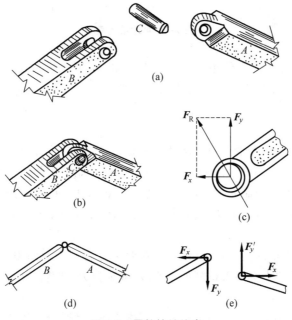

图 2-5 圆柱铰链约束

由于接触点一般不能事先确定,所以铰和铰支座的约束反力通过销钉中心,方向不定。通常用两个互相垂直的分力来表示,指向可假设,如图2-5(e)、图2-6(c)所示。

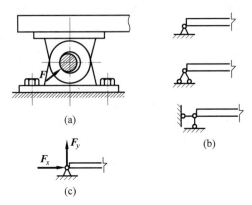

图2-6 固定铰支座

4. 可动铰支座

在铰支座的底座下安装上圆柱形滚子可以沿支承面滚动,就成为可动铰支座,如图2-7(a)所示,其计算简图如图2-7(b)所示。

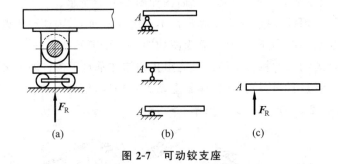

图2-7 可动铰支座

假设支承面是光滑的,则约束只能阻止物体沿垂直于支承面方向运动,不能阻止物体沿支承面运动。所以可动铰支座的约束反力垂直于支承面,通过销钉中心,方向不定,如图2-7(c)所示。

5. 链杆约束

链杆约束是指两端用光滑销钉与物体相连接,且中间不受力的直杆。在图2-8(a)所示的支架中,直杆 BC 就是横杆 AB 的链杆约束。链杆只能限制物体沿着链杆中心线趋向或离开链杆的运动,而不能限制其他方向的运动。所以,链杆约束反力沿着链杆轴线,指向不定。图2-8(b)中的 F_{NBC} 是链杆 BC 作用于横杆 AB 的约束反力。链杆约束的简图及反力如图2-8(c)、(d)所示。

另外,我们分析链杆的受力情况,链杆只在两端各有一个力作用而处于平衡状态,故链杆为二力杆。其所受的力必沿着链杆的中心线,或为拉力,或为压力。

6. 固定端支座

构件在固定端既不能沿任何方向移动,也不能转动,这种支承叫固定端支座,见图2-9(a)。图2-9(b)是固定端支座的简图。固定端既能限制构件移动,又能限制构件转动,所以固定端支座约束反力除产生水平反力和竖向反力外,还有一个阻止转动的约束反力偶。其支座反力如图 2-9(c)所示。

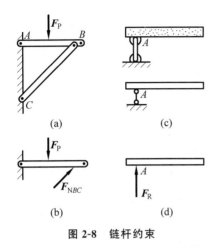

图 2-8　链杆约束

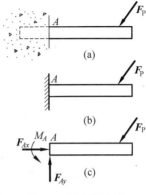

图 2-9　固定端支座

2.3　物体受力分析　受力图

2.3.1　受力分析的方法

受力分析的主旨是将某物体所受的力准确地加以标志。我们将所研究的物体称为研究对象。工程实际中所遇到的通常是几个物体或几个构件相互联系的情况,因此首先必须将物体从约束中脱离出来,即去掉物体受制约的全部约束,并以约束力一一加以代替。该方法称脱离体法。

2.3.2　受力分析的步骤

1) 确定研究对象

我们面对的结构往往是由若干构件组成的系统,首先要明确分析和研究哪个或哪部分物体,即确定分析研究对象,通常是根据问题所提出的要求加以选取。研究对象既可以选被分析物的整体,也可以选单个构件,还可以选若干构件的组合。

2) 明确约束类型

明确研究对象所受外部约束的类型,然后解除其约束,并根据约束类型,确定约束力数和可能方向(无法判断者按正方向设定)。一般说来,物体之间有接触就有约束和约束力。同时应标明研究对象所受的主动力。

3) 注意力系的平衡原理的应用

力系平衡原理对画物体受力图往往有着难以替代的作用。如二力平衡和二力杆,既可作为物体系统受力分析的突破口,又能帮助确定未知力的方向。

4) 注意作用力与反作用力的关系

以活动铰链相连的两物体间相互约束,尤其需要注意作用和反作用关系。

下面举例说明受力图的画法。

【例 2-1】 重力为 G 的小球搁在光滑的斜面上,并用绳子拉住,如图 2-10(a)所示,画出此球的受力图。

解：(1) 以小球为研究对象。

(2) 解除小球的约束,画出脱离体,如图 2-10(b)所示。

(3) 画主动力 G。

(4) 画出约束反力。绳子的拉力 F_T,斜面的约束反力 F_{NB}。

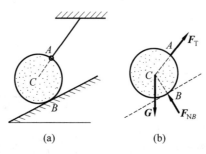

图 2-10　例 2-1 图

【例 2-2】 梯子重力为 G,下端着地,上部搁在墙体上,为了防止滑倒,在 C 处用绳拴在墙体下部,如图 2-11(a)所示。试画出梯子受力图。

解：取梯子为研究对象。画梯子简图,标出主动力重力 G。分析三处约束类型：A 处为光滑面约束,约束力沿梯子与墙角公法线,方向指向梯子；C 处为柔索,约束力作用线与 CD 重合,背离梯子；B 处为光滑接触面约束,约束力沿两者公法线,指向梯子,如图 2-11(b)所示。

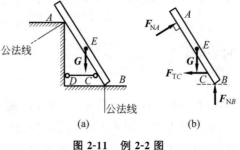

图 2-11　例 2-2 图

【例 2-3】 AB 杆的自重不计,支承情况如图 2-12(a)所示。试画梁的受力图。

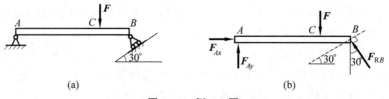

图 2-12　例 2-3 图

解：以梁为研究对象。B 处为可动铰支座,约束力垂直于支撑面,A 处为固定铰支座,约束力以互相垂直的 F_{Ax}、F_{Ay} 表示。

【例 2-4】 图 2-13(a)中梁 AB 与 CD 在 C 处用铰链连接，E 处作用荷载，分别画出梁 AB、CD 及整个结构 $ABCD$ 的受力图。

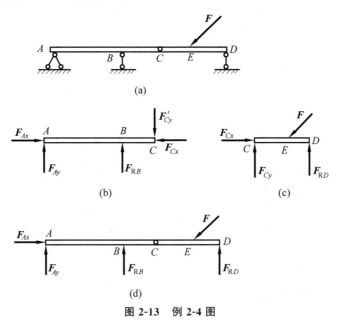

图 2-13 例 2-4 图

解： 先从含荷载 F 的 CD 梁开始作受力分析。受力图作法：D 处为链杆支座，C 处为铰链，其约束力分别如图 2-13(c)所示。

再以 AB 梁为研究对象，梁 AB 与梁 CD 在 C 处受的力是作用力和反作用力，方向与 CD 梁受力图上相反；见图 2-13(b)中 F_{Cx} 与 F'_{Cx}、F_{Cy} 与 F'_{Cy} 方向相反，B 处为链杆支座，A 处为固定铰支座，约束力方向假设如图。作 $ABCD$ 结构的受力图，只需将上述两图合起来即可。我们发现此时 C 处由于没有解除铰链，故不显示约束力的作用，如图 2-13(d)所示。

【例 2-5】 图 2-14(a)中所示为简易吊车，其中 A、B、C 三处均为铰链相接。试作其受力图。

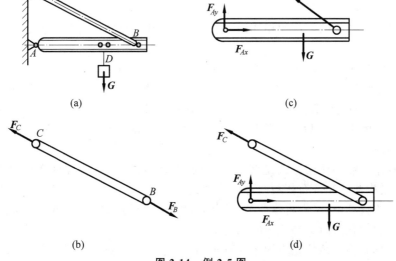

图 2-14 例 2-5 图

解：BC 为二力杆，先取作研究对象。假设其力方向如图 2-14(b)所示。再以 AB 梁为研究对象，我们发现 AB 梁中 B 端的受力与 BC 杆中 B 端的受力为作用力和反作用力。A 点处为固定铰支座，AB 杆的受力状态如图 2-14(c)所示。吊车系统受力图如图 2-14(d)所示。除了不显示 B 处的约束力，其余地方约束与图 2-14(b)、(c)相同，请思考原因。

2.4 结构计算简图

2.4.1 基本概念

在工程实际中，结构的构造和作用的荷载往往是很复杂的，完全根据结构的实际情况进行力学计算是不可能的，也是不必要的。因此，需要将实际结构加以简化，略去不重要的细节，抓住基本特点，用一个简化的图形来代替实际结构，这种图形叫作结构计算简图。也就是说，结构计算简图是在结构计算中用来代替实际结构的力学模型。结构计算简图应当满足以下要求：①基本上反映结构的实际工作性能；②计算简便。

把实际结构变为计算简图，主要在三个方面作了简化：①荷载的简化；②支座的简化；③结构的简化。下面分别叙述。

2.4.2 荷载与荷载的简化

1. 荷载的分类

（1）按其作用在结构上的范围分为集中荷载和分布荷载。

如果荷载作用在结构上的面积与结构的尺寸相比很小，就称其为集中荷载。例如屋架或梁对柱子或墙的压力，次梁对主梁的压力等。

如果荷载连续地作用在整个结构或结构的一部分上，就称其为分布荷载。例如风荷载、雪荷载等。在分布荷载中，按荷载的分布情况又分为体荷载、面荷载和线荷载。

如果荷载分布在物体的体积内，就叫体荷载，如重力。其常用单位是牛/米³（N/m³）或千牛/米³（kN/m³）。如果荷载分布在物体的表面，就叫面荷载，如楼板上的荷载、挡土墙所受的土压力等。面荷载的常用单位是牛/米²（N/m²）或千牛/米²（kN/m²）。如果荷载沿构件轴线（构件横截面形心的连线）分布，就叫线荷载。线荷载的常用单位是牛/米（N/m）或千牛/米（kN/m）。

当分布荷载在各处的大小均相同时，叫作均布荷载；当分布荷载在各处的大小不相同时，叫作非均布荷载。

（2）按作用时间的长短分为恒载和活载。

长期作用在结构上的不变荷载叫恒载，如构件的自重和土压力等。施工期间可能作用在结构上的可变荷载叫活载。所谓"可变"，是指这种荷载有时存在，有时不存在，其作用位置也可以在构件中移动。如风荷载、雪荷载、厂房吊车荷载、施工机械、人群等对结构的作用力。

2. 荷载的简化

实际工程中荷载的作用方式是多种多样的，在计算简图上，通常可将荷载作用在杆轴上，并简化为集中荷载和分布荷载两种作用方式。

在建筑结构计算中，又常将体荷载、面荷载简化为沿构件轴线方向的线荷载。例如将梁的自重（体荷载）简化为沿梁轴分布的线荷载。

下面介绍均布面荷载简化为均布线荷载的计算。

图 2-15 中的平板，板宽为 $b(\mathrm{m})$，板跨度为 $l(\mathrm{m})$，若在板上受到均匀分布的面荷载 $q'(\mathrm{kN/m^2})$ 的作用，那么，在这块板上受到的全部荷载 $F_Q(\mathrm{kN})$ 为

$$F_Q = q'bl$$

而荷载 F_Q 是沿板跨度均匀分布的，于是，沿板长度方向均匀分布的线荷载 q 大小为

$$q = \frac{q'bl}{l} = q'b$$

可见均布面荷载简化为均布线荷载时，均布线荷载的大小等于均布面荷载的大小乘以受荷宽度。

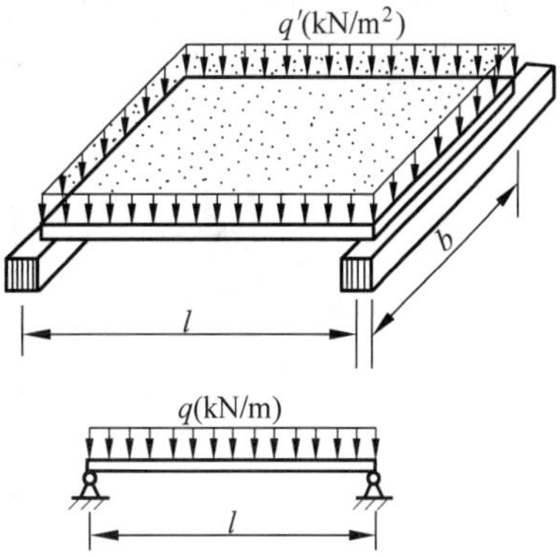

图 2-15 分布荷载

2.4.3 支座的简化

支座的简化包括确定支座的类型和确定支座的位置两部分内容。

1. 可简化为铰支座的结构举例

搁置在砖墙上的横梁或板，砖墙是梁或板的支座，见图 2-16(a)。砖墙阻止了梁或板的移动，但梁或板与墙之间不是一个整体，所以墙不能阻止梁有微小转动，这种构造的支座相当于一个铰。因为整个梁不可能在水平方向移动，所以一端简化成固定铰支座。又因为在温度变化时，梁可在水平方向发生伸缩变形，所以另一端简化成可动铰支座。支座位置定在砖墙横截面中点。计算简图如图 2-16(b) 所示。

图 2-17(a) 中的屋架，其端部支承在柱子上，通过预埋在屋架和柱子上的两块垫板间的焊缝连接。这种屋架不可能产生上下、左右的移动，但因焊缝不长，屋架可以产生微小的转动。因此，柱子对屋架的这种约束可看成固定铰支座，如图 2-17(b) 所示。

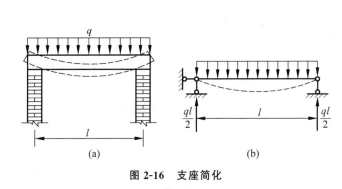

图 2-16 支座简化

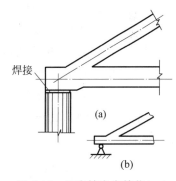

图 2-17 固定铰支座简化（一）

图 2-18(a) 中预制钢筋混凝土柱插入杯形基础后，在柱脚与杯口之间填入沥青麻丝，基础允许柱子产生微小的转动，但不允许柱子上下、左右移动。因此这种基础可看成固定铰支座，如图 2-18(b) 所示。

2. 可简化为固定端支座的结构举例

如图 2-19(a) 所示，预制钢筋混凝土柱插入杯形基础后，当杯口四周用细石混凝土填实、地基较好且基础较大时，可简化为固定端支座，如图 2-19(b) 所示。

如图 2-20(a)所示房屋中的雨篷，它的一端嵌固在墙内，墙既能阻止雨篷移动，又能阻止其转动，可简化为固定端支座，如图 2-20(b)所示。

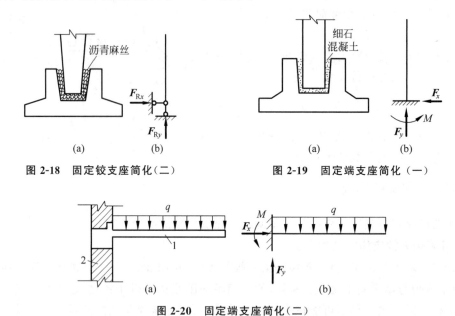

图 2-18　固定铰支座简化（二）　　　　　　图 2-19　固定端支座简化（一）

图 2-20　固定端支座简化（二）

2.4.4　结构与构件的简化

在计算简图中，要把构件用它的纵轴线来表示，还要把各个构件之间的联结点(称为结点)进行简化。结点一般有铰结点和刚结点两种类型。

1. 可简化为铰结点的结构举例

图 2-21(a)为木屋架的构造图。我们用杆轴线代替杆件，杆件在结点处能相对转动，不能相对移动，简化为铰，称为铰结点。计算简图如图 2-21(b)所示。

2. 可简化为刚结点的结构举例

图 2-22(a)是某钢筋混凝土框架顶层的构造图。图中梁和柱的混凝土为整体浇注，梁和柱的钢筋为互相搭接，梁和柱结点处不可能发生相对移动和转动，因此，可简化为刚结点，如图 2-22(b)所示。

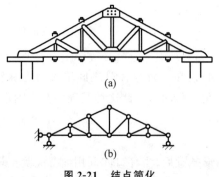

图 2-21　结点简化

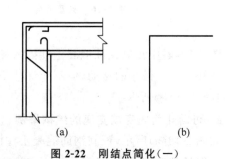

图 2-22　刚结点简化（一）

图 2-23(a)是一节渡槽的构造图。槽身架在钢筋混凝土的排架上,排架由横梁、柱、基础组成。横梁与柱连结成一个牢固的整体,在连结处不能作相对移动,也不能作相对转动,可简化为刚结点,排架的计算简图如图 2-23(b)所示。

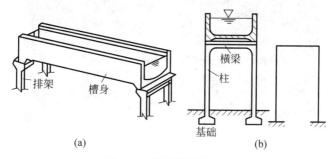

图 2-23 刚结点简化(二)

总之,结构计算简图的选择,直接影响计算的工作量和精确度。因此,我们必须从实际出发,对荷载、支座、结构三方面进行简化,使所选取的计算简图既能符合结构构件的实际工作情况,又便于分析与计算。

拓展阅读

平衡思想——结构受力特征

一、大雪压塌日本北海道空置房

2022 年 2 月,日本北海道受强力寒流影响持续下大雪,积雪量创新高,当地积雪已经达到 105 cm,比往年降雪量多出 40% 左右。由于积雪量过重而坍塌,当地一栋空置楼房倒塌,分析原因是楼房在积雪作用下,受力过大而被破坏,如图 2-24 所示。

图 2-24 大雪压塌房屋

(a)压塌房屋现状;(b)积雪情况

二、单杠决赛

2020 年全国体操冠军赛男子单杠决赛在陕西西安举行,北京队选手向巴根秋在单杠决赛中夺得冠军,如图 2-25 所示,单杠比赛也与力学关系密切。

单杠由杠体、立柱和拉杆组成,如图 2-26 所示。运动员在杠体上做各种动作,如大回环等,通过握杠体的手,对杠体施加了外力,这些外力包括人体的重力、回转运动产生的离心力

图 2-25　男子单杠比赛情况

等。任意时刻,人对杠体的作用力,其方向都是从杠体指向人重心所处的瞬间位置。运动员对杠体施加了外力,使得杠体发生弯曲变形,杠体总是朝着人体所在的瞬间位置发生弯曲。

三、圣家族大教堂

圣家族大教堂是位于西班牙加泰罗尼亚巴塞罗那的一座罗马天主教大型教堂,由西班牙建筑师安东尼

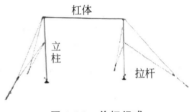

图 2-26　单杠组成

奥·高迪(1852—1926 年)利用"逆吊实验法"设计而成。圣家族大教堂是栋平面呈矩形、立面为不规则多柱形、不对称的哥特式教堂,主体结构由 5 座殿堂和 3 座侧翼殿堂组成。圣家族大教堂穹顶结构如图 2-27 所示。

图 2-27　圣家族大教堂穹顶结构

逆吊实验法的具体操作(图 2-28)是对一个松弛的柔性索网或薄膜施加可凝固材料(如石膏等),待材料在自重(或外荷载)作用下凝结成型后,反向旋转曲面即可获得一个以受压为主的壳体结构,对模型形状进行等比例放大。

逆吊实验法(图 2-29)的力学平衡体系分为两种:一种是柔性结构在重力或者外荷载下达到的平衡。这种平衡下形成的结构往往是正高斯曲面的纯拉结构,固化反转后即可得到纯压结构,此类结构的应力分布不均匀。另一种是通过改变几何形状形成自应力平衡结构,在这种平衡方式下形成的结构往往是负高斯曲面的纯拉结构,符合最小曲面原理,结构应力分布均匀,张拉索膜结构的找形就是基于这种平衡方式。

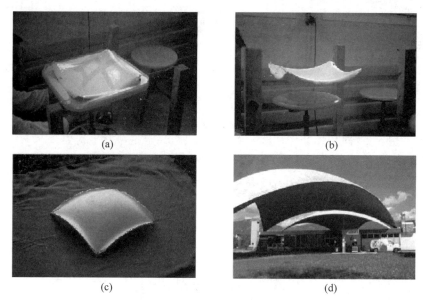

图 2-28 逆吊实验法操作过程
(a) 对薄膜施加石膏；(b) 自重下石膏凝结成型；(c) 反向旋转曲面；(d) 等比例放大进行设计

图 2-29 逆吊实验法的力学平衡体系

小结

1. 平衡及约束的概念

（1）平衡——物体相对于地面处于静止或匀速直线运动的状态。

（2）二力平衡条件——二力等值、反向、共线,说明了作用在刚体上的两个力的平衡条件。

（3）约束——限制研究对象运动的物体。约束作用在研究对象上的反作用力,称为约束反力,简称反力。约束反力的作用线通过物体与约束的接触点,反力的方向根据约束类型确定,它总是与约束所能限制物体的运动方向相反。

2. 物体受力分析,画受力图

在脱离体上画出全部作用力的图形称为受力图。画受力图时首先弄清研究对象,画脱离体,然后再画上主动力和约束反力,画约束反力时,要与被解除的约束一一对应。

3. 结构计算简图

结构计算简图的选取是正确进行结构计算的前提之一,要求不仅掌握选取原则,而且要有较多的实践经验。

课后练习

思考题

思 2-1　下列说法是否正确？为什么？

（1）大小相等、方向相反且作用线共线的两个力，一定是一对平衡力。

（2）受两个力作用的杆就是二力杆。

思 2-2　试在图示各杆的 A、B 两点各加一个力，使该杆处于平衡。图中各杆的重力均忽略不计。

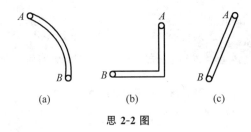

思 2-2 图

思 2-3　指出图示结构中的二力杆。

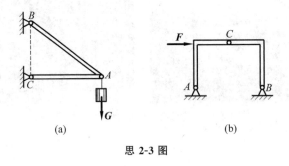

思 2-3 图

思 2-4　指出图示各物体受力图的错误，并加以改正。

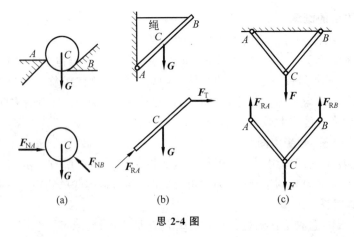

思 2-4 图

习题

习 2-1 画出下列各物体的受力图。设所有的接触面都是光滑的,凡未注明的重力均不计。

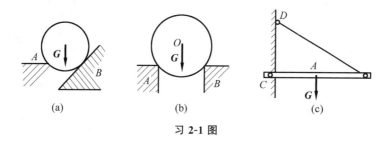

习 2-1 图

习 2-2 试画图示各物体的受力图,其中图(c)杆重不计,画 AB 杆受力图。假定各接触面都是光滑的。

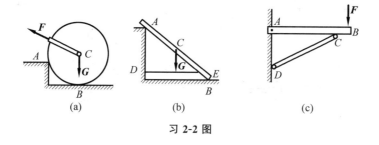

习 2-2 图

习 2-3 试画图示梁的受力图,梁自重不计。

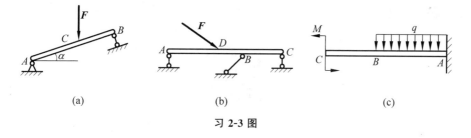

习 2-3 图

习 2-4 画出图中三角架 B 处的销钉和各杆的受力图(各杆的自重忽略不计)。

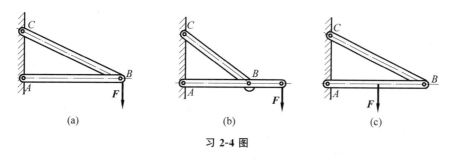

习 2-4 图

习 2-5　试分别画图中 AB、CD 杆的受力图。

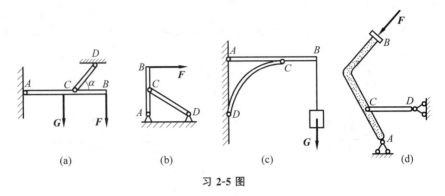

习 2-5 图

习 2-6　试画图中各部分及整体的受力图。

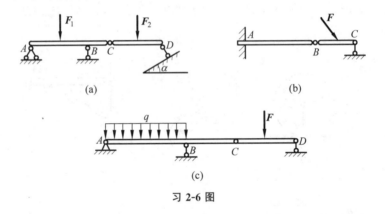

习 2-6 图

客观题

第 2 章

第 3 章

结构的约束力

3.1 静力平衡方程

3.1.1 力系平衡的数学表达——静力平衡方程

根据力的平移定理可知,力系中各力向任一点平移后,最终可以合成为一个力和一个力偶。只有当两者都为零时,力系才能平衡。于是力系平衡的充要条件是:力系的和以及力系对任意点 O 的合力矩同时为零,即

$$\sum F = 0, \quad \sum M_O(F) = 0 \tag{3-1}$$

这就是力系平衡的数学表达式。

为了避免采用矢量运算而采用代数运算,故取力系的投影方式,在平面 Oxy 坐标系内,于是有

$$\begin{cases} \sum F_x = 0 \\ \sum F_y = 0 \\ \sum M_O(F) = 0 \end{cases} \tag{3-2}$$

式中,前两式为投影式,代表力系中各力在 x 轴、y 轴上的投影的代数和等于零;第三式称力矩式,代表力系中各力对任意点力矩的代数和等于零。三式统称为平面力系的静力平衡方程。静力平衡方程是力系平衡的数学表达形式。

平面力系的静力平衡方程若由两个投影方程和一个力矩方程组成,通常称基本形式。其中投影方程 $\sum F_x = 0$ 及 $\sum F_y = 0$,还可以部分地或全部由力矩式取代,但所选投影轴与所选矩心必须满足一定条件。

二矩式为

$$\begin{cases} \sum F_x = 0 \\ \sum M_A(F) = 0 \\ \sum M_B(F) = 0 \end{cases} \tag{3-3}$$

A、B 两点的连线不能与 x 轴垂直。

三矩式为

$$\begin{cases} \sum M_A(F) = 0 \\ \sum M_B(F) = 0 \\ \sum M_C(F) = 0 \end{cases} \quad (3\text{-}4)$$

A、B、C 三点不共线。

上述两组平衡方程中所规定满足的条件,将确保方程的相互独立。

尽管平衡方程有一矩式、二矩式、三矩式三种形式,但是独立的方程数始终是一致的。三个相互独立的平衡方程,可用以求解三个未知力。至于究竟选取哪种形式,可以依据实际情况,以方便计算为原则。

3.1.2 平面受力的特殊情况及其平衡方程

平面受力除了一般情况,尚有些特殊情况:如所有力的作用线汇交于一点(图 3-1);或力系中的力全部相互平行(图 3-2)等。其平衡方程可由上述平衡方程导出,现讨论如下:

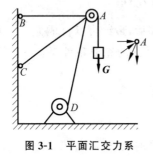

图 3-1 平面汇交力系   图 3-2 平面平行力系

1. 平面汇交力系

平衡方程中有一力矩方程,并规定:力系中的所有力对平面内任一点的力矩的代数和等于 0。

当我们取汇交点为矩心时,根据穿过矩心的力无矩的结论,力矩方程将成为恒等式,失去意义,于是平面汇交力系的平衡方程成为

$$\begin{cases} \sum F_x = 0 \\ \sum F_y = 0 \end{cases} \quad (3\text{-}5)$$

平面汇交力系只有两个投影方程,独立的平衡方程数为 2,故只能解两个未知数。

2. 平面平行力系

取直角坐标系 Oxy,使 x 轴垂直于力系,于是 y 轴平行于力系。根据投影原理:垂直于轴的力投影为零。于是 $\sum F_x = 0$ 成为恒等式,平衡方程成为

$$\begin{cases} \sum F_x = 0 \\ \sum M_O(F) = 0 \end{cases} \quad (3\text{-}6)$$

平面平行力系只有两个独立的平衡方程,只能解两个未知力。平面平行力系亦可取二

矩式。图 3-3(a)为受平面平行力系作用的桥梁,图 3-3(b)为其计算简图。于是有

$$\begin{cases} \sum M_A(F) = 0 \\ \sum M_B(F) = 0 \end{cases} \tag{3-7}$$

其中 A、B 连线与力不平行。

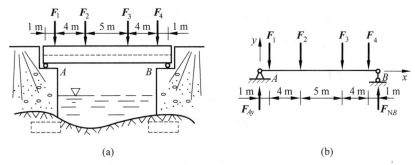

图 3-3　平面平行力系

3. 平面力偶系

对平面力偶系,根据力偶的性质,力偶无投影,有

$$\sum F_x \equiv 0, \quad \sum F_y \equiv 0$$

此外,$\sum M_O(F) = 0$ 可表示为

$$\sum M = 0 \tag{3-8}$$

独立的平衡方程数为 1,亦只能解 1 个未知力。

3.2　构件及结构的约束力计算

3.2.1　约束力的计算方法

在土木工程中,无论简单构件还是复杂结构都存在约束,约束的作用是通过约束力实现的。可以说有约束就有约束力,于是也就存在一个求解约束力的问题。凡是静定结构都可以通过静力平衡方程由已知主动力求得未知的约束力。

下面介绍求解约束力的主要步骤和注意点。

1) 确定研究对象

一般说来,简单构件本身就是研究对象,这是求解简单构件的特点之一,见图 3-4。对于复杂构件,需要考虑先取其整体为研究对象,还是先取局部为研究对象,确定研究对象的顺序,避免解联立方程。

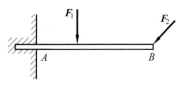

图 3-4　构件

2) 对研究对象作受力分析,画受力图

先逐一确定约束的类型,然后解除约束画约束力。当约束力方向不能确定时,一般假设与坐标轴同向;当约束力方位已确定时可根据方位设定方向,受力图上还应标明主动力(自重及荷载等)。

3) 选择合适的平衡方程形式及解题顺序

平衡方程有多种形式,通常可以取一矩式,或两矩式;再选择列平衡方程的顺序,先投影方程还是先力矩方程。尽量使一个方程只含一个未知数,便于直接求解。对于力矩方程,尤其应注意选用合适的矩心(如两未知力的交点等)以简化计算过程。

4) 校核

求出所有未知量以后,可用其他平衡方程对计算结果进行校核。

3.2.2 平衡方程的应用

1. 构件的约束力计算

构件的约束力计算,其实就是单个物体支座反力的计算,一般选取构件本身为研究对象,画出其受力图,利用合适的平衡方程形式求解支座反力。下面举例说明构件的约束力计算方法。

【例 3-1】 外伸梁如图 3-5(a)所示,在 C 处受集中力 F_P 作用,设 $F_P = 30$ kN,试求 A、B 支座的约束反力。

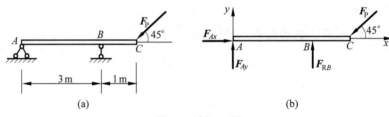

图 3-5 例 3-1 图

解:(1) 选取研究对象:取外伸梁为研究对象。

(2) 画出研究对象的受力图。

① 主动力:已知力 F_P。

② 约束反力:F_{Ax}、F_{Ay}、F_{RB},其指向都是假设的。受力图如图 3-5(b)所示。

(3) 列平衡方程并求解。

外伸梁受力图中的各力组成平面一般力系,因此应列出平面一般力系的平衡方程求解三个未知力。

取坐标轴如图 3-5(b)所示,矩心选在 A 点。列平衡方程如下:

$$\sum F_x = 0, \quad F_{Ax} - F_P\cos 45° = 0 \tag{3-9}$$

$$\sum F_y = 0, \quad F_{Ay} + F_{RB} - F_P\sin 45° = 0 \tag{3-10}$$

$$\sum M_A(F) = 0, \quad F_{RB} \times 3 - F_P\sin 45° \times 4 = 0 \tag{3-11}$$

由式(3-9)得

$$F_{Ax} = F_P\cos 45° = 30 \times 0.707 \text{ kN} = 21.2 \text{ kN}(\rightarrow)$$

由式(3-11)得

$$F_{RB} \times 3 = F_P\sin 45° \times 4$$

$$F_{RB} = 30 \times 0.707 \times 4/3 \text{ kN} = 28.3 \text{ kN}(\uparrow)$$

代入式(3-10)得

$$F_{Ay} = F_P \sin 45° - F_{RB} = (30 \times 0.707 - 28.3) \text{ kN} = -7.1 \text{ kN}(\downarrow)$$

【例 3-2】 简支梁 AB 的受力情况如图 3-6(a)所示,求 A、B 支座的约束反力。

解：（1）选取研究对象：取梁 AB 为研究对象。

（2）画出研究对象的受力图,如图 3-6(b)所示。

（3）列平衡方程并求解。

受力图中各力组成平面一般力系,选坐标轴如图 3-6(b)所示,列出平面一般力系的平衡方程如下：

由 $\sum F_x = 0$ 得

$$F_{Ax} = 0$$

由 $\sum M_A(F) = 0$ 得

$$-10 \times 2 + 6 + 6F_{RB} = 0, \quad F_{RB} = 2.33 \text{ kN}(\uparrow)$$

由 $\sum M_B(F) = 0$ 得

$$10 \times 4 + 6 - 6F_{Ay} = 0, \quad F_{Ay} = 7.67 \text{ kN}(\uparrow)$$

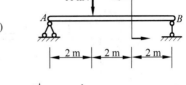

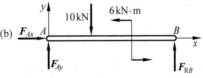

图 3-6 例 3-2 图

【例 3-3】 简支梁如图 3-7 所示,已知 $F = 20$ kN,$q = 10$ kN/m,不计梁自重,求 A、B 两支座约束力。

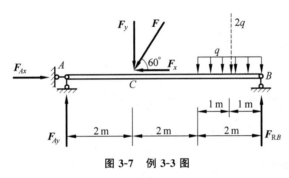

图 3-7 例 3-3 图

解：先处理斜向集中力,有

$$F_y = F\sin 60° = \frac{\sqrt{3}}{2}F = 10\sqrt{3} \text{ kN}, \quad F_x = F\cos 60° = \frac{1}{2}F = 10 \text{ kN}$$

再处理均布荷载,得

$$2q = 2 \times 10 \text{ kN} = 20 \text{ kN}$$

作用在其作用段对称中心,即离 B 点 1 m 处。

列平衡方程并求解如下：

$$\sum M_A(F) = 0, \quad -F_y \times 2 - 2q(2+2+1) + F_{RB}(2+2+2) = 0$$

$$F_{RB} = 22.4 \text{ kN}(\uparrow)$$

$$\sum M_B(F) = 0, \quad 2q \times 1 + F_y \times 4 - F_{Ay} \times 6 = 0$$

$$F_{Ay} = 14.9 \text{ kN}(\uparrow)$$

$$\sum F_x = 0, \quad F_{Ax} - F_x = 0$$

$$F_{Ax} = F\cos 60° = 10 \text{ kN}(\rightarrow)$$

【例 3-4】 梁 AB 一端固定，另一端自由，如图 3-8(a)所示。梁上作用有均布荷载 $q=8$ kN/m，在梁的自由端还受集中力 $F=8$ kN 和一力偶 $m=2$ kN·m 的作用，梁的长度 $l=3$ m。试求固定端 A 处的约束反力。

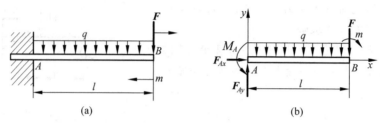

图 3-8 例 3-4 图

解：（1）取梁 AB 为研究对象。

（2）画受力图。作用在梁上的力有：均布荷载 q；集中力 F 和力偶 m；固定端 A 处的约束反力有 F_{Ax}、F_{Ay} 和 M_A，如图 3-8(b)所示。

（3）选取直角坐标系 Oxy 和矩心 A，列平衡方程求解：

由 $\sum F_x = 0$ 得

$$F_{Ax} = 0$$

由 $\sum F_y = 0$，$F_{Ay} - ql - F = 0$ 得

$$F_{Ay} = ql + F = (8 \times 3 + 8) \text{ kN} = 32 \text{ kN}(\uparrow)$$

由 $\sum M_A(F) = 0$，$M_A - m - Fl - ql\dfrac{l}{2} = 0$ 得

$$M_A = m + Fl + \frac{1}{2}ql^2 = 2 + 8 \times 3 + \frac{1}{2} \times 8 \times 3^2 = 62 \text{ kN·m}(\curvearrowleft)$$

2. 结构的约束力计算

结构是多个构件联结而成的物体系统，不但有支座处的约束力，还有构件之间的相互约束力，因而需要根据所求未知约束力确定研究对象。保证研究对象上不但有已知的主动力（荷载），还有未知的约束力。下面举例说明结构（物体系统）的约束力计算方法。

【例 3-5】 图 3-9(a)所示为一个三角形托架的受力情况，在横杆上 D 点作用一铅垂向下的荷载 F_P。已知 $F_P = 10$ kN，求铰 A、B 处的支座反力。

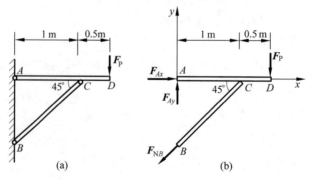

图 3-9 例 3-5 图

解:以整个三角形托架为研究对象。在托架上受到的主动力是已知荷载 F_P,铰 A 和铰 B 是托架的约束。由于杆 BC 为二力杆,因此,铰 B 的约束反力 F_{NB} 沿杆 BC 的方向。现假设杆 BC 受拉,则 F_{NB} 的指向是背离铰 B;铰 A 的约束反力方向不定,用两个未知力 F_{Ax} 和 F_{Ay} 表示。在三角托架上作用有三个未知力 F_{Ax}、F_{Ay}、F_{NB},画出三角托架的受力图并选取坐标轴如图 3-9(b)所示。

由 $\sum M_A(F) = 0$,$-F_{NB}\sin 45° \times 1 - F_P \times 1.5 = 0$ 得

$$F_{NB} = -\frac{1.5 F_P}{\sin 45°} = -\frac{1.5 \times 10}{0.707} \text{ kN} = -21.2 \text{ kN}(\nearrow)$$

由 $\sum F_x = 0$,$F_{Ax} - F_{NB}\cos 45° = 0$ 得

$$F_{Ax} = F_{NB}\cos 45° = (-21.2) \times 0.707 \text{ kN} = -15 \text{ kN}(\leftarrow)$$

由 $\sum F_y = 0$,$F_{Ay} - F_P - F_{NB}\sin 45° = 0$ 得

$$F_{Ay} = F_P + F_{NB}\sin 45° = [10 + (-21.2) \times 0.707] \text{ kN} = -5 \text{ kN}(\downarrow)$$

计算结果均为负值,说明 F_{Ax}、F_{Ay}、F_{NB} 的假设指向与实际指向相反,应在计算结果后面括号内标明反力的实际指向。

【例 3-6】 求图 3-10(a)所示三角支架中杆 AC 和杆 BC 所受的力。已知重物 D 重力 $G = 10$ kN。

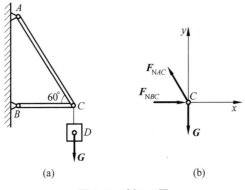

图 3-10 例 3-6 图

解:(1)取铰 C 为研究对象。因杆 AC 和杆 BC 都是二力杆,所以 F_{NAC} 和 F_{NBC} 的作用线都沿杆轴方向。现假定 F_{NAC} 为拉力,F_{NBC} 为压力,画受力图如图 3-10(b)所示。

(2)选取坐标系如图 3-10(b)所示。

(3)列平衡方程,求解未知力 F_{NAC} 和 F_{NBC}。

由 $\sum F_y = 0$,$F_{NAC}\sin 60° - G = 0$ 得

$$F_{NAC} = \frac{G}{\sin 60°} = \frac{10}{0.866} \text{ kN} = 11.55 \text{ kN}$$

由 $\sum F_x = 0$,$F_{NBC} - F_{NAC}\cos 60° = 0$ 得

$$F_{NBC} = F_{NAC}\cos 60° = 11.55 \times \frac{1}{2} \text{ kN} = 5.78 \text{ kN}$$

【例 3-7】 组合梁的支承及荷载情况如图 3-11(a)所示。已知 $F_{P1}=10$ kN，$F_{P2}=20$ kN，试求支座 A、B、D 及铰 C 处的约束反力。

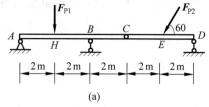

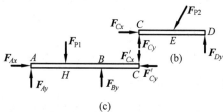

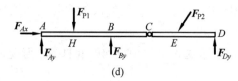

图 3-11 例 3-7 图

解：(1) 取 CD 梁为研究对象。

由 $\sum M_C(F)=0$，$-F_{P2}\sin60°\times 2+F_{Dy}\times 4=0$ 得

$$F_{Dy}=\frac{F_{P2}\sin60°\times 2}{4}\text{ kN}=8.66\text{ kN}(\uparrow)$$

由 $\sum F_x=0$，$F_{Cx}-F_{P2}\cos60°=0$ 得

$$F_{Cx}=F_{P2}\cos60°=20\times 0.5\text{ kN}=10\text{ kN}$$

由 $\sum F_y=0$，$F_{Cy}+F_{Dy}-F_{P2}\sin60°=0$ 得

$$F_{Cy}=-F_{Dy}+F_{P2}\sin60°=(-8.66+20\times 0.866)\text{ kN}=8.66\text{ kN}$$

(2) 取 AC 梁为研究对象。

由 $\sum M_A(F)=0$，$-F_{P1}\times 2-F'_{Cy}\times 6+F_{By}\times 4=0$ 得

$$F_{By}=\frac{F_{P1}\times 2+F'_{Cy}\times 6}{4}=\frac{10\times 2+8.66\times 6}{4}\text{ kN}=17.99\text{ kN}(\uparrow)$$

由 $\sum F_x=0$，$F_{Ax}-F'_{Cx}=0$ 得

$$F_{Ax}=F'_{Cx}=10\text{ kN}(\rightarrow)$$

由 $\sum F_y=0$，$F_{Ay}-F_{P1}+F_{By}-F'_{Cy}=0$ 得

$$F_{Ay}=F_{P1}-F_{By}+F'_{Cy}=(10-17.99+8.66)\text{ kN}=0.67\text{ kN}(\uparrow)$$

【例 3-8】 如图 3-12(a)所示的刚架，求 A、B 支座反力及铰结点 C 的约束力。

解：(1) 先取整体物体系为研究对象，画出整体物体系的受力图，列平衡方程。可

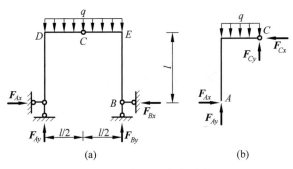

图 3-12 例 3-8 支座反力

以直接求得 F_{Ay} 和 F_{By}，并建立其余两个未知支座反力 F_{Ax}、F_{Bx} 的关系，如图 3-12(a) 所示。

由

$$\sum M_A(F) = 0, \quad F_{By} \cdot l - \frac{1}{2}ql^2 = 0 \tag{3-12a}$$

得

$$F_{By} = \frac{1}{2}ql(\uparrow)$$

由

$$\sum M_B(F) = 0, \quad F_{Ay} \cdot l - \frac{1}{2}ql^2 = 0 \tag{3-12b}$$

得

$$F_{Ay} = \frac{1}{2}ql(\uparrow)$$

$$\sum F_x = 0, \quad F_{Ax} - F_{Bx} = 0 \tag{3-12c}$$

(2) 然后取单个物体 AC（或 BC）为研究对象。画出单个物体的受力图，列平衡方程。可以直接求得 F_{Ax}、F_{Cx}、F_{Cy}，如图 3-12(b) 所示。

将 F_{Ay} 代入下式：

$$\sum M_C(F) = 0, \quad F_{Ax} \cdot l + q \cdot \frac{l}{2} \cdot \frac{l}{4} - F_{Ay} \cdot \frac{l}{2} = 0 \tag{3-12d}$$

得

$$F_{Ax} = \frac{1}{8}ql(\rightarrow)$$

将 F_{Ax} 代入下式：

$$\sum F_x = 0, \quad F_{Ax} - F_{Cx} = 0 \tag{3-12e}$$

得

$$F_{Cx} = \frac{1}{8}ql(\leftarrow)$$

将 F_{Ay} 代入下式：

$$\sum F_y = 0, \quad F_{Ay} - \frac{ql}{2} + F_{Cy} = 0 \tag{3-12f}$$

得
$$F_{Cy} = 0$$

将 F_{Ax} 代入下式:
$$\sum F_x = 0, \quad F_{Ax} - F_{Bx} = 0$$

得
$$F_{Bx} = \frac{1}{8}ql \,(\leftarrow)$$

拓展阅读

受力分析与建筑施工安全案例

一、事故简介

2006 年 8 月 6 日,黑龙江省大庆市某商住楼工程发生一起围墙倒塌事故,造成 3 人死亡,直接经济损失 63.5 万元。

该商住楼为 18 层框架结构,总建筑面积 2.47 万 m^2。于 2006 年 3 月 15 日开工建设,事发当日,施工人员在清理现场围墙外侧的碎石时,围墙突然倒塌,将 3 名施工人员砸在下面。

二、原因分析

1. 力学直接原因

在施工的过程中,临时围墙被当作支挡碎石的挡土墙使用。同时围墙无墙垛,使围墙缺乏必要的稳定性。围墙内堆放的碎石对围墙产生向外的水平推力,围墙倒塌前已出现倾斜。加上在围墙外清理碎石过程中,铲车扰动了围墙地基土。在清理掉围墙外的碎石之后,平衡围墙内碎石向外的水平推力丧失,围墙失去支承,最终倒塌。

2. 管理间接原因

在施工过程中,现场管理和技术人员安全意识薄弱且专业素质欠缺,对施工中存在的安全问题存在侥幸心理。工程项目部在围墙已倾斜的情况下,强令施工人员清理围墙外的碎石。施工单位安全生产意识淡薄,安全生产责任制不落实,在围墙已倾斜的情况下,未监督工程项目部整改。建设主管部门对该工程施工现场存在的事故隐患尤其是围墙外长期堆放碎石等明显隐患,监督管理不到位。

三、事故教训

包括施工单位在内的建设各方应加强对施工现场临时设施的安全管理。尽管临时设施对于整个工程的价值和用处都相对较小,施工结束之后一般也会进行拆除。但是在施工过程中临时设施的施工也要遵循严格的安全要求。

政府有关责任部门应依法行政,切实履行职责。要及时对工程施工的安全管理和现场操作等环节进行检查和监督,一旦发现问题或隐患,就要进行通知,并进行持续的跟踪落实,直至得到圆满解决,将事故隐患及时予以控制以至消除。

小结

1. 平面力系的平衡方程

力系类别		平衡方程	限制条件	可求未知量数目
一般力系	(1) 基本形式	$\sum F_x = 0, \sum F_y = 0, \sum M_O(F) = 0$		3
	(2) 二力矩形式	$\sum F_x = 0, \sum M_A(F) = 0, \sum M_B(F) = 0$	x 轴不垂直于 AB 连线	3
	(3) 三力矩形式	$\sum M_A(F) = 0, \sum M_B(F) = 0, \sum M_C(F) = 0$	A、B、C 三点不共线	3
平行力系	(1)	$\sum F_x = 0, \sum M_O(F) = 0$		2
	(2)	$\sum M_A(F) = 0, \sum M_B(F) = 0$	AB 连线不平行于各力作用线	2
汇交力系		$\sum F_x = 0, \sum F_y = 0$		2

2. 平衡方程的应用

应用平面力系的平衡方程,可以求单个物体及静定物体系统的平衡问题。

解题步骤如下:

(1) 确定研究对象。

(2) 画受力图。在脱离体上画出所有主动力和约束反力。当约束反力方向未定时,一般用两个正交的分力表示;当约束反力指向未定时,可先假设指向。

(3) 选取直角坐标系和矩心。坐标轴选取最好使一轴与未知力垂直。矩心往往选在两个未知力的交点上,这样使一个方程中只包含一个未知量,便于求解。

(4) 列平衡方程。可根据需要,将三个方程都列出或只列出其中一个或两个。一般先列出能够直接求出未知量的方程。

(5) 利用平衡方程求未知量。

课后练习

习题

习 3-1　求图示梁的约束力。图中一外径为 25 cm、壁厚 1 cm、跨度 $l = 12$ m 的架空给水铸铁管,两端搁在支座上,管中充满水。铸铁的容重为 76.5 kN/m³,水的容重为 9.8 kN/m³。

习 3-2　试求以下各图中 A、B 两支座的约束力。

习 3-3　已知 $F_P = 10$ kN,A、B、C 三处都是铰接,杆的自重不计,求图示中的三角支架各杆所受的力。

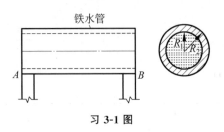

习 3-1 图

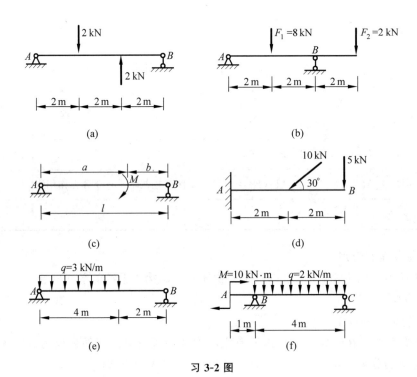

习 3-2 图

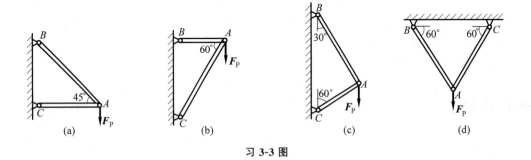

习 3-3 图

习 3-4 图示一悬臂式起重机,横梁 AB 在 A 端为固定铰支座。B 端用钢丝绳 BC 拴住,横梁自重 $G=1$ kN,电动小车连同被提升的重物总重 $F_P=8$ kN。试求钢丝绳的拉力和固定铰支座的反力。

习 3-5 求图示各组合梁的支座反力。

第3章　结构的约束力

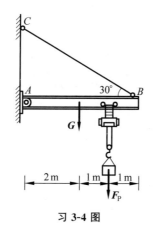

习 3-4 图

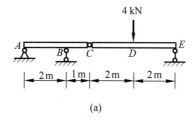
(a)

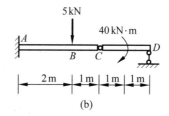
(b)

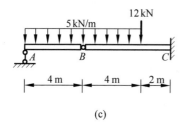
(c)

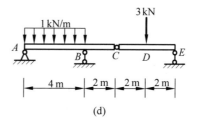
(d)

习 3-5 图

客观题

第 3 章

第2篇

承载能力

第 4 章

杆件的内力

在进行结构设计时,为保证结构安全、正常地工作,要求各构件必须具有足够的强度和刚度。解决构件的强度和刚度问题,首先需要确定危险截面的内力。内力计算是结构设计的基础。

4.1 内力计算基础

PPT4-1

进行结构的受力分析时,只考虑力的运动效应,可以将结构看作刚体;但进行结构的内力分析时,要考虑力的变形效应,必须把结构作为变形固体处理。

4.1.1 变形固体的基本假设

生活中任何固体在外力作用下都要或多或少地产生变形,即它的形状和尺寸总会有些改变。所以固体具有可变形的物理性能,通常将其称为变形固体。

变形固体在外力作用下发生的变形可分为弹性变形和塑性变形。弹性变形是指变形固体在去掉外力后能完全恢复它原来的形状和尺寸。塑性变形是指变形固体在去掉外力后变形不能全部消失而残留的部分,也称残留变形。本书仅研究弹性变形,即把结构看成完全弹性体。

工程中大多数结构在荷载作用下产生的变形与结构本身尺寸相比是很微小的,故称为小变形。本书研究的内容将限制在小变形范围,即在研究结构的平衡等问题时,可用结构的变形之前的原始尺寸进行计算,变形的高次方项可以忽略不计。

为了研究结构在外力作用下的内力、应力、变形、应变等,在理论分析时,对材料的性质作如下的基本假设。

1. 连续性假设

认为在材料体积内充满了物质,毫无间隙。在此假设下,物体内的一些物理量能用坐标的连续函数表示它的变化规律。实际上,可变形固体内部存在着间隙,只不过其尺寸与结构尺寸相比极为微小,可以忽略不计。

2. 均匀性假设

认为材料内部各部分的力学性能是完全相同的。所以,在研究结构时,可取构件内部任意的微小部分作为研究对象。

3. 各向同性假设

认为材料沿不同方向具有相同的力学性能,这使研究的对象局限在各向同性的材料之上,如钢材、铸铁、玻璃、混凝土等。若材料沿不同方向具有不同的力学性质,则称为各向异性材料,如木材、复合材料等。本书着重研究各向同性材料。

由于采用了上述假设,大大地方便了理论研究和计算方法的推导。尽管由此得出的计算方法只具备近似的准确性,但它的精度完全可以满足工程需要。

总之,本书研究的变形固体被视作连续、均匀、各向同性的,而且变形被限制在弹性范围的小变形问题。

4-1

4.1.2 四种基本变形

在土木工程力学中研究构件及结构各部分的强度、刚度和稳定性问题时,首先要了解杆件的几何特性及其变形形式。

1. 杆件的几何特性

在工程中,通常把纵向尺寸远大于横向尺寸的构件称为杆件。杆件有两个常用到的元素:横截面和轴线。横截面指沿垂直杆长度方向的截面,轴线是指各横截面的形心的连线,两者相互垂直。

杆件按截面和轴线的形状不同又可分为等截面杆、变截面杆及直杆、曲杆与折杆等,如图 4-1 所示。

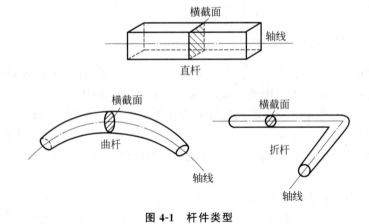

图 4-1 杆件类型

2. 杆件的基本变形

当外力以不同的方式作用于结构上时,结构将发生不同形式的变形。无论何种形式的变形,都可归结为 4 种基本变形形式之一,或者是基本变形形式的组合。直杆的 4 种基本变形形式如下:

(1) 轴向拉伸或压缩。一对方向相反的外力沿轴线作用于杆件,杆件的变形主要表现为长度发生伸长或缩短。这种变形形式称为轴向拉伸或轴向压缩,如图 4-2(a)、(b)所示。

(2) 剪切。一对相距很近、方向相反的平行力沿横向(垂直于轴线方向)作用于杆件,杆件的变形主要表现为横截面沿力作用方向发生错动。这种变形形式称为剪切,如图 4-2(c)

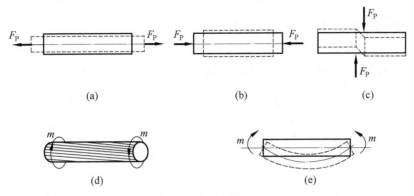

图 4-2 基本变形形式

(a) 轴向拉伸；(b) 轴向压缩；(c) 剪切；(d) 扭转；(e) 弯曲

所示。工程上铆钉、键、销、螺栓等连接件是剪切变形的实例。

(3) 扭转。一对方向相反的力偶作用在垂直于杆轴线的两平面内，杆件的任意两个横截面绕轴线发生相对转动。这种变形形式称为扭转，如图 4-2(d) 所示。

(4) 弯曲。一对方向相反的力偶作用于杆件的纵向平面（通过杆件轴线的平面）内，杆件的轴线由直线变为曲线。这种变形形式称为弯曲，如图 4-2(e) 所示。

4.1.3 内力

1. 内力的概念

当我们用手拉一根橡皮条时，会感觉到橡皮条内有一种反抗拉长的力。手的拉力越大，橡皮条被拉得越长，这种反抗力也越大。这种物体受外力而变形时内部各部分之间因相对位置的改变而引起的相互作用力称为内力。内力是由外力引起的，其大小与产生内力的外力有关系。外力增大，内力随之增大，变形也增大，但对于某一确定的构件，内力的增大又有一定的限度，超过这一限度，构件就会发生破坏。因此，内力与构件的强度和刚度都有密切的联系。

2. 求内力的方法——截面法

为了显示出构件在外力作用下任一截面的内力，可以假想地用截面将构件截开，分成两个部分，如图 4-3(a) 所示，并取其中一部分作为研究对象。此时，截面上的内力被显示了出来，并成为研究对象上的外力，如图 4-3(b) 所示。因为整个构件受力是处于平衡状态，故任取一脱离体也必须处于平衡状态，可以由静力平衡条件求出此内力。这种求内力的方法称为截面法。

截面法求内力的步骤可归纳如下：

(1) 截：假想沿欲求内力截面截开。
(2) 取：取截面左侧或右侧为研究对象。
(3) 代：将弃去部分对研究对象的作用以内力代替。
(4) 平：考察研究对象的平衡，确定内力的大小和方向。

截面上内力形式由作用在杆件上的外荷载决定。

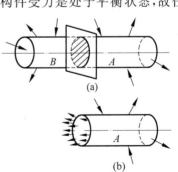

图 4-3 截面法求内力

4.2 轴向拉伸和压缩杆件的内力

4.2.1 轴向拉伸和压缩的概念及实例

工程中有很多杆件受轴向力作用而产生拉伸或压缩变形。例如房架中的杆件,如图 4-4(a)所示;斜拉桥中的拉索,如图 4-4(b)所示;闸门启闭机中的螺杆,如图 4-4(c)所示;建筑物中的支柱,如图 4-4(d)所示,这些都是轴向拉伸和压缩的实例。

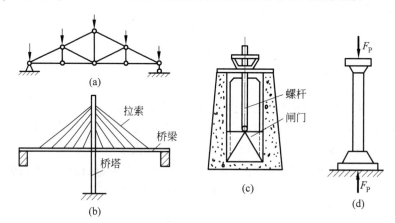

图 4-4 轴向拉(压)杆件

分析以上实例可以知道:它们的受力特点是作用于直杆上的外力(或者合力)的作用线与杆件的轴线相重合;它们的变形特点是杆件沿轴线方向伸长或缩短,如图 4-5 所示。

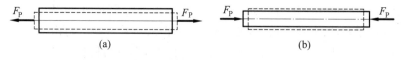

图 4-5 轴向拉(压)杆的特点

4.2.2 轴向拉(压)时横截面上的内力

1. 轴向拉(压)时横截面上的内力——轴力

等截面直杆受轴向外力 F_P 的作用,如图 4-6(a)所示,现来分析其横截面上的内力。应

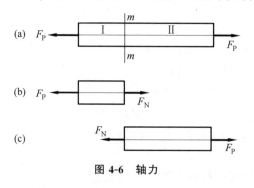

图 4-6 轴力

用截面法,将杆沿任一截面 $m—m$ 分成左、右两部分。取任一部分为脱离体,另一部分对该部分的作用用截面上的内力 F_N 来代替,如图 4-6(b)所示。由于整个杆件是平衡的,因此假想截开的各部分也应该是平衡的,由共线力系平衡条件可知,内力必与杆的轴线重合,即垂直于杆的横截面,并通过截面形心,称为轴力。

再由平衡方程

$$\sum F_x = 0, \quad F_N - F_P = 0$$

可求得内力 F_N:

$$F_N = F_P$$

同样,若以 Ⅱ 部分为脱离体,如图 4-6(c)所示,可求得 Ⅰ 部分对 Ⅱ 部分作用的内力为 $F_N = F_P$,它与 Ⅱ 部分对 Ⅰ 部分作用的内力数值相等。

轴力的单位为牛(N)或千牛(kN)。

为了区别轴向拉伸和压缩,对轴力 F_N 的正负号作如下规定:

轴力指向背离截面为(+)号,轴力为拉力;轴力指向朝着截面为(−)号,轴力为压力。即拉为正,压为负。

【例 4-1】 如图 4-7(a)所示一杆件,沿轴线同时受力 F_{P1}、F_{P2}、F_{P3} 的作用,试求杆件 1—1、2—2、3—3 横截面上的轴力。

4-3

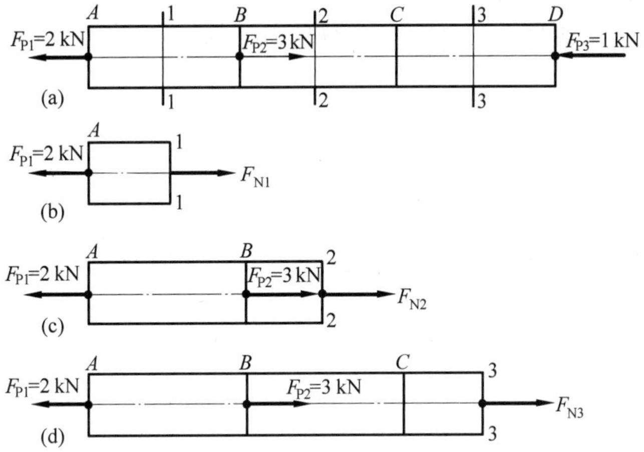

图 4-7 例 4-1 图

解:应用截面法计算各截面轴力。

(1)首先用假想截面在 1—1 处将杆件截开,并取左段为研究对象,如图 4-7(b)所示,内力 F_{N1} 假设为拉力。由平衡方程

$$\sum F_x = 0, \quad F_{N1} - F_{P1} = 0$$

得

$$F_{N1} = F_{P1} = 2 \text{ kN}(拉力)$$

(2)同样在截面 2—2 处假想地把杆件截开,取左段为研究对象,如图 4-7(c)所示,内力 F_{N2} 仍假设为拉力。由平衡方程

$$\sum F_x = 0, \quad F_{N2} + F_{P2} - F_{P1} = 0$$

得
$$F_{N2} = -F_{P2} + F_{P1} = (-3+2)\text{ kN} = -1\text{ kN（压力）}$$

F_{N2} 为负值，说明 F_{N2} 的实际方向与假设方向相反，应为压力。

（3）仍用截面在 3—3 处把杆件假想地截开，取左段为研究对象，如图 4-7(d)所示，F_{N3} 仍假设为拉力。由平衡方程

$$\sum F_x = 0, \quad F_{N3} + F_{P2} - F_{P1} = 0$$

得
$$F_{N3} = -F_{P2} + F_{P1} = (-3+2)\text{ kN} = -1\text{ kN（压力）}$$

可见 F_{N3} 和 F_{N2} 一样，也是压力。

2. 轴力图

当杆件受到两个以上的轴向外力作用时，杆件不同区段的轴力不等，为了表明各截面上的轴力沿轴线的变化情况，可用平行于杆轴线的坐标表示横截面的位置，垂直的坐标表示横截面上的轴力，按规定的比例尺把正轴力画在轴的上方，负轴力画在轴的下方，这样绘出的图线叫作轴力图。

【例 4-2】 一直杆受拉（压）如图 4-8(a)所示，试求横截面Ⅰ—Ⅰ、Ⅱ—Ⅱ、Ⅲ—Ⅲ上的轴力，并绘制出轴力图。

解：在 AB 段内，沿Ⅰ—Ⅰ截面将杆件假想地截开，并取左段为研究对象，如图 4-8(b)所示。在Ⅰ—Ⅰ截面上假设 F_{N1} 为拉力，以杆轴为 x 轴。

4-4

由静力平衡方程
$$\sum F_x = 0, \quad F_{N1} - 1 = 0$$

得
$$F_{N1} = 1\text{ kN}$$

F_{N1} 为正值，说明原先假设的轴向拉力是正确的。又因为 AB 段内任一截面上的内力都是 1 kN，即 AB 段处于受拉状态。

再沿横截面Ⅱ—Ⅱ假想地将杆截开，仍取左段为研究对象，如图 4-8(c)所示。设截面上的轴力为 F_{N2}，由静力平衡方程

$$\sum F_x = 0, \quad F_{N2} + 4 - 1 = 0$$

得
$$F_{N2} = -3\text{ kN}$$

F_{N2} 是负值，因此实际轴力方向与假设相反。BC 段处于轴向受压状态。

同理，为了求得 CD 段内Ⅲ—Ⅲ截面上的轴力，将Ⅲ—Ⅲ截面截开，并为了方便取右段为研究对象，如图 4-8(d)所示。设截面上的轴力为 F_{N3}，由静力平衡方程

$$\sum F_x = 0, \quad 2 - F_{N3} = 0$$

得
$$F_{N3} = 2\text{ kN}$$

F_{N3} 为正值，说明假设的方向与实际相符合。CD 段处于轴向受拉状态。

最后由各段轴力 F_N 值绘制出轴力图，如图 4-8(e)所示。轴力图一般应与受力图正对，在轴力图上应标明轴力的数值及单位。在图框内均匀地画出垂直于轴线的纵向线，并标明

正负号。

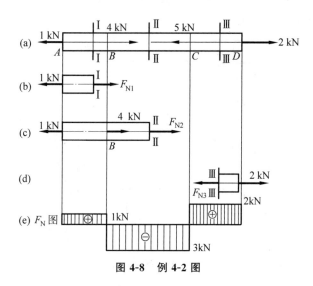

图 4-8 例 4-2 图

【例 4-3】 两钢丝绳吊运一重力为 10 kN 的重物,如图 4-9(a)所示,试求钢丝绳的内力。

解:同时用 1—1 和 2—2 两个截面将两钢丝绳截开,取上半部分为研究对象,如图 4-9(b)所示。设两根钢丝绳的截面内力分别为 F_{N1} 和 F_{N2},且由对称关系知 $F_{N1}=F_{N2}$,又因吊钩所受向上的拉力也是 10 kN,故由平衡方程

$$\sum F_x = 0, \quad 10 - F_{N1}\cos30° - F_{N2}\cos30° = 0$$

即

$$10 - 2F_{N1}\cos30° = 0$$

得

$$F_{N1} = \frac{10}{2\cos30°} \text{ kN} = 5.78 \text{ kN} = F_{N2}$$

钢丝绳的内力为拉力。

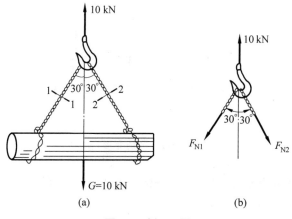

图 4-9 例 4-3 图

【例 4-4】 竖杆 AB 如图 4-10(a) 所示，其横截面为正方形，边长为 a，杆长为 l，材料的堆密度为 ρ，试绘出竖杆的轴力图。

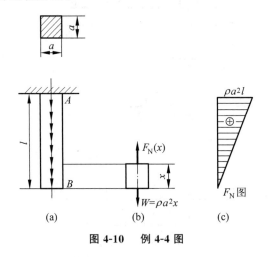

图 4-10 例 4-4 图

解： 杆的自重根据连续性沿轴线方向均匀分布，如图 4-10(a) 所示。利用截面法取图 4-10(b) 所示段为研究对象，则根据静力平衡方程

$$\sum F_x = 0, \quad F_N(x) - W = 0$$

得

$$F_N(x) = \rho a^2 x$$

由此绘制出竖杆的轴力图，如图 4-10(c) 所示。

4.3 剪切与扭转的内力

4.3.1 剪切的概念

PPT4-3

杆件受到一对与杆轴线垂直、大小相等、方向相反且作用线相距很近的力 F 作用时，将在两力之间的截面沿着力的作用方向发生相对错动，这种错动称为剪切变形，如图 4-11 所示。当力 F 不断增大时，错动也就相应地增大，最终杆件被剪断。

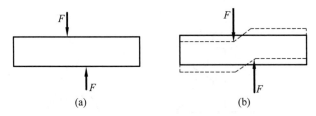

图 4-11 剪切变形

在工程实际中，许多构件的连接常采用螺栓、铆钉、键、销钉等。这类连接件的受力特点就是剪切变形，如图 4-12 所示。

剪切的受力和变形都比较复杂，在工程实际中常采用实用计算法，由此方法算出的应力

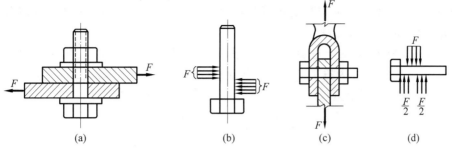

图 4-12 连接件剪切变形

值与实测数值很接近,故用来作为剪切强度计算的依据。

4.3.2 扭转

1. 扭转的概念

工程中有这样一类杆件,在垂直于杆轴线平面内受到一对大小相等、转向相反的外力偶矩的作用,杆件任意两横截面绕杆的轴线发生相对转动,如图 4-13 所示,将该种变形定义为扭转变形。以扭转变形为主的杆件,通常被称为轴。为了便于了解轴扭转时的失效,必须计算轴在扭转时的横截面上的内力。本节仅限于圆轴的内力计算。

2. 外力偶矩的计算

工程中作用于轴上的外力偶矩往往不是直接给出的,而是给出轴的传递功率及轴的转速,需要把它换算成外力偶矩。它们之间的关系为

$$M_e = 9549 \frac{P}{n}$$

式中,P——轴的传递功率,单位为千瓦(kW);
n——轴的转速,单位为转/分(r/min);
M_e——轴扭转外力偶矩,单位为牛·米(N·m)。

3. 扭矩

传动轴的外力偶矩 M_e 计算出来后,便可通过截面法求得传动轴上的内力——扭矩。

设有一圆截面轴如图 4-14(a)所示,作用在轴上的外力偶矩 M_e 已知,轴在 M_e 作用下处于转动平衡。现仍用截面法求任意 $m-m$ 截面上的内力。

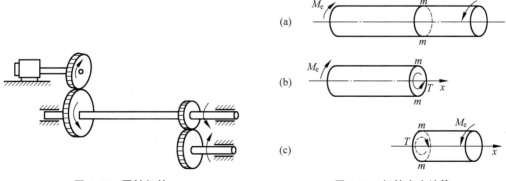

图 4-13 圆轴扭转　　　　　图 4-14 扭转内力计算

第一步：将轴沿 m—m 处假想地截开，取其中任意一段作为研究对象。现取截面左边段为研究对象，如图 4-14(b) 所示。

第二步：分析可知，由于左端有外力偶作用，为了使其保持转动平衡，则在截面 m—m 必然存在一内力偶矩，称为扭矩 T。它是截面上分布内力的合力偶矩。

第三步：由转动平衡方程

$$\sum M_x = 0, \quad T - M_e = 0$$

可得

$$T = M_e$$

若取截面右半段为研究对象，也可得到相同的结果，但转向相反，如图 4-14(c) 所示。这是由于作用与反作用的关系。为了使左右两段轴上求得的同一截面上的扭矩数值相等，符号相同，对扭矩的正负号作如下规定：用右手四指沿扭矩转向，若大拇指指向与截面外法线方向相同，则为正；反之，大拇指指向与截面外法线方向相反，则为负。该方法称为右手螺旋法则。为了便于读者理解，图 4-15 示意出扭矩的正负。

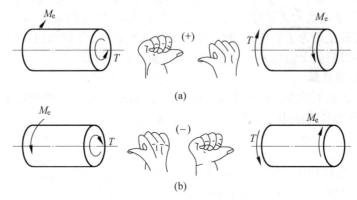

图 4-15　右手螺旋法则

4. 扭矩图

若在轴上有多个外力偶矩作用时，显然，轴上不同截面上的扭矩是不一样的。为了清晰地表达出轴上各截面的扭矩大小、正负，可以效仿拉压杆轴力图的方法，绘制出轴的扭矩图。

4-5

【**例 4-5**】　设一等截面圆轴如图 4-16(a) 所示，作用在轴上的外力偶矩 M_e 分别为 $M_{e1} = 60 \text{ kN·m}$，$M_{e2} = 10 \text{ kN·m}$，$M_{e3} = 20 \text{ kN·m}$，$M_{e4} = 30 \text{ kN·m}$。试计算Ⅰ—Ⅰ、Ⅱ—Ⅱ、Ⅲ—Ⅲ截面的扭矩，并绘制出该轴的扭矩图。

解：为计算Ⅰ—Ⅰ截面的扭矩，假想地沿Ⅰ—Ⅰ截面截开，并取左段为研究对象，如图 4-16(b) 所示。由平衡方程

$$\sum M_x = 0, \quad -M_{e1} + T_1 = 0$$

可得

$$T_1 = M_{e1} = 60 \text{ kN·m}$$

同理，计算Ⅱ—Ⅱ截面的扭矩。如图 4-16(c) 所示，由平衡方程

$$\sum M_x = 0, \quad -M_{e1} + M_{e2} + T_2 = 0$$

可得

$$T_2 = M_{e1} - M_{e2} = 50 \text{ kN} \cdot \text{m}$$

同理，为计算Ⅲ—Ⅲ截面的扭矩，再假想地沿Ⅲ—Ⅲ截面截开，并取左段为研究对象，如图 4-16(d)所示。由平衡方程

$$\sum M_x = 0, \quad -M_{e1} + M_{e2} + M_{e3} + T_3 = 0$$

可得

$$T_3 = M_{e1} - M_{e2} - M_{e3} = 30 \text{ kN} \cdot \text{m}$$

根据以上计算结果绘制扭矩图。取横坐标与轴线 x 平行正对，表示横截面的位置，纵坐标代表相应截面上的扭矩值，正扭矩画在横坐标轴的上方，负扭矩画在横坐标轴的下方。从扭矩图可以确定出最大扭矩以及其所在的横截面位置，如图 4-16(e)所示。

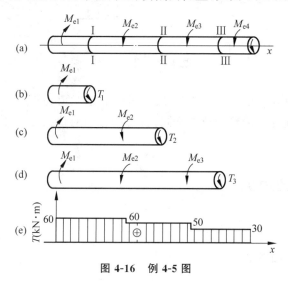

图 4-16　例 4-5 图

【例 4-6】　图 4-17(a)所示为一传动轴，已知轴的转速 $n = 300$ r/min，主动轮 A 的输入功率 $P_A = 50$ kW，从动轮 B、C 的输出功率分别为 $P_B = 30$ kW，$P_C = 20$ kW。试求Ⅰ—Ⅰ、Ⅱ—Ⅱ截面的扭矩并作出传动轴的扭矩图。又问如何减小最大扭矩？

解：先计算出外力偶矩

$$M_{eA} = 9549 \times \frac{50}{300} \text{ N} \cdot \text{m} = 1592 \text{ N} \cdot \text{m}$$

$$M_{eB} = 9549 \times \frac{30}{300} \text{ N} \cdot \text{m} = 955 \text{ N} \cdot \text{m}$$

$$M_{eC} = 9549 \times \frac{20}{300} \text{ N} \cdot \text{m} = 637 \text{ N} \cdot \text{m}$$

下面计算Ⅰ—Ⅰ、Ⅱ—Ⅱ截面的扭矩。

由截面法可以分别求得

$$T_1 = M_{eA} = 1592 \text{ N} \cdot \text{m}$$
$$T_2 = M_{eC} = 637 \text{ N} \cdot \text{m}$$

画出扭矩图如图 4-17(c)所示。从扭矩图可知最大扭矩发生在 AB 段内，其值为 $|T_{\max}| = 1592$ N·m。

为了减小最大扭矩，使之受载合理，可以把 A、B 轮对调，如图 4-17(b)所示，则此时的

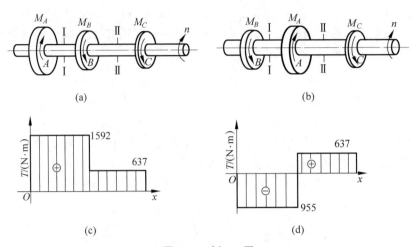

图 4-17 例 4-6 图

扭矩图如图 4-17(d)所示,从中可以看出,最大扭矩的绝对值为 $|T_{max}| = 955$ N·m。由此可见,传动轴上主动轮与从动轮的位置不同,轴的最大绝对值扭矩也不同,显然采用后者布局方式较合理。

4.4 直梁弯曲的内力

4.4.1 平面弯曲和梁的类型

1. 弯曲变形和平面弯曲

1) 弯曲变形

当杆件受到通过杆轴线平面内的力偶作用,或受到垂直于杆轴线的横向力作用时,杆件的轴线由直线变成曲线,如图 4-18 所示,这种变形叫弯曲变形,以弯曲变形为主要变形的构件叫梁。

弯曲变形是工程中常见的一种变形形式,例如房屋建筑中的楼面梁,受到楼面荷载和梁自重的作用,发生弯曲变形(图 4-19(a)、(c)),又如阳台挑梁(图 4-19(b)、(d))、梁式桥主梁(图 4-20)等,都是以弯曲变形为主的构件。

2) 平面弯曲

梁的横截面多为矩形、工字形、T 形、槽型等,如图 4-21 所示,它们都有一根竖向对称轴,这根对称轴与梁轴线所构成的平面叫纵向对称平面,如图 4-22 所示。如果作用在梁上的所有外力(包括荷载和支座反力)都在纵向对称平面内,则梁在变形时,其轴线将弯曲成在此平面(弯曲平面)内的一条曲线。梁的弯曲平面与外力作用平面相重合的这种弯曲称为平面弯曲。平面弯曲是一种最简单、最常见的弯曲变形。

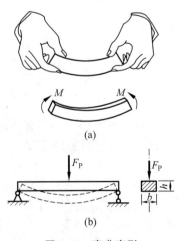

图 4-18 弯曲变形

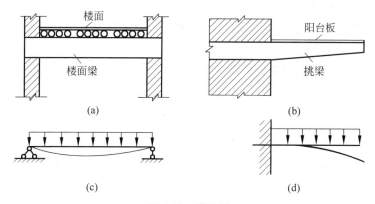

图 4-19 常见梁

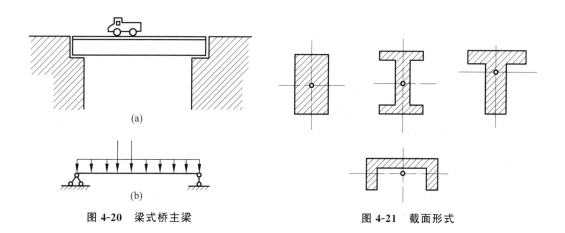

图 4-20 梁式桥主梁　　　　图 4-21 截面形式

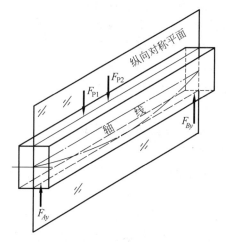

图 4-22 纵向对称平面

2. 梁的类型

工程中常见的简单梁有以下三种类型。

1) 简支梁

梁的一端为固定铰支座,而另一端为可动铰支座,如图 4-23(a)所示。

2) 外伸梁

梁的可动铰支座和固定铰支座不在梁的端部,而在梁的其他截面处,如图 4-23(b)所示。

3) 悬臂梁

梁的一端为固定端,而另一端为自由端,如图 4-23(c)所示。

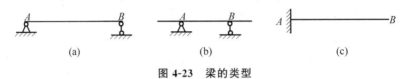

图 4-23 梁的类型

4.4.2 梁的内力——剪力和弯矩

1. 剪力和弯矩

求梁内力的方法仍然采用截面法。下面以如图 4-24(a)所示简支梁为例,分析梁横截面上内力简化的结果。梁在集中力 F_P 及支座反力 F_{Ay}、F_{By} 的作用下保持平衡。

假想地用一截面沿 n—n 切开,分成左、右两部分。因为梁整体是平衡的,所以它的任一部分也应处于平衡状态。为了维持左段平衡,n—n 截面上必然存在两个内力分量:一个是作用线平行于横截面并通过截面形心的力 F_Q——剪力;另一个是其作用面在纵向对称面内的力偶 M——弯矩。因此梁弯曲时,在梁的横截面上存在剪力 F_Q 和弯矩 M。

剪力的常用单位是牛(N)或千牛(kN),弯矩的常用单位是牛·米(N·m)或千牛·米(kN·m)。

2. 剪力和弯矩的正、负号

用截面法把梁假想地截成两段后,在截开的截面上,梁的左段和右段的内力是作用力与反作用力

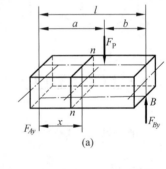

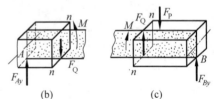

图 4-24 梁的内力

的关系,它们总是大小相等、方向相反。但是对任一截面而言,无论研究左段或是右段,截面上的内力应当有相同的正负号。

(1) 剪力的正负号:截面上的剪力 F_Q 使所考虑的脱离体有顺时针方向转动趋势时规定为正号,是正剪力,如图 4-25(a)所示;反之规定为负号,是负剪力,如图 4-25(b)所示。

(2) 弯矩的正负号:截面上的弯矩使所考虑的脱离体产生向下凸的变形时规定为正号,是正弯矩,如图 4-26(a)所示;产生向上凸的变形时规定为负号,是负弯矩,如图 4-26(b)所示。

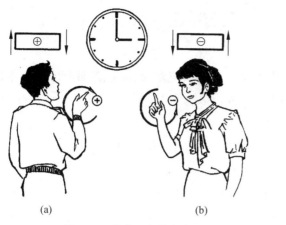
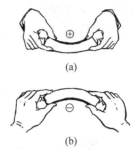

图 4-25 剪力正负号规定　　　　图 4-26 弯矩正负号规定

3. 用截面法计算指定截面上的剪力和弯矩

步骤如下：

（1）计算支座反力。

（2）用假想的截面在需求内力处将梁截成两段，取其中一段为研究对象。

（3）画出研究对象的受力图（截面上的剪力和弯矩一般都先假设为正）。

（4）建立平衡方程，求解内力。

【例 4-7】 简支梁如图 4-27 所示。已知 $F_{P1}=F_{P2}=30$ kN，试求截面 1—1 上的剪力和弯矩。

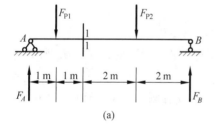
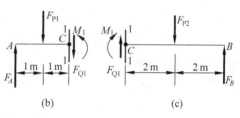

图 4-27 例 4-7 图

解：（1）求支座反力。

取整梁为研究对象，假设支座反力 F_A、F_B 方向向上，列平衡方程。

由

$$\sum M_B(F)=0$$
$$F_{P1}\times 5+F_{P2}\times 2-F_A\times 6=0$$

得

$$F_A=\frac{F_{P1}\times 5+F_{P2}\times 2}{6}=\frac{30\times 5+30\times 2}{6}\text{ kN}=35\text{ kN}(\uparrow)$$

$$\sum M_A(F)=0$$
$$F_B\times 6-F_{P1}\times 1-F_{P2}\times 4=0$$

得

$$F_B = \frac{F_{P1} \times 1 + F_{P2} \times 4}{6} = \frac{30 \times 1 + 30 \times 4}{6} \text{ kN} = 25 \text{ kN}(\uparrow)$$

(2) 求截面 1—1 的内力。

用截面 1—1 假想地把梁截成两段,取左段为研究对象,并按截面上内力的正负号规定设剪力 F_{Q1} 和弯矩 M_1 都为正,如图 4-27(b)所示,列出平衡方程。

由 y 轴的投影方程

$$\sum F_y = 0, \quad F_A - F_{P1} - F_{Q1} = 0$$

得

$$F_{Q1} = F_A - F_{P1} = (35 - 30) \text{ kN} = 5 \text{ kN}$$

由 1—1 截面形心 C 的力矩方程

$$\sum M_C(F) = 0, \quad -F_A \times 2 + F_{P1} \times 1 + M_1 = 0$$

得

$$M_1 = F_A \times 2 - F_{P1} \times 1 = (35 \times 2 - 30 \times 1) \text{ kN·m} = 40 \text{ kN·m}$$

计算结果为正值,表示内力的实际方向与假设方向相同;结果为负值,表示内力的实际方向与假设方向相反。

4-7

4. 计算剪力和弯矩的规律

从上面例题中可得出下面的结论。

(1) 计算剪力的规律:计算剪力时,可建立梁左侧(或右侧)的投影方程 $\sum F_y = 0$,经过移项得到

$$F_Q = \sum F_{左} \quad 或 \quad F_Q = \sum F_{右}$$

上式说明:梁上任一截面的剪力,在数值上等于该截面一侧(左侧或右侧)所有外力沿截面方向投影的代数和。

(2) 计算弯矩的规律:计算弯矩时,可建立梁左侧(或右侧)对截面形心 C 的力矩方程 $\sum M_C(F) = 0$,经过移项得到

$$M_C = \sum M_C(F_{左}) \quad 或 \quad M_C = \sum M_C(F_{右})$$

上式说明:梁上任一截面的弯矩,在数值上等于该截面一侧(左侧或右侧)所有外力(含力偶)对截面形心力矩的代数和。

在进行计算时,剪力和弯矩的正负号,可直接由外力的指向来判定。即

(1) 截面左侧梁上所有向上的外力,或截面右侧梁上所有向下的外力均产生正号剪力;截面左侧梁上所有向下的外力,或截面右侧梁上所有向上的外力均产生负号剪力。即"左上右下,剪力为正",如图 4-28(a)所示。

(2) 截面左侧梁上对截面形心之矩为顺时针转动,截面右侧梁上对截面形心之矩为逆时针转动均产生正号弯矩;截面左侧梁上对截面形心之矩为逆时针转动,截面右侧梁上对截面形心之矩为顺时针转动,均产生负号弯矩。即"左顺右逆,弯矩为正",如图 4-28(b)所示。

这种利用计算剪力和弯矩的规律,直接用外力计算任一截面内力的方法,称为简便法计算内力。

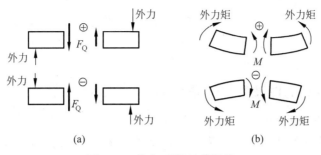

图 4-28 剪力、弯矩计算规律

【例 4-8】 外伸梁的受力情况如图 4-29 所示。已知 $F_P = 4$ kN, $q = 1.5$ kN/m, $m = 3$ kN·m,试求梁 F、$D_\text{左}$ 截面的剪力和弯矩。

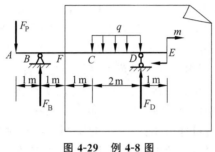

图 4-29 例 4-8 图

解：(1) 求支座反力。取梁整体为研究对象,列平衡方程。

由

$$\sum M_D(F) = 0, \quad F_P \times 5 + q \times 2 \times 1 - m - F_B \times 4 = 0$$

得

$$F_B = \frac{F_P \times 5 + q \times 2 \times 1 - m}{4} = \frac{4 \times 5 + 1.5 \times 2 \times 1 - 3}{4} \text{ kN} = 5 \text{ kN}$$

由

$$\sum M_B(F) = 0, \quad F_P \times 1 - q \times 2 \times 3 - m + F_D \times 4 = 0$$

得

$$F_D = \frac{-F_P \times 1 + q \times 2 \times 3 + m}{4} = \frac{-4 \times 1 + 1.5 \times 2 \times 3 + 3}{4} \text{ kN} = 2 \text{ kN}$$

(2) 求截面的内力。

截面 F 的内力,可由截面 F 以左的外力直接写出:

$$F_{QF} = -F_P + F_B = (-4 + 5) \text{ kN} = 1 \text{ kN}$$

$$M_F = F_B \times 1 - F_P \times 2 = (5 \times 1 - 4 \times 2) \text{ kN·m} = -3 \text{ kN·m}$$

截面 $D_\text{左}$ 的内力,可由截面 $D_\text{左}$ 以右的外力直接写出:

$$F_{QD\text{左}} = -F_D = -2 \text{ kN}$$

$$M_{D\text{左}} = -m = -3 \text{ kN·m}$$

截面 $D_\text{左}$ 的内力,也可由截面 $D_\text{左}$ 以左的外力直接写出:

$$F_{QD\text{右}} = F_B - F_P - q \times 2 = (5 - 4 - 1.5 \times 2) \text{ kN} = -2 \text{ kN}$$

$$M_{D右} = F_B \times 4 - F_P \times 5 - q \times 2 \times 1$$
$$= (5 \times 4 - 4 \times 5 - 1.5 \times 2 \times 1) \text{ kN} \cdot \text{m}$$
$$= -3 \text{ kN} \cdot \text{m}$$

4.4.3 梁的内力图及常用绘制方法

1. 剪力图和弯矩图的概念

为了对梁进行强度和刚度计算,我们不仅要能计算指定截面上的剪力和弯矩,还必须知道剪力和弯矩沿梁轴线的变化规律,从而找到梁内最大剪力和最大弯矩以及它们所在的截面位置。梁一般都在这些截面处破坏,这些截面称为梁的危险截面。

为此,就要了解内力在全梁范围内的变化情况。若以横坐标 x 表示梁横截面的位置,那么,剪力、弯矩值均随 x 值而变化,即梁的剪力、弯矩可分别表示为 $F_Q(x)$ 和 $M(x)$ 的函数。反映梁的内力随 x 值变化的方程就是内力方程。内力方程包括剪力方程和弯矩方程。用平行于梁轴的坐标表示梁横截面的位置,垂直于梁轴的纵坐标表示相应截面的剪力或弯矩,按一定比例画出剪力方程、弯矩方程的函数图形,分别叫作剪力图和弯矩图,即梁的内力图。

梁的内力图能形象地表明内力在全梁范围内的变化情况。

在建筑工程中,习惯上把正剪力画在 x 轴的上方,负剪力画在 x 轴的下方;而把弯矩图画在梁的受拉侧(即正弯矩画在 x 轴的下方,负弯矩画在 x 轴的上方,由于弯矩图画在梁的受拉侧,故弯矩图的正负号可标可不标)。把弯矩图画在梁轴线受拉一侧的目的,是便于在混凝土梁中配置钢筋,即混凝土梁的受力钢筋基本上配置在梁受拉的一侧。

表 4-1 给出了几种常见梁的剪力图和弯矩图。

表 4-1 常见梁的剪力图和弯矩图

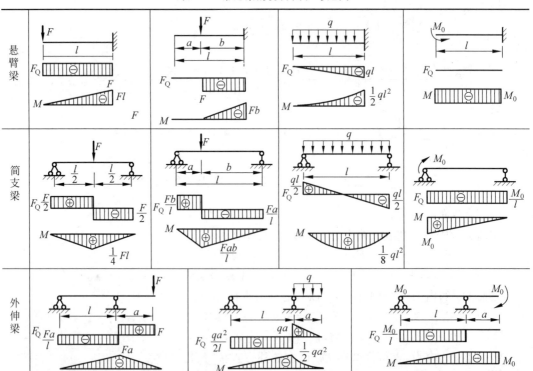

2. 控制面法做梁的内力图

控制截面法做内力图又称为简捷法做内力图。根据直梁在荷载作用下内力图特征，得到荷载、剪力图、弯矩图之间的关系，更简便地绘制剪力图和弯矩图。这种方法无须列出剪力方程和弯矩方程，只需利用控制截面的内力及内力图特征，即可绘制出内力图。具体作法如下。

1) 确定控制面

所谓控制面，实际上是内力可能发生突变的截面。通常这些截面位于外力突变处的两侧，如集中力作用点的两侧截面；集中力偶作用点的两侧截面；均布荷载的起点和终点处截面以及不同集度的均布荷载的交界处截面。如图 4-30 中的 A、B、C、D、E、F、G、H、I 和 J 截面。

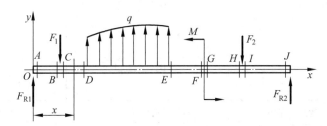

图 4-30 控制截面

2) 控制面内力值的计算

按指定截面求内力的方法求得，既可用截面法，也可用简便法。通常使用后者。

3) 用弯矩、剪力与荷载集度之间的关系确定两控制面内函数图形的形状

(1) 无分布荷载作用的梁段。

见表 4-2，即 $q(x)=0$，由表中图可见在无荷载作用区，剪力图为水平线，弯矩图为斜直线。

(2) 均布荷载作用的梁段。

见表 4-2，当 $q(x)=$ 常数，剪力图为斜直线，弯矩图为二次抛物线。

当 $q(x)<0$ 时，弯矩图为开口向上的二次抛物线；反之，$q(x)>0$ 时，弯矩图为开口向下的二次抛物线。此外，在 $F_Q=0$ 的横截面处，弯矩相应取得极值。

(3) 集中力作用处，剪力图发生突变，其突变值的大小等于集中力的大小，集中力的方向与剪力图的突变方向一致。集中力作用处，弯矩图不会发生突变，但发生转折，转折点的凸向与集中方向一致。

(4) 集中力偶作用处，对剪力图没有影响，但弯矩图发生突变，其突变值的大小等于集中力偶的大小。

梁的荷载、剪力图、弯矩图之间的关系见表 4-2。

4) 控制面法的解题步骤

(1) 利用整体平衡条件求支座反力。

(2) 根据荷载与约束力的作用位置，确定控制面。

(3) 用简便法计算控制面上的内力值。

(4) 绘内力图。根据各梁段上外力的情况，确定内力图的形状，相邻控制面内力值按比例描点、连线作图。

表 4-2　荷载、剪力图、弯矩图之间的关系

序号	梁上荷载情况	剪 力 图	弯 矩 图
1	无分布荷载 ($q=0$)	力轴平行 x 轴 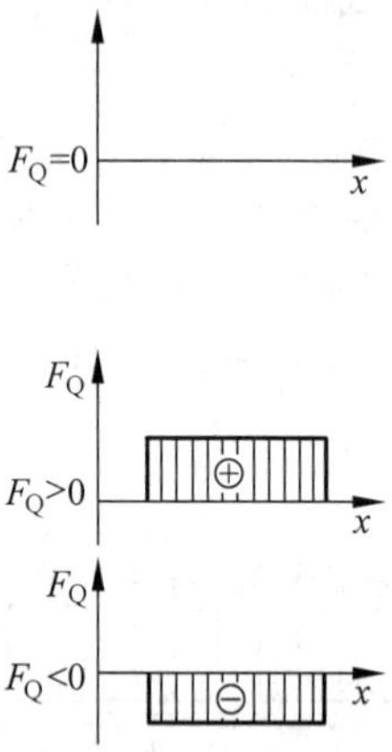 $F_Q=0$; $F_Q>0$; $F_Q<0$	M 图为斜直线 $M<0$, $M=0$, $M>0$; 下斜直线 ; 上斜直线 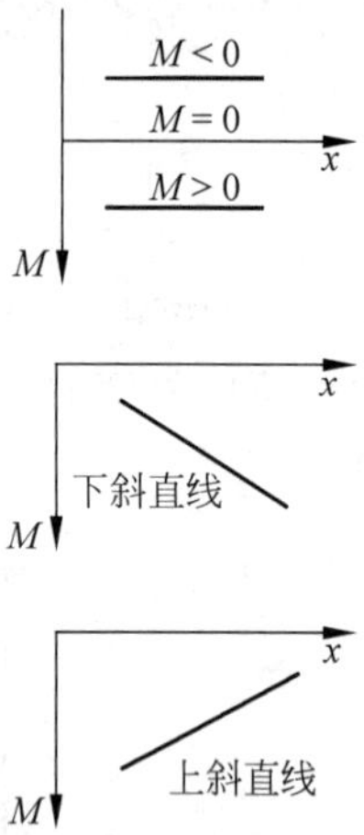
2	均布荷载向上作用 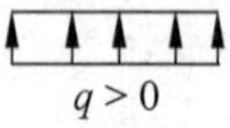 $q>0$	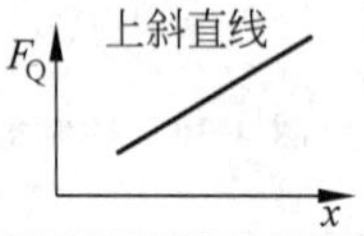 上斜直线	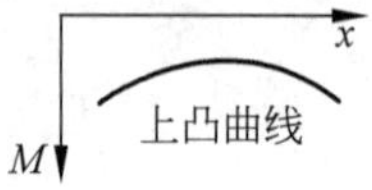 上凸曲线
3	均布荷载向下作用 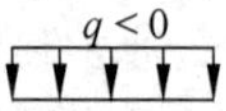 $q<0$	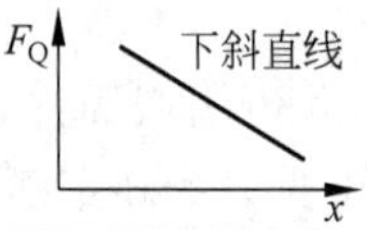 下斜直线	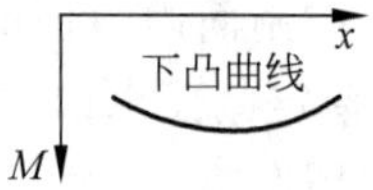 下凸曲线
4	集中力作用 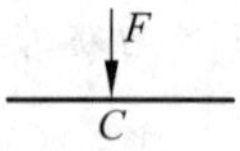	在集中力作用截面突变 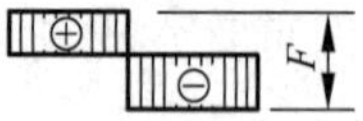	在集中力作用截面出现尖角 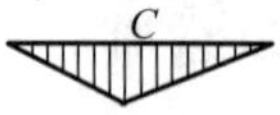
5	集中力偶作用 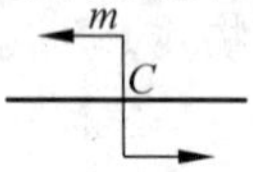	无影响	在集中力偶作用截面突变 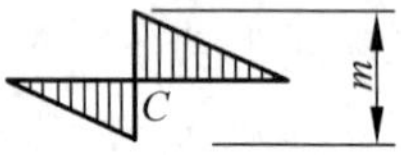
6		$F_Q=0$ 截面	有极值

4-8

【例 4-9】 简支梁如图 4-31(a)所示,试画出剪力图和弯矩图。

解：(1) 求支座约束力

由

$$\sum M_A(F)=0, \quad F_{By} \times l - F \times \frac{l}{2}=0$$

得

$$F_{By}=\frac{F}{2}$$

由

$$\sum F_y=0, \quad F_{Ay}+F_{By}-F=0$$

得

$$F_{Ay} = \frac{F}{2}$$

（2）根据梁上荷载作用情况，将梁分成 AC、CB 两段。

（3）求各控制截面内力值。控制截面有 1、2、3、4 截面。

① 求剪力值

AC 段、CB 段 $q=0$，F_Q 图均为一水平线。

$$F_{Q1} = F_{Q2} = \frac{F}{2}, \quad F_{Q3} = F_{Q4} = -F_{By} = -\frac{F}{2}$$

② 求弯矩值

AC 段：

$$M_1 = 0, \quad M_2 = F_{Ay} \frac{l}{2} = \frac{Fl}{4}$$

CB 段：

$$M_3 = M_2 = \frac{Fl}{4}, \quad M_4 = 0$$

（4）按弯矩、剪力和均布荷载之间的关系连图线，如图 4-31(b)、(c)所示。

无 q 作用梁段，F_Q 图为水平线；弯矩图为斜直线。在 C 截面因有集中力 F，因此 F_Q 图有突变，突变值等于集中力值。M 图有尖角，尖角方向与集中力指向相同。

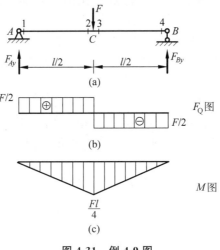

图 4-31　例 4-9 图

【例 4-10】　外伸梁的受力情况如图 4-32(a)所示。已知 $q = 2\ \text{kN/m}$，$m = 6\ \text{kN·m}$，试用简捷法画出该梁的剪力图和弯矩图。

解：（1）求支座反力

$$\sum M_B(F) = 0, \quad F_{Ay} = \frac{1}{4}(-6 - 2 \times 2 \times 1)\ \text{kN} = -2.5\ \text{kN}$$

$$\sum M_A(F) = 0, \quad F_{By} = \frac{1}{4}(6 + 2 \times 2 \times 5)\ \text{kN} = 6.5\ \text{kN}$$

（2）根据梁上荷载作用情况，将梁分成 AC、CB、BD 三段。

（3）求各控制截面内力值，分段绘制内力图。

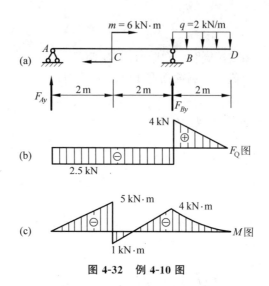

图 4-32 例 4-10 图

画剪力图。

AC 段：此段无荷载作用，F_Q 图为一水平线，只需确定此段内任一截面上的 F_Q 值即可作图。根据 $F_{QA右}=F_{Ay}=-2.5$ kN 画出此段 F_Q 图形。

CB 段：此段也无荷载，根据集中力偶 m 作用的 C 截面 F_Q 图不改变，可知 CB 段 F_Q 图和 AC 段 F_Q 图完全相同。

BD 段：此段梁上有向下作用的均布荷载，F_Q 图为右下斜直线，应算出 $B_右$ 截面和 $D_左$ 截面上的剪力。B 处有向上的集中力 F_{By} 作用，此处剪力 F_Q 值向上突变，突变值为 $F_{By}=6.5$ kN，故

$$F_{QB右}=F_{QB左}+F_{By}=(-2.5+6.5)\text{ kN}=4\text{ kN}$$

或以左段梁为研究对象得：$F_{QB右}=q\times2=4$ kN，结果一致，可以校核计算无误。再由 D 截面为自由端无荷载作用，$F_{QD}=0$。画出此段 F_Q 图形如图 4-32(b) 所示。

画弯矩图。

AC 段：由 $q=0$，且 $F_Q<0$，故 M 图为一右上斜直线。截面 A 为铰支座，其上无集中力偶作用，故 $M_A=0$。

截面 C 稍左截面的弯矩

$$M_{C左}=F_{Ay}\times2=-2.5\times2\text{ kN·m}=-5\text{ kN·m}$$

作出此段 M 图形。

C 截面上作用集中力偶 m，则 M 图在 C 处有突变，突变值为 $m=6$ kN·m，故

$$M_{C右}=M_{C左}+m=(-5+6)\text{ kN·m}=1\text{ kN·m}$$

CB 段：由 $q=0$，此段 M 图应为一条与 AC 段 M 图斜率相同的右上斜直线。有

$$M_B=F_{Ay}\times4+m=(-2.5\times4+6)\text{ kN·m}=-4\text{ kN·m}$$

联结 $M_{C右}$ 和 M_B，得此段 M 图形。

BD 段：此段有向下作用的均布荷载，M 图为下凸抛物线；此段 F_Q 图在 D 点为零点，故 M 在 D 点有极值，由于 D 点是自由端无集中力偶作用，故 $M_D=0$，连结 M_B 与 M_D，得此段 M 图形，如图 4-32(c) 所示。

(4) 确定内力的最大绝对值及其位置。从内力图上可直观得出：

$|F_Q|_{max} = 4$ kN, 作用在 $B_右$ 截面

$|M|_{max} = 5$ kN·m, 作用在 $C_左$ 截面

从本例可知,只要算出 $F_{QA右}$、$F_{QB左}$、$F_{QB右}$、$M_{C左}$、$M_{C右}$、M_B(F_{QD}、M_A、M_D 均为零)等控制截面内力值,就可以根据内力图特征很快画出剪力图和弯矩图。

4.4.4 用叠加法画梁的弯矩图

1. 叠加原理

由几个荷载共同作用时所引起的某一参数(反力、内力、应力、变形)等于各个荷载单独作用时所引起的该参数值的代数和,这种关系称为叠加原理。

运用叠加原理计算反力、内力或其他参数(应力、变形)的方法叫叠加法。

画梁的剪力图很简单,一般不用叠加法,下面只讨论用叠加法画弯矩图。

2. 用叠加法画弯矩图的步骤

(1) 把作用在梁上的复杂荷载分成几组简单荷载,分别画出各简单荷载单独作用下的弯矩图。

(2) 将各简单荷载单独作用下的弯矩图相应的纵坐标代数相加,就得到梁在复杂荷载作用下的弯矩图。

例如在图 4-33(a)中,悬臂梁在荷载 F、q 共同作用下的弯矩图,就是在荷载 F、q 单独作用下弯矩图(图 4-33(b)、(c))的叠加。

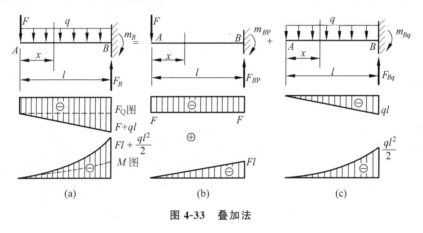

图 4-33 叠加法

为便于运用叠加法画梁的弯矩图,现将简单荷载作用下梁的弯矩图列于表 4-3 中。

表 4-3 常见梁的弯矩图

续表

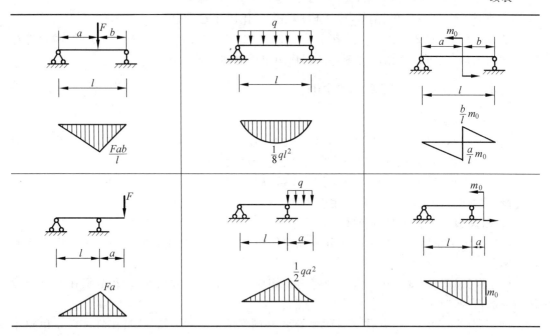

【例 4-11】 简支梁受荷载作用如图 4-34(a)所示,试用叠加法画弯矩图,设 $M_A > M_B$。

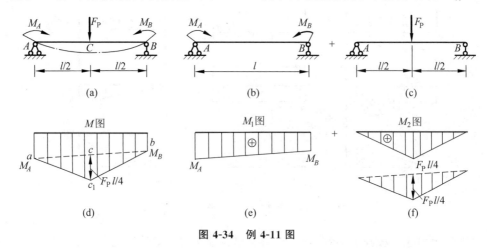

图 4-34 例 4-11 图

解:(1) 将荷载分组。

荷载分为两组:力偶 M_A、M_B 为一组;集中力 F_P 为一组,如图 4-34(b)、(c)所示。分别画出两组荷载单独作用下的弯矩图如图 4-34(e)、(f)所示。

(2) 将弯矩图叠加。

因为 M_2 图由两段组成,所以 M_1 图和 M_2 图要分段叠加。叠加时,先画出 M_1 图,如图 4-34(e)所示,再以 ab 线为基线,将 M_2 图的两段分别叠画在 ac 和 cb 上,最后得到的折线 Aac_1bB 就是所求的弯矩图 M,并注上控制截面的弯矩值。

【例 4-12】 用叠加法作图 4-35(a)所示外伸梁的弯矩图。

解:(1) 将荷载分组。

荷载分为两组：均布荷载 q 为一组；集中力 F 为一组，如图 4-35(b)、(c)所示。分别画出两组荷载单独作用下的弯矩图 M_1 和 M_2，如图 4-35(e)、(f)所示。

(2) 将弯矩图叠加。

如图 4-35(d)所示，先画出直线形的弯矩图 M_1，然后将曲线形的弯矩图 M_2 叠加上去。AB 中点 D 截面的弯矩值在图 4-35(e)中为 $\dfrac{ql^2}{8}$，在图 4-35(f)中为 $-\dfrac{Fa}{2}$，所以 D 截面叠加后的弯矩应为：$M_D = \dfrac{ql^2}{8} - \dfrac{Fa}{2}$。叠加后的弯矩图如图 4-35(d)所示。

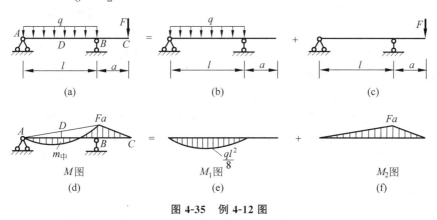

图 4-35　例 4-12 图

拓展阅读

建筑结构破坏分析

一、广西南宁某在建舞台垮塌致 3 死 4 伤

2019 年 5 月 30 日的广西南宁某在建文化长廊舞台垮塌事故原因查明：施工单位未按照规范搭设现场模板架体，造成施工中存在木支撑尾径不足、接长使用，水平拉结严重缺失，施工中模板支架与外架相连有安全隐患，加之采取了梁板柱同时浇筑的错误施工做法，直接导致浇筑屋面混凝土时失稳坍塌。

事故分析中提到的拉结点如图 4-36 所示，为外脚手架和墙体的连接点。加水平拉结就是在水平方向加一些纵横交错的拉杆，保证结构的稳定性。

图 4-36　拉结点

二、黑龙江伊春市某冷库钢筋混凝土大梁倒塌案例造成 2 死 2 伤

1988 年 10 月 3 日,黑龙江伊春市某在建冷库倒塌,造成死亡 2 人,重伤 2 人。

该冷库为单层砖混结构,建筑面积 439m²。9 月浇筑大梁混凝土后 11 天即拆除支撑,并在梁上铺板,梁在铺板后第二天即全部塌落。从倒塌现场观察,南、北纵墙向外倒,东、西横墙向里倒,钢筋混凝土大梁破碎严重,墙体的砂浆强度虽然偏低,但红砖大部分未破坏,说明砌体没有首先破坏,而是大梁首先破坏。这起重大事故原因分析是跨度大于 8m 的混凝土承重大梁必须 100% 达到设计强度要求,才能拆除模板。而当时情况是 11 天拆模时混凝土梁的强度仅达到设计强度要求的 33.5%,造成大梁的承载能力严重不足,混凝土大梁倒塌。

以上案例说明工程结构设计和工程施工正确规范的重要性。

建筑物在长期的使用中,会受到自身承载力或外界力(例如地震等)的影响引发结构的位移与变形,这就会影响建筑物结构的稳定性,较大的结构变形会导致荷载力发生偏移,构件上的受力点的改变会降低其承载力,引发建筑的坍塌,因此作为一名力学工作者,应该掌握足够多的专业理论基础,并能较好地增强建筑结构的安全性。

小 结

外力作用下杆件内部质点间的距离发生改变,质点间的相互作用力也改变。外力引起的杆件内部的附加的相互作用力为内力。

依据变形固体的连续性假设,内力在杆的横截面上连续分布(称分布内力)。

1. 杆件的基本变形形式

杆上力系各力的作用点和方向决定杆的受力形式,决定相应的变形形式,决定相应的内力形式,而且外力、内力、变形三者的方向、大小一致。杆的基本受力变形形式为:①轴向拉伸压缩;②剪切;③弯曲;④扭转。

2. 用变形方向规定内力的正负号

轴力:拉力(对应截面附近杆段伸长)为正。

剪力:对应截面附近杆段顺时针向错动为正。

弯矩:对应截面附近杆段下凸弯曲为正。

扭矩:对应截面附近杆段右旋转动为正。

3. 截面法

显示、确定内力的基本方法是截面法。步骤为"截、取、代、平"。

大量地计算截面的内力,要求对截面法进行简化。简化的过程是创新的过程。正因为截面法应用广泛,初学者须加强训练。为了强化内力的概念及简化的方法,在直接写内力表达式的时候应当用自己便于应用的方式显示(想象)内力,并用口述方法,尤其是显示(想象)截面附近梁段变形的方向。自己设计制作小教具,是力学教学培养创新精神的一条途径。

4. 剪力图和弯矩图

同时显示杆件所有截面的内力,展示内力随截面位置变化规律的图形为内力图。作内力图的主要工作是绘内力函数图线。

课后练习

思考题

思 4-1 如何区分构件的内力和外力？

思 4-2 什么是截面法？说明截面法求内力的步骤。

思 4-3 判别图示构件哪些属于轴向拉伸和压缩。

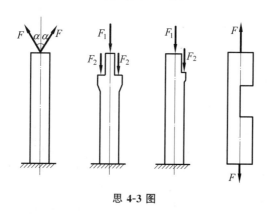

思 4-3 图

思 4-4 判断下列各轴哪个产生纯扭转变形。

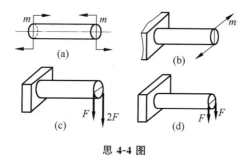

思 4-4 图

思 4-5 当杆件的两端受到一对大小相等、转向相反的力偶作用时，杆件是否产生扭转变形？为什么？

思 4-6 什么是平面弯曲？试举几个实例。

思 4-7 梁有哪几种基本形式？

思 4-8 为什么要规定剪力和弯矩的正负号？是怎样规定的？怎样根据截面一侧的外力来计算截面上的剪力和弯矩？

思 4-9 挑东西用的扁担常常在中间断开，而游泳池的跳水板则容易在固定端处折断，这是什么原因？

思 4-10 集中力、集中力偶作用处，梁的剪力图、弯矩图有何变化？

思 4-11 利用 M、Q、q 之间的微分关系，检查图示梁的 F_Q 图、M 图的错误。

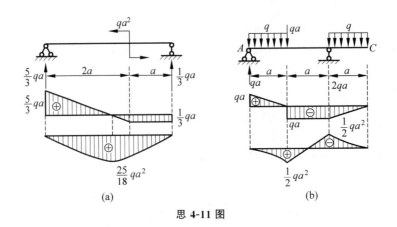

思 4-11 图

习题

习 4-1 试画图示各柱(杆)的轴力图。

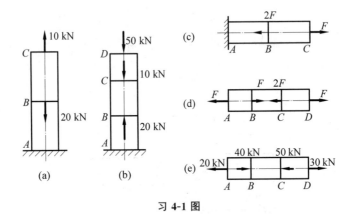

习 4-1 图

习 4-2 拔河时,绳子的受力情况如图所示,已知各个运动员双手的合力为:$F_{P1}=400$ N,$F_{P2}=300$ N,$F_{P3}=350$ N,$F_{P4}=350$ N,$F_{P5}=250$ N,$F_{P6}=450$ N,试求绳子在 1—1、2—2、3—3、4—4、5—5 各截面上的轴力,并绘出轴力图。

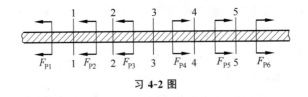

习 4-2 图

习 4-3 如图示圆轴,受外力偶矩作用。试用截面法求出每段轴内的扭矩值,并绘出扭矩图。

习 4-4 一传动轴转速 $n=250$ r/min,主动轮输入功率 $P_B=7$ kW,从动轮 A、C、D 轮的输出功率分别为 $P_A=3$ kW,$P_C=2.5$ kW,$P_D=1.5$ kW,如图所示。试绘该轴的扭矩图。

习 4-5 试计算如图所示各梁指定截面的剪力 F_Q 及弯矩 M,已知 $F=10$ kN,$q=2$ kN/m,$a=1$ m,$l=3$ m。

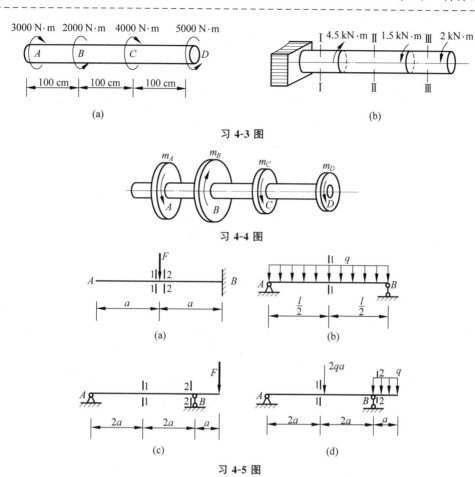

习 4-3 图

习 4-4 图

习 4-5 图

习 4-6 试用简捷法作出如图所示各梁的内力图，并求 $F_{Q\max}$ 和 $M_{\max}$。

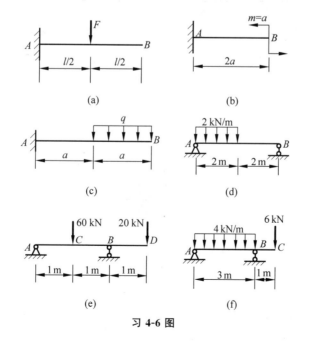

习 4-6 图

习 4-7 画出如图所示各梁的剪力图和弯矩图，计算弯矩的最大值 $M_{\max}$。

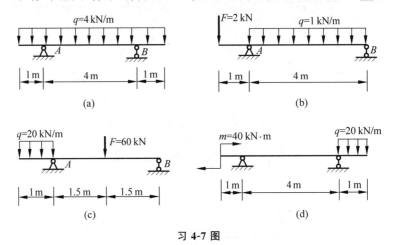

习 4-7 图

习 4-8 用叠加法绘出如图所示各梁的弯矩图。

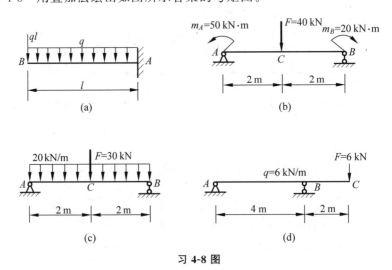

习 4-8 图

客观题

第 4 章

第 5 章

杆件的承载能力

通过前面几章内容的介绍,我们解决了利用平衡条件求解物体及工程构件上所受力的问题,但这还不能解决工程实际中的设计应用问题。例如:设计选材时用多大的截面才能既经济,又不致使构件在外力作用下被破坏;不同性质的材料应怎样使用才算合理;构件能承受多大的荷载等。因此我们必须研究材料的力学性质和构件在荷载作用下的变形特点,了解材料强度、刚度及稳定性方面的知识,以便把学到的力学知识用于实际工作。本章的主要目的在于研究构件的承载能力。

构件是否能正常工作,取决于两个方面的因素:构件的内力和构件材料的力学性能。下面我们将学习有关这方面的内容。

5.1 应力和应变的概念

5.1.1 应力的概念

用相同的力拉材料相同、粗细不同的杆,当拉力增加时,虽然两杆的内力相同,但细杆将先被拉断。这表明,在材料相同的情况下,判断杆件破坏的依据不是内力的大小,而是内力在截面上分布的密集程度——内力集度,内力的集度通常称为应力。应力又可分为正应力 σ(垂直于截面)和切应力 τ(切于截面)。

应力的单位是 Pa(帕斯卡,简称帕)。

$$1\ \text{Pa} = 1\ \text{N/m}^2$$

工程实际中应力数值较大,常用 MPa(兆帕)或 GPa(吉帕)作单位。

$$1\ \text{MPa} = 10^6\ \text{Pa} = 10^6\ \text{N/m}^2 = 1\ \text{N/mm}^2$$

$$1\ \text{GPa} = 10^9\ \text{Pa} = 10^9\ \text{N/m}^2 = 10^3\ \text{MPa}$$

本书中为了计算的方便,主要使用兆帕这一单位。

5.1.2 变形与应变

杆件在外力作用下,其尺寸和几何形状的改变统称为变形。

1. 线应变

一般地说,构件内的变形是不均匀的。我们知道,杆件在外力作用下,会变得又细又长,即杆件的长度发生了改变,这种由于长度尺寸的变化而引起的变形称为线变形,如图 5-1 所示。

$$\Delta l = l_1 - l$$

但是,线变形 Δl 随杆件原长 l 不同而变化。为了避免杆件原长的影响,用单位长度的变形量反映变形的程度,称为线应变,用符号 ε 表示:

$$\varepsilon = \frac{\Delta l}{l} = \frac{l_1 - l}{l}$$

其中 l 为杆件原长,l_1 为杆件变形后的长度。线应变是一个无单位的量值。

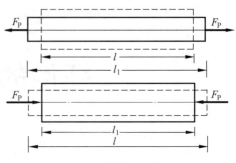

图 5-1 轴拉压变形

2. 切应变

为了说明什么是切应变,我们做一个简单的实验:手拿一叠卡片(图 5-2(a)),并在卡片上、下两侧加上一对剪切力,那么这叠卡片将发生相对错动,如图 5-2(b)所示。

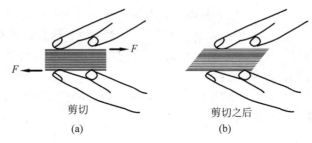

图 5-2 剪切变形

如果用类似的方法去处理一块整体材料,材料在一对剪切力 F 的作用下,截面将产生相对错动,矩形形状变为平行四边形,即材料的形状发生改变,如图 5-3 所示。这种由于角度的变化而引起的变形称为切应变,用符号 γ 表示。因为 γ 为小变形且以弧度(rad)为单位,则

$$\gamma = \frac{x}{h}$$

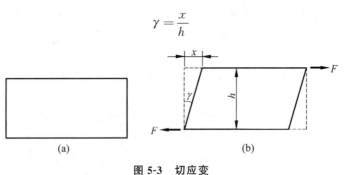

图 5-3 切应变

5.2 轴向荷载作用下材料的力学性能

近年来,我国各地建造了不少跨度很大的斜拉桥和悬索桥。江阴长江大桥是其中具有一定代表性的一座悬索大桥。悬索大桥的组成如图 5-4 所示,其中的悬索、吊杆为什么只能

使用钢绞线,而不能使用钢筋混凝土等其他材料呢?要想知道这个问题的答案,就必须了解材料在轴向荷载作用下的力学性能。

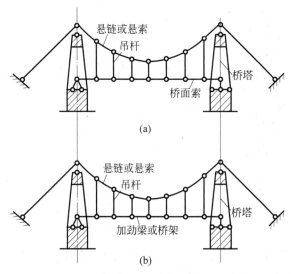

图 5-4 悬索大桥
(a) 柔式悬索桥;(b) 劲式悬索桥

5.2.1 材料的轴向拉伸试验

材料的力学性能由试验测定。拉伸试验是研究材料力学性能最基本、最常用的试验。标准拉伸试样如图 5-5 所示,标记 m 与 n 之间的杆段为试验段,其长度 l 称为标距。对于试验段直径为 d 的圆截面试样,如图 5-5(a)所示,通常规定

$$l = 10d \quad \text{或} \quad l = 5d$$

而对于试验段横截面面积为 A 的矩形截面试样,如图 5-5(b)所示,则规定

$$l = 11.3\sqrt{A} \quad \text{或} \quad l = 5.65\sqrt{A}$$

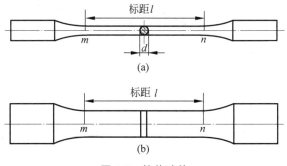

图 5-5 拉伸试件

试验时,首先将试样安装在材料试验机的上、下夹头内,如图 5-6 所示,并在标记 m 与 n 处安装测量轴向变形的仪器;然后开动机器,缓慢加载。随着荷载 F 的增大,试样逐渐被拉长,试验段的拉伸变形用 Δl 表示;拉力 F 与变形 Δl 间的关系曲线称为试样的力-伸长曲线

或拉伸图。试验一直进行到试样断裂为止。

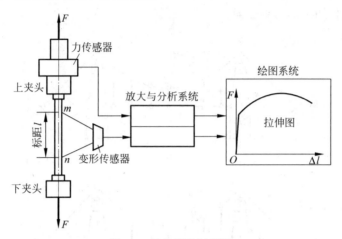

图 5-6　拉伸试验过程图

显然,拉伸图不仅与试样的材料有关,而且与试样的横截面尺寸及标距的大小有关。例如,试验段的横截面面积越大,将其拉断所需之拉力越大;在同一拉力作用下,标距越大,拉伸变形 Δl 也越大。

5.2.2　应力-应变曲线

在试验中我们规定了试样的 l 与 d 的关系,若改变试样的几何尺寸,重新试验,得到的 F-Δl 曲线就发生了改变,说明 F-Δl 曲线与试样的几何尺寸有关,仍不能反映材料本身的力学性能。如果我们将 F 除以截面面积 A 就成了应力作为纵坐标,Δl 除以原长 l 就成为应变 ε 作为横坐标,便得到了应力-应变关系曲线或 σ-ε 曲线,如图 5-7 所示。应力-应变关系曲线反映了材料本身的力学性能。

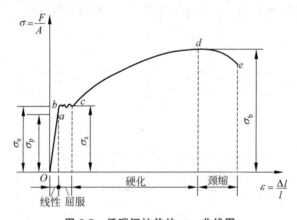

图 5-7　低碳钢拉伸的 σ-ε 曲线图

1. 低碳钢拉伸过程的四个阶段

在应力-应变曲线图上,低碳钢的拉伸过程分为四个阶段。

(1) 线性阶段(如图 5-7 中的 Ob 段)。在此阶段,材料的变形是弹性的,即当试样应力

不超过 b 点所对应的应力时,去掉拉力后变形全部消失,试样恢复原始长度,这一阶段称为线性阶段。

在线性阶段内的初始阶段,Oa 是一条直线。它表明应力与应变成正比,a 点是应力与应变成正比的最高点,与 a 点对应的应力称比例极限,用 σ_p 表示。在 ab 段上,应力与应变虽然不再成正比,但外荷载去掉后,变形仍能完全消失,说明 ab 段仍属弹性阶段,即弹性阶段最高点 b 所对应的应力比 σ_p 大,此应力称为弹性极限 σ_e。如 Q235 钢的弹性极限 $\sigma_e = 200$ MPa。

弹性极限与比例极限虽然意义不同,但弹性范围很难准确界定,同时又与比例极限很接近,因此在工程中近似地把弹性极限当作比例极限。

(2) 屈服阶段(如图 5-7 中的 bc 段)。从应力-应变曲线中看到,当应力超过 σ_e 以后,出现一段微小波动的水平段,此时应力没有增加,而应变在迅速增加,表明材料丧失了抵抗变形的能力。这种现象称为材料的屈服或流动,这一阶段就称为屈服阶段。在波浪线段中,最低点所对应的应力称为屈服极限,用 σ_s 表示。如 Q235 钢的屈服极限 σ_s 约为 240 MPa。

当应力达到屈服极限后再卸去荷载,试样不能再恢复原状,将产生较大的残余变形。较大的残余变形会影响构件的正常工作,在工程中是不允许的。屈服极限是衡量材料强度的重要指标。

(3) 强化阶段(如图 5-7 中的 cd 段)。经过屈服阶段后,材料又恢复了抵抗变形的能力,表现为曲线自 c 点开始缓慢上升,直到最高点 d,这种现象称为应变硬化。cd 段又称为硬化阶段,最高点 d 所对应的应力称为强度极限,以 σ_b 表示。如 Q235 钢的强度极限 σ_b 约为 400 MPa。

(4) 颈缩阶段(如图 5-7 中的 de 段)。在应力达到强度极限后,试样某一较薄弱部分的横截面面积显著减小,收缩成"颈",这一现象称为"颈缩"现象,如图 5-8 所示。颈部横截面减小,形成了曲线中的 de 段,叫作颈缩阶段。至 e 点被拉断瞬时应变最大,试样断裂后所施加的拉力消除,试样总应变中的弹性部分消失,塑性应变残留在试样上。

2. 铸铁在拉伸时的应力-应变曲线

我们再做一个实验。取铸铁标准试样,实验方法同前,同样绘制应力-应变曲线如图 5-9 所示。图中无明显的直线部分,这表示铸铁的应力与应变不成正比,也没有屈服阶段和颈缩阶段,断裂时的应力 σ_b 就是强度极限,这是衡量脆性材料强度的唯一指标。

图 5-8 "颈缩"现象

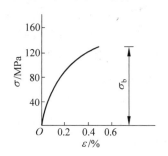

图 5-9 铸铁压缩的 σ-ε 曲线图

5.2.3 材料失效的两种形式

我们再做一个实验,这个实验的目的是分析材料的破坏特征。

我们准备这样一些器材：万能液压机、测量变形的仪表、长度为直径的1.5～3倍的圆柱形低碳钢和铸铁试样各一个、立方体混凝土试块一个。

实验步骤如下：

(1) 将低碳钢试样放在液压机上，加压测出相应的轴向压力 F 和变形量 Δl，并换算成应力和应变，作应力-应变曲线，记录其变形特征，如图 5-10 所示。

(2) 将铸铁试样放在液压机上，用相同的方法，作出应力-应变曲线，并记录其破坏特征，如图 5-11 所示。

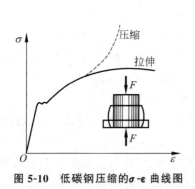

图 5-10 低碳钢压缩的 σ-ε 曲线图

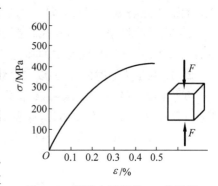

图 5-11 铸铁压缩的 σ-ε 曲线图

(3) 将混凝土立方体试块放在液压机上，用相同的方法作应力-应变曲线，并记录其破坏特征，如图 5-12 所示。

(4) 分析其压缩时的应力-应变曲线，并与拉伸时的应力-应变曲线比较，然后分析各自的破坏特征。

通过实验，我们可以得出以下的结论：

(1) 低碳钢的拉伸和压缩应力-应变曲线都有屈服阶段，说明其在破坏前都有很好的塑性变形。

(2) 铸铁拉伸和压缩的应力-应变曲线都没有屈服阶段，破坏均是突然的，混凝土的破坏也类似。

实验表明：低碳钢的力学性能及其破坏与铸铁、混凝土是完全不同的。低碳钢有较好的塑性变形，这类材料称为塑性材料；铸铁、混凝土的塑性变形较小，这类材料称为脆性材料。

图 5-12 混凝土压缩的 σ-ε 曲线图

塑性材料除低碳钢外还有铝合金、锰钢、铜、铝等，脆性材料还有砖、石料等。

材料失去继续承受荷载的能力称为材料失效。由实验可知，材料失效分为两种类型：塑性破坏和脆性破坏。

材料在破坏之前有显著的变形，从发生变形到最后破坏，要持续较长时间，且承受荷载的能力还有所增加，这样的破坏称为塑性破坏。如低碳钢进入屈服阶段后，应力-应变曲线尚有上升阶段。

材料在破坏前没有显著的变形，没有明显预兆，破坏突然发生，这种破坏称为脆性破坏，例如铸铁和混凝土的破坏。

5.2.4 塑性材料和脆性材料不同性能的比较

综上所述,塑性材料和脆性材料的力学性能的差异归纳起来主要有以下几点。

(1) 塑性材料在弹性变形范围,应力与应变成正比关系,符合胡克定律;脆性材料在拉伸或压缩时,应力-应变曲线从一开始就是一条微弯曲线,不符合胡克定律,由于应力-应变曲线的曲率很小,在应用时仍假设它们成正比例关系。

(2) 塑性材料受拉断裂时变形较大,塑性较好,压缩时虽产生很大变形,但不会断裂,因此塑性材料可压成薄片或抽成丝;脆性材料拉伸和压缩都会发生断裂,且变形较小,塑性较差。

(3) 塑性材料在屈服以前,抗拉和抗压的性能基本相同,应用比较广泛;脆性材料一般抗压性能远大于抗拉性能,因此多用于作抗压构件,如砖石、混凝土等经常制作成受压构件。

(4) 塑性材料承受动荷载的能力强,承受动荷载作用的构件应由塑性材料制作;脆性材料承受动荷载的能力较差,一般只用于承受静荷载作用。

塑性材料和脆性材料的性质并不是固定不变的,随着材料所处环境条件的变化可能发生改变。

5.2.5 构件的失效及其分类

1. 构件失效的概念

取两根完全相同的小弹簧,如图 5-13 所示,其中一根挂一重量较小的物体,另一根挂一重量较大的物体(超过材料的弹性极限),取下物体后观察弹簧的变形情况。

实验表明,挂重量较小物体的弹簧在物体取下后能恢复原状;而挂重量较大物体的弹簧在物体取下时,弹簧不能恢复原状,不能再继续使用,这就是弹簧的弹性失效。

前文的拉伸试验中也曾表明,当正应力达到强度极限 σ_b 时,杆件会发生断裂;当正应力达到屈服应力 σ_s 时,将产生屈服或出现显著变形。这两种情况在构件工作时显然是不允许的。因此,断裂和屈服或显著塑性变形是构件失效的形式。

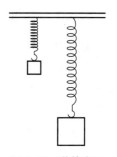

图 5-13 弹簧变形

我们把构件由于受荷载作用产生了过大的变形,或超常振动丧失正常功能,不能继续使用的现象称为构件失效。例如桥梁,当汽车在桥上面启动时,如果桥梁产生较大的振动,就可能导致该桥梁失效;再有,像框架结构的梁在使用中产生过大的变形,也表明结构已经失效。在某些条件下,如过大的荷载、过高的温度等会使结构或构件丧失应有的功能。由此可以定义:由于材料的力学行为而使构件失去正常的功能的现象,称构件失效。

2. 构件失效的种类

根据杆件的受力情况及能否满足相应的使用要求,杆件失效主要有以下三种形式:

1) 强度失效

所谓强度失效是指材料或构件无法承受过大荷载作用而发生破坏,致使材料屈服乃至断裂等所引起的失效。如强度不足,造成桥梁断裂、房屋中的楼板断裂。

2) 刚度失效

所谓刚度失效是指构件在荷载作用下,产生了影响正常使用的变形,即由过量的弹性变形引起的失效。楼板梁在荷载作用下产生过大变形时,依附于其上的抹灰层就会开裂、剥落;桥梁产生过大变形,汽车在桥面上行驶时就会产生跳动、引起振动等。

在工程中,根据不同的工程用途对构件的变形予以限制,使构件在荷载作用下的变形不能超过一定的范围。

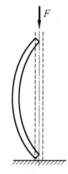

图 5-14 细长杆失稳

3) 失稳或屈曲失效

受压的细长杆如图 5-14 所示,当压力 F 不太大时,杆可以保持原来直线形状的平衡;当压力增加到超过一定的限值时,杆件就不能继续保持直线形状,在外界的扰动下会突然从原来的直线形状变成弯曲形状,这种现象称为失稳或屈曲。失稳也是构件的一种失效,这种失效称屈曲失效。

不同构件对强度、刚度、稳定性三方面的要求是不同的,其中强度条件占主导地位,必须首先满足。构件满足强度、刚度、稳定性要求的能力称为构件的承载能力。从安全方面考虑,为防止构件的失效,要选择较好的材料或采用较大的截面尺寸,从经济方面考虑,构件尺寸小可以节约材料。因此在选择构件材料和截面尺寸时,必须兼顾上述两个方面,既要做到安全可靠,又要经济合理。

5.3 强度失效和强度条件

5.3.1 强度失效、极限应力

通过材料的拉伸(压缩)试验,我们可以确定材料达到危险状态时的应力极限值。所谓极限应力是指材料丧失正常工作能力时的应力,即强度极限或屈服极限。一般情况下,为保证工程结构或机械正常工作,要求组成结构的材料既不断裂也不产生塑性变形,而保持这种状态并达到极限时的应力统称为材料的极限应力或危险应力,用 σ_u 表示。我们把根据分析计算所得构件的应力称工作应力,把构件的工作应力达到极限应力时的破坏称为强度失效。

对于脆性材料,由于没有屈服阶段,在变形很小的情况下就发生断裂破坏,而且只有强度极限 σ_b 这样一个强度指标,即 $\sigma_u=\sigma_b$。

对于塑性材料,由于它经过屈服点就会产生很大的塑性变形,构件无法恢复原有的形状,所以一般取屈服极限作为材料的极限应力,即 $\sigma_u=\sigma_s$。

5.3.2 许用应力、安全系数

由于作用在构件上的荷载值以及工作应力计算的近似性,以及实际材料的组成和品质上的差异等不确定因素的存在,为了保证构件能正常地工作,必须使构件具有必要的安全储备。

我们知道,材料的极限应力是用标准试样在实验室里测定的,而实际的结构却处在非常复杂的条件下工作,在这些条件下,往往无法精确地计算出作用在这些构件上的荷载;此外,材料的均匀程度、材料的锈蚀、施工中的误差以及力学模型与实际情况的差异等因素又会使构件的实际工作情况与设想的条件有差别。因此,为了保证构件安全工作,必须给以必要的强度储备,因此规定将材料的极限应力 σ_u 缩小至 $1/n$ 作为衡量材料承载能力的依据,称为许用应力,以符号 $[\sigma]$ 表示,即

$$[\sigma] = \frac{\sigma_u}{n}$$

式中,n 为大于1的数,称为安全系数。

对于塑性材料

$$[\sigma] = \frac{\sigma_s}{n_s}$$

对于脆性材料

$$[\sigma] = \frac{\sigma_b}{n_b}$$

n_s 和 n_b 分别是对应于塑性材料和脆性材料的安全系数。一般情况下 $n_s = 1.4 \sim 1.8$,$n_b = 2.0 \sim 3.5$。

安全系数 n 的选取是一个比较复杂的问题,如果 n 取得过小,则 $[\sigma]$ 就偏大,构件的承载能力可能不够,使构件的安全得不到保证;而 n 取得过大,则 $[\sigma]$ 就偏小,构件过于安全,但用材料过多,会增加构件的自重和体积,从而使成本上升造成浪费。

因此安全系数不能自己随意确定,在有关规范中对安全系数有明确规定。常用材料的许用应力也可从规范中直接查出。

5.4　平面图形的几何性质

在日常生活中,我们会见到这样的现象:一块薄钢板在较小压力作用下,会发生很大弯曲变形,如图 5-15(a)所示;而当把薄板折叠,将矩形截面折成槽形截面时,变形相对减小,其承载能力有了很大提高,如图 5-15(b)所示。

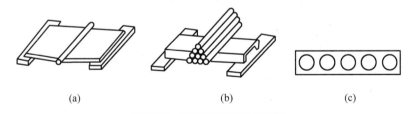

图 5-15　薄板折叠和空心楼板
(a)薄板;(b)槽型截面板;(c)空心楼板

因此,在计算杆件的应力和变形时,需要用到与截面尺寸和形状有关的几何量值,称为平面图形的几何性质。它是影响构件承载能力的重要因素之一。比如楼板采用空心板这种截面形式,如图 5-15(c)所示,和实心板相比,优化了截面几何性质,大大提高了板的强度,减轻了自重。所以在研究杆件应力和变形之前,首先必须掌握截面的几何性质及计算。

5.4.1 形心的计算

1. 概念

任何物体都可以看作是由许多微小部分组成,在它的每一微小部分都作用着一个铅垂向下的重力。这些重力组成一个空间同向平行力系,这个平行力系的合力就是物体的重力。重力的大小称为物体的重量。由实验可知,无论物体在空间的方位如何,重力作用线总是通过一个确定点,该点就是物体的重心。重心在工程实际中有很重要的意义。大坝、挡土墙的抗倾覆稳定性问题与重心直接有关。预制构件和机械的安装,需知道其重心位置才能吊装平稳。

物体的重心位置与物体的形状及物质分布情况有关。但对于均质物体来说,其重心位置仅取决于物体的几何形状,而与物体的重量无关。因此均质物体的重心与形心的位置是重合的,位于物体的几何形状的中心。较薄的均质薄板可用平面图形来表示,它的重心作用点称为形心点。工程计算中常需要确定平面图形的形心。

2. 平面图形形心的确定

1) 对称法(图解法)

如果平面图形具有对称轴或对称中心,则其形心必在其对称轴、对称中心上。

例如,圆形的形心在其对称中心 C 上,如图 5-16(a)所示;T 形截面的形心在其对称轴上,如图 5-16(b)所示;任意三角形的形心在任意两条中线的交点 C 上,如图 5-16(c)所示;平行四边形的形心在两条对角线的交点 C 上,如图 5-16(d)所示。

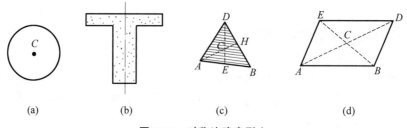

图 5-16 对称法确定形心

2) 实验法

对于形状复杂的均质薄板,常用悬挂法确定图形的形心,如图 5-17 所示,可先将板悬挂于任意点 A,则可知其形心一定在铅垂线 AB 上,再将板悬挂于任意点 D,其形心必在铅垂线 DE 上。显然,AB 与 DE 的交点即为此平板的形心 C。

3) 公式法

用公式法计算平面图形的形心位置时,必须先建立参考坐标系 Ozy,设有一个平面图形如图 5-18 所示,各微小部分的面积分别为 $\Delta A_1, \Delta A_2, \cdots, \Delta A_n$;其坐标位置分别为 $(z_1, y_1), (z_2, y_2), \cdots, (z_n, y_n)$。总面积为 A,形心坐标为 (z_C, y_C)。则其形心坐标公式为

$$\begin{cases} z_C = \dfrac{\sum \Delta A_i z_i}{A} \\ y_C = \dfrac{\sum \Delta A_i y_i}{A} \end{cases} \tag{5-1}$$

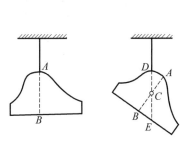
图 5-17 试验法确定形心

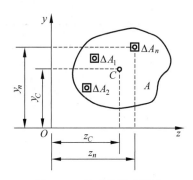
图 5-18 公式法确定形心

常用杆件的截面形状往往由几个简单图形组合而成。求组合图形的形心时,可先将其分割成几个简单图形,找出简单图形的形心,然后按式(5-1)求出组合图形的形心,这种求组合图形形心的方法称为分割法。

常见平面图形的形心位置见表 5-1。

表 5-1 常见平面图形的形心位置

图　形	形 心 位 置	面　积
直角三角形	$z_C = \dfrac{a}{3}$ $y_C = \dfrac{h}{3}$	$A = \dfrac{ah}{2}$
三角形	在三中线的交点 $y_C = \dfrac{h}{3}$	$A = \dfrac{ah}{2}$
梯形	在上、下底中点的连线上 $y_C = \dfrac{h}{3} \cdot \dfrac{a+2b}{a+b}$	$A = \dfrac{h}{2}(a+b)$

续表

图 形	形 心 位 置	面 积
半圆形	$y_C = \dfrac{4r}{3\pi}$	$A = \dfrac{\pi r^2}{2}$
扇形	$z_C = \dfrac{2}{3} \cdot \dfrac{r\sin\alpha}{\alpha}$	$A = \alpha r^2$
弓形	$z_C = \dfrac{2}{3} \cdot \dfrac{r^3 \sin^3\alpha}{A}$	$A = \dfrac{r^2(2\alpha - \sin 2\alpha)}{2}$
二次抛物线(1)	$z_C = \dfrac{3}{4}a$ $y_C = \dfrac{3}{10}b$	$A = \dfrac{1}{3}ab$
二次抛物线(2)	$z_C = \dfrac{3}{5}a$ $y_C = \dfrac{3}{8}b$	$A = \dfrac{2}{3}ab$

【例 5-1】 有一 T 形截面如图 5-19 所示,已知 $a = 2$ cm,$b = 10$ cm,试求此截面的形心位置。

解:(1)将 T 形截面分割成 Ⅰ、Ⅱ 两块矩形,形心分别为 C_1、C_2。

(2)坐标原点选在图形 Ⅱ 的下方,如图 5-19 所示,因图形有对称性,取对称轴为 y 轴。

(3)各矩形的面积和形心坐标为

$$A_1 = 20 \text{ cm}^2, \quad z_1 = 0, \quad y_1 = 11 \text{ cm}$$

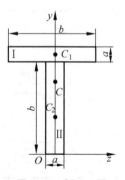

图 5-19 例 5-1 图

$$A_2 = 20 \text{ cm}^2, \quad z_2 = 0, \quad y_2 = 5 \text{ cm}$$

(4) 应用式(5-1)计算 T 形截面的形心：

$$z_C = \frac{A_1 z_1 + A_2 z_2}{A_1 + A_2} = \frac{A_1 \cdot 0 + A_2 \cdot 0}{A_1 + A_2} = 0$$

$$y_C = \frac{A_1 y_1 + A_2 y_2}{A_1 + A_2} = \frac{20 \times 11 + 20 \times 5}{20 + 20} \text{cm} = 8 \text{ cm}$$

关于 $z_C = 0$，从图形的对称性也可直接看出。因为 y 轴为对称轴，T 形截面形心必在 y 轴上，即 z_C 必为零。

有些组合图形，可以看成从某个简单图形中挖去另一个简单图形。求这类组合图形的形心，仍可应用分割法，不过挖去面积应取负值，这种求形心的方法称为负面积法。

【例 5-2】 图形如图 5-20 所示，已知大圆半径为 R，小圆孔半径为 r，两圆中心距为 a，求阴影部分的形心。

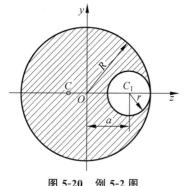

图 5-20 例 5-2 图

解：(1) 将此图形分成半径为 R 的圆面积和半径为 r 的圆面积，但后者面积为负。

(2) 选坐标系 Ozy 如图所示。

(3) 各简单图形的面积和形心坐标：

$$A_1 = \pi R^2, \quad z_1 = 0$$
$$A_2 = -\pi r^2, \quad z_2 = a$$

(4) 由式(5-1)计算形心坐标为

$$z_C = \frac{A_1 z_1 + A_2 z_2}{A_1 + A_2} = \frac{\pi R^2 \cdot 0 + (-\pi r^2)a}{\pi R^2 - \pi r^2} = -\frac{ar^2}{R^2 - r^2}$$

由图形对 z 轴对称的关系可知：$y_C = 0$，故所求形心 C 的位置坐标为 $\left(-\dfrac{ar^2}{R^2 - r^2}, 0\right)$，由于 $R > r$，故 z_C 为负值，这表示形心 C 应位于原点 O 的左侧。

5.4.2 截面二次矩(惯性矩)

1. 简单图形的截面二次矩

设任意平面图形的面积为 A，在该图形所在平面内选取一坐标系 Ozy，如图 5-21 所示，从坐标 (z,y) 处取一微面积 dA，则乘积 $y^2 \cdot dA$ 称为该微面积对 z 轴的截面二次矩。对整个平面图形积分，得到平面图形对 z 轴的截面二次矩，用 I_z 表示：

$$I_z = \int_A y^2 dA \tag{5-2a}$$

同理得到平面图形对 y 轴的截面二次矩

$$I_y = \int_A z^2 dA \tag{5-2b}$$

截面二次矩恒为正值，常用单位是 m^4 或 mm^4。简单图形的截面二次矩可直接用积分法求得。现将常用平面图形的截面二次矩列于表 5-2 中，以供查阅。

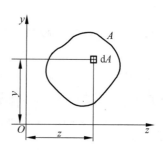

图 5-21 截面二次矩

表 5-2　常见平面图形的截面二次矩、抗弯截面系数和惯性半径

平面图形	截面二次矩	抗弯截面系数	惯性半径
矩形（宽 b，高 h）	$I_z = \dfrac{bh^3}{12}$ $I_y = \dfrac{hb^3}{12}$	$W_z = \dfrac{bh^2}{6}$ $W_y = \dfrac{hb^2}{6}$	$i_z = \dfrac{h}{\sqrt{12}}$ $i_y = \dfrac{b}{\sqrt{12}}$
空心矩形	$I_z = \dfrac{bh^3 - b_1 h_1^3}{12}$ $I_y = \dfrac{h b^3 - h_1 b_1^3}{12}$	$W_z = \dfrac{bh^3 - b_1 h_1^3}{6h}$ $W_y = \dfrac{hb^3 - h_1 b_1^3}{6b}$	$i_z = \dfrac{\sqrt{bh^3 - b_1 h_1^3}}{\sqrt{12(bh - b_1 h_1)}}$ $i_y = \dfrac{\sqrt{hb^3 - h_1 b_1^3}}{\sqrt{12(bh - b_1 h_1)}}$
圆形（直径 D）	$I_z = I_y = \dfrac{\pi D^4}{64} \approx 0.05 D^4$	$W_z = W_y = \dfrac{\pi D^3}{32} \approx 0.1 D^3$	$i_y = i_z = \dfrac{D}{4}$
空心圆形	$I_z = I_y = \dfrac{\pi}{64}(D^4 - d^4)$ $= \dfrac{\pi D^4}{64}(1 - \alpha^4)$ $\approx 0.05 D^4 (1 - \alpha^4)$ 式中 $\alpha = d/D$	$W_z = W_y = \dfrac{\pi D^3}{32}(1 - \alpha^4)$ $\approx 0.1 D^3 (1 - \alpha^4)$ 式中 $\alpha = d/D$	$i_z = i_y = \dfrac{\sqrt{D^2 + d^2}}{4}$

2. 平行移轴公式

表 5-2 中所列公式均为图形对其形心轴的截面二次矩，但图形对非形心轴的截面二次矩应当如何求解呢？下面介绍平行移轴公式。

图 5-22 所示为任一平面图形，其面积为 A，C 为图形的形心，z_C 是形心轴，z 轴与 z_C 轴平行且相距为 a，则图形对 z 轴的截面二次矩为

$$I_z = I_{zC} + a^2 A \quad (5\text{-}3a)$$

同理，图形对 y 轴的截面二次矩为

$$I_y = I_{yC} + b^2 A \quad (5\text{-}3b)$$

即平面图形对某轴的截面二次矩等于图形对平行于该轴的形心轴的截面二次矩加上图形面积与两轴之间距离平方的乘积。

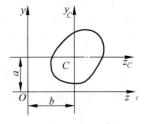

图 5-22　平行移轴

这一关系称为平行移轴公式。由式(5-3a)、式(5-3b)可见，平面图形对形心轴的截面二次矩最小。

需要指出，截面二次矩是对一定的坐标轴而言的，对于不同的坐标轴，它们的数值是不同的。

【例 5-3】 矩形截面高为 h，宽为 b，如图 5-23 所示，求矩形截面对 z 轴、y 轴的截面二次矩。

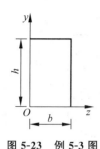

图 5-23　例 5-3 图

解：查表 5-2 得到矩形截面对形心轴 z_C 的截面二次矩

$$I_{zC} = \frac{1}{12}bh^3$$

则利用平行移轴公式得到矩形截面对 z 轴的截面二次矩

$$I_z = \frac{1}{12}bh^3 + \left(\frac{h}{2}\right)^2 \times bh = \frac{1}{3}bh^3$$

同理得

$$I_y = \frac{1}{12}hb^3 + \left(\frac{b}{2}\right)^2 \times bh = \frac{1}{3}hb^3$$

3. 组合图形的截面二次矩

由截面二次矩的定义可知，组合图形对其形心轴的截面二次矩等于组成它的各简单图形对同一轴截面二次矩之和，见式(5-4)。简单图形对本身形心轴的截面二次矩可通过查表求得，再应用截面二次矩的平行移轴公式，便可求得各简单图形对组合图形形心轴的截面二次矩。

$$I_z = \sum I_{zi} \tag{5-4}$$

式中，I_{zi}——各简单图形对组合图形形心轴的截面二次矩；

I_z——组合图形对形心轴的截面二次矩。

工程实际中，常用构件截面的形状多为简单图形或几个简单图形的组合，所以组合图形的截面二次矩在力学计算中经常用到。

【例 5-4】 试计算如图 5-24 所示 T 形截面对其形心轴的截面二次矩。

解：(1) 确定 T 形截面的形心位置

将截面分为Ⅰ、Ⅱ两块矩形，选矩形Ⅰ的上边 z_0 为参考边，坐标系如图所示，则截面形心坐标为

$$y_C = \frac{A_1 y_1 + A_2 y_2}{A_1 + A_2}$$

$$= \frac{80 \times 20 \times 10 + 20 \times 120 \times (20 + 60)}{80 \times 20 + 20 \times 120} \text{ mm}$$

$$= 52 \text{ mm}$$

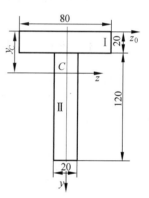

图 5-24　例 5-4 图

y 轴为对称轴，$z_C = 0$。

(2) 计算 T 形截面对形心轴 z 的截面二次矩

① 矩形Ⅰ对 z 轴的截面二次矩：

$$I_{z1} = \left[\frac{80 \times 20^3}{12} + 80 \times 20 \times (52-10)^2\right] \text{ mm}^4 = 287.6 \times 10^4 \text{ mm}^4$$

② 矩形Ⅱ对 z 轴的截面二次矩

$$I_{z2} = \left[\frac{20 \times 120^3}{12} + 20 \times 120 \times (80-52)^2\right] \text{ mm}^4$$

$$= 476.2 \times 10^4 \text{ mm}^4$$

③ T 形截面对 z 轴的截面二次矩

$$I_z = I_{z1} + I_{z2} = (287.6 + 476.2) \times 10^4 \text{ mm}^4 = 764 \times 10^4 \text{ mm}^4$$

【例 5-5】 计算如图 5-25 所示阴影部分图形对其形心轴 z 的截面二次矩。

解：(1) 求组合图形的形心位置。

将图形看成由一矩形上挖去一圆形组成。以矩形底 z_0 为参考边，y 轴为对称轴，如图所示。则有

$$y_C = \frac{A_1 y_1 + A_2 y_2}{A_1 + A_2}$$

$$= \frac{600 \times 1000 \times 500 - \frac{\pi}{4} \times 400^2 \times 300}{600 \times 1000 - \frac{\pi}{4} \times 400^2} \text{ mm}$$

$$= 553 \text{ mm}$$

$$z_C = 0$$

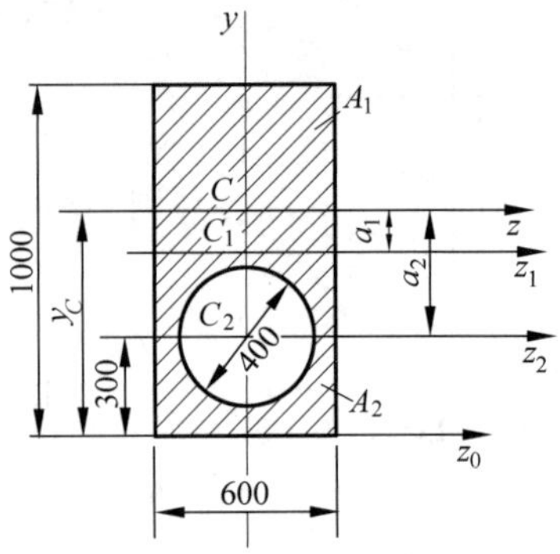

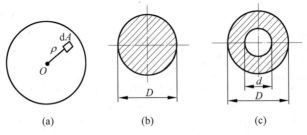

图 5-25 例 5-5 图

(2) 阴影部分对 z 轴的截面二次矩。

① 矩形对 z 轴的截面二次矩：

$$I_{z1} = \left(\frac{600 \times 1000^3}{12} + 53^2 \times 600 \times 1000\right) \text{ mm}^4 = 517 \times 10^8 \text{ mm}^4$$

② 圆形对 z 轴截面的二次矩：

$$I_{z2} = \left(\frac{\pi \times 400^4}{64} + 253^2 \times \frac{\pi \times 400^2}{4}\right) \text{ mm}^4 = 93 \times 10^8 \text{ mm}^4$$

③ 阴影部分对 z 轴的截面二次矩：

$$I_z = I_{z1} - I_{z2} = 424 \times 10^8 \text{ mm}^4$$

5.4.3 截面二次极矩

如图 5-26(a) 所示，平面图形对某点的截面二次极矩的定义是：微面积 dA 与它到圆心距离 ρ 平方的乘积在整个平面图形上的积分。即

$$I_\rho = \int_A \rho^2 \, dA \tag{5-5}$$

截面二次极矩恒为正值，单位为 m^4 或 mm^4。利用式(5-5)积分可以得到实心圆和空心圆的截面二次极矩。

图 5-26 截面二次极矩

(1) 圆形截面如图 5-26(b) 所示（设直径为 D），有

$$I_\rho = \frac{\pi D^4}{32} \tag{5-6a}$$

(2) 圆环形截面如图 5-26(c)所示(设外径为 D,内径为 d),有

$$I_\rho = \frac{\pi}{32}(D^4 - d^4)$$

令 $\alpha = d/D$,则

$$I_\rho = \frac{\pi D^4}{32}(1 - \alpha^4) \tag{5-6b}$$

其中 $\alpha = d/D$ 为空心圆轴内、外径之比值。

5.4.4 惯性半径

在实际应用中,常会出现 I_z/A、I_y/A 这样的几何量值,令

$$i_y = \sqrt{\frac{I_y}{A}} \tag{5-7a}$$

$$i_z = \sqrt{\frac{I_z}{A}} \tag{5-7b}$$

其中,i_y、i_z 分别为截面对 y 轴、z 轴的惯性半径,单位是 m 或 mm。

常见截面的惯性半径见表 5-2。

5.5 轴向拉(压)杆件的承载能力计算

5.5.1 轴向拉(压)杆件横截面上的应力

要计算轴向拉压杆件横截面上的应力,必须知道轴力 F_N 在截面上的分布情况。内力是无法直接观察到的,但内力与变形有关,我们可以通过观察研究拉压杆件的变形来了解内力的分布情况。

取一个橡胶(或其他易变形材料)制成的等截面直杆,在其侧面画上两条垂直于杆轴线的横线 ab、cd,如图 5-27(a)中实线。然后沿杆的轴线作用拉力 F_P。

杆件被拉伸长后我们可以清晰地观察到 ab 和 cd 仍为直线且垂直于杆的轴线,只是分别平行移动到 $a_1 b_1$、$c_1 d_1$,如图 5-27(b)所示。

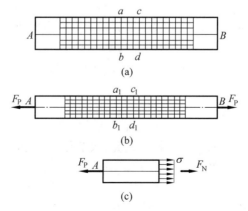

图 5-27 受拉杆件变形

根据这一现象我们可以假设：拉压杆件变形后,其横截面仍为平面,如果把杆件看成由许多纵向纤维所组成,可知所有纵向纤维的变形(伸长或缩短)都是相同的。即杆件在受拉(压)时的内力在横截面上是均匀分布的,如图 5-27(c)所示。

设杆件横截面面积为 A,轴力为 F_N,应力符号用 σ 表示,于是

$$\sigma = \frac{F_N}{A} \tag{5-8}$$

这就是拉压杆件横截面上应力的计算公式。式中,F_N 表示横截面上轴力;A 表示横截面面积。

正应力 σ 的正负号规定与轴力相同,即拉应力取正号,压应力取负号。

5.5.2 轴向拉(压)杆件的强度计算

强度是构件在外力作用下抵抗破坏的能力。这种能力与组成构件的材料密切相关。例如同样粗细的一根钢丝绳和一根棉线绳,它们的材料不同,所能承受的荷载也不同,相比来说,棉线绳承载能力小,易拉断,所以我们说它强度低;而钢丝绳的强度高。

为了保证受拉(压)杆件不至于因为强度不够而失去正常工作的能力,必须保证其在外力作用下横截面上产生的最大正应力不超过材料在拉伸(压缩)时的许用应力,即

$$\sigma = \frac{F_N}{A} \leqslant [\sigma] \tag{5-9}$$

式中,F_N——危险截面上的轴力;

A——对应于 F_N 的横截面面积;

$[\sigma]$——材料的许用拉(压)应力。

式(5-9)称为构件在轴向拉伸(压缩)时的强度条件。利用该强度条件,可以解决以下三类问题。

1. 强度校核

强度校核就是按强度条件判断已知构件是否能安全可靠地工作。遇到这种问题首先由外荷载求得内力,进而由横截面面积 A 求得截面上的正应力 σ,将 σ 与材料的许用应力 $[\sigma]$ 相比较。如果满足式(5-9),则此构件强度足够;如果不满足式(5-9)则强度不够,构件是危险的。

2. 设计截面尺寸

若构件承受的荷载已知,用的材料已定,可根据强度条件设计构件尺寸,将式(5-9)变为

$$A \geqslant \frac{F_N}{[\sigma]}$$

求得构件所需截面面积后,再根据要求计算出所需截面形状的具体尺寸。

3. 计算许可荷载

若轴向拉(压)杆件的横截面面积和材料的许用应力已知,可根据强度条件求出构件所承受的最大轴力,即

$$F_N \leqslant A[\sigma]$$

然后再由轴力和外荷载的关系,计算出构件所能承受的许可荷载。

必须指出,利用强度条件对受压直杆的计算,仅适用于较粗短的直杆,而对细长的受压杆件,其主要矛盾是稳定性问题。受压杆件稳定性计算,将在本章后续内容中讨论。

5-7

【例 5-6】 如图 5-28 所示变截面柱子,力 $F=100$ kN,柱段①的截面面积 $A_1=240$ mm×240 mm,柱段②的截面面积 $A_2=240$ mm×370 mm,许用应力 $[\sigma]=4$ MPa,试校核该柱子的强度。

解：(1) 求各段轴力

$$F_{N1} = -F = -100 \text{ kN}(压)$$
$$F_{N2} = -3F = -300 \text{ kN}(压)$$

(2) 求各段应力

$$\sigma_1 = \frac{F_{N1}}{A_1} = \frac{100 \times 10^3}{240 \times 240} \text{ MPa} = 1.74 \text{ MPa}$$

$$\sigma_2 = \frac{F_{N2}}{A_2} = \frac{300 \times 10^3}{240 \times 370} \text{ MPa} = 3.38 \text{ MPa}$$

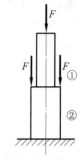

图 5-28　例 5-6 图

(3) 进行强度校核

由于柱段②的工作应力大于柱段①的工作应力，所以取 σ_2 进行校核：

$$\sigma_2 = 3.38 \text{ MPa} < [\sigma] = 4 \text{ MPa}$$

该柱子满足强度条件。

【例 5-7】　某房架下弦用两根等边角钢制成，如图 5-29 所示。已知下弦承受的轴力 $F_N = 80$ kN，许用应力 $[\sigma] = 140$ MPa。试选择角钢的型号。

解：首先根据强度条件计算下弦所需截面面积：

$$A \geqslant \frac{F_N}{[\sigma]} = \frac{80\,000}{140} \text{ mm}^2 = 571.4 \text{ mm}^2$$

再查型钢表，选用角钢型号为 2L40×40×4。其实际截面面积为

$$A = 308.6 \times 2 \text{ mm}^2 = 617.2 \text{ mm}^2$$

需注意，从型钢表中选出的截面面积应尽可能与所需面积接近，一般只允许有 5% 的出入。

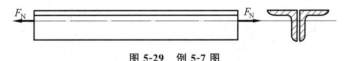

图 5-29　例 5-7 图

【例 5-8】　一木构架如图 5-30(a) 所示，在 D 点承受集中力 $F_P = 10$ kN。已知斜杆为正方形截面支杆，材料许用应力 $[\sigma] = 6$ MPa。求斜杆的截面尺寸。

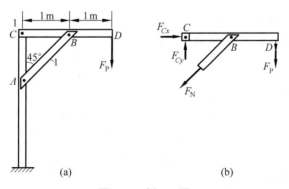

图 5-30　例 5-8 图

解：(1) 计算斜杆上轴力。

因 A、B 处为铰接，AB 斜杆为二力杆。沿 1—1 截面将构架截为两部分，取上部分为研究对象，如图 5-30(b)所示，由平衡方程

$$\sum M_C = 0, \quad -F_P \times 2 - F_N \times 1 \times \sin 45° = 0$$

可得

$$F_N = -\frac{2F_P}{\sin 45°} = -\frac{2 \times 10}{\sin 45°} \text{ kN} = -28.3 \text{ kN（压）}$$

(2) 确定截面尺寸。

按强度条件，斜杆允许的截面面积为

$$A \geqslant \frac{F_N}{[\sigma]}$$

因为 $A = a^2$，有

$$a^2 \geqslant \frac{F_N}{[\sigma]}$$

$$a^2 \geqslant \frac{28.3 \times 10^3}{6} = 4717 \text{ mm}^2$$

$$a \geqslant 68.7 \text{ mm}$$

则斜杆截面边长取 $a = 70$ mm。

【**例 5-9**】 如图 5-31(a)所示的三角形杆系结构中，杆 AB 和 AC 都是直径 $d = 20$ mm 的圆截面杆件，材料的许用应力 $[\sigma] = 160$ MPa，试确定此结构的允许荷载 F。

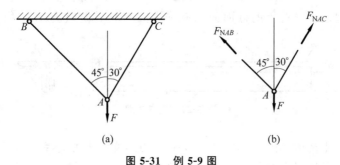

图 5-31 例 5-9 图

解：(1) 计算各杆轴力。

取结点 A 为研究对象，如图 5-31(b)所示。

根据平衡条件

$$\sum F_x = 0, \quad F_{NAC} \cdot \sin 30° - F_{NAB} \cdot \sin 45° = 0$$

$$\sum F_y = 0, \quad F_{NAC} \cdot \cos 30° + F_{NAB} \cdot \cos 45° - F = 0$$

联立解得

$$F_{NAC} = 0.732F, \quad F_{NAB} = 0.518F$$

(2) 根据强度条件确定外荷载。

由于 AC、AB 两杆材料和截面积都相同，而杆 AC 的轴力比杆 AB 的大，所以杆的危险应力由杆 AC 的强度条件来确定，即

$$\sigma_{AC} = \frac{F_{NAC}}{A} \leqslant [\sigma]$$

$$\frac{0.732F}{A} \leqslant [\sigma]$$

$$F \leqslant \frac{[\sigma]A}{0.732} = \frac{160 \times \frac{\pi}{4} \times 20^2}{0.732} = 68\,633.8 \text{ N} = 68.6 \text{ kN}$$

所以,此结构能承受的允许荷载 F 为 68.6 kN。

值得注意的是:若 AB 杆和 AC 杆截面不同,或材料不同时,要分别计算 F 值,最后确定最小值为允许荷载值。

5.5.3 轴向拉伸和压缩时的变形——胡克定律

1. 弹性变形与塑性变形

杆件在外力作用下都会产生变形。随着外力取消而随之消失的变形称为弹性变形;当外力取消时不能消失的残留下来的变形称为塑性变形。一般材料同时具有以上两种变形性质,只是在外力不超过某一范围时,主要表现为弹性变形性质。例如用手拉一根细弹簧,当拉力不大时就放松,弹簧可以恢复原状,表现为弹性变形。当拉力很大以后再放松,弹簧就不可能完全恢复原状,这说明弹簧产生了一部分不能消失而残留下来的变形。这部分残留的变形就是塑性变形。工程中构件所受的力通常限定在弹性变形范围内,因此,我们研究构件的变形也常常限定于弹性变形。若不加特殊说明,书中所提到的变形都是指弹性变形。

2. 纵向变形

杆件受拉时,其轴向尺寸变大,因体积不变,其横向尺寸必将减小,如图 5-32(a)所示,实线表示变形前的轮廓线,虚线表示变形后的轮廓线。同理,受压时杆件的轴向尺寸减小而横向尺寸变大,如图 5-32(b)所示。但横向尺寸的变化比轴向尺寸的变化相对小得多。轴向拉(压)时,杆件沿轴向的变形称为纵向变形。

1) 绝对变形

设等截面直杆的原长为 l,如图 5-32 所示,在轴向外力作用下,变形后的长度为 l_1,以 Δl 表示杆件的实际轴向变形量,则有

$$\Delta l = l_1 - l \tag{5-10}$$

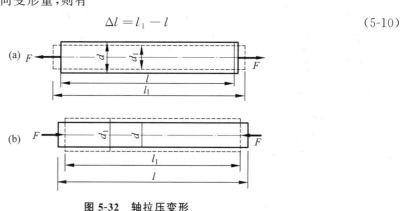

图 5-32 轴拉压变形

Δl 称为杆件拉伸或压缩时的绝对变形。对拉杆,Δl 为正值;对压杆,Δl 为负值。Δl 的单位常用毫米(mm)。

2) 相对变形

Δl 只反映了杆件在轴向的总变形量,不能确切表示杆件的变形程度,因为它与杆件的原长有关。为了刻画杆件的变形程度,消除杆件原长的影响,我们像引进应力的概念一样引进相对变形的概念:单位长度上的变形称为相对变形,或称为线应变,一般用符号 ε 表示,即

$$\varepsilon = \frac{\Delta l}{l}$$

和 Δl 一样,对拉杆,ε 为正值;对压杆,ε 为负值,通常用百分比表示,无量纲。Δl 和 ε 从两个不同的角度反映了杆件变形的情况。

3. 胡克定律

大量实验证明:轴向受拉(压)的杆件,当轴力 F_N 不超过某一限度时,杆件的绝对变形 Δl 与轴力 F_N 及杆长 l 成正比,而与杆件的横截面面积 A 成反比,即

$$\Delta l \propto \frac{F_N l}{A}$$

另外,Δl 还与杆件材料的性能相关,引进比例系数 E,则有

$$\Delta l = \frac{F_N l}{EA} \tag{5-11}$$

这一关系式称为胡克定律。式(5-11)中的比例系数 E 称为材料的拉压弹性模量,E 值表示材料抵抗拉压变形能力的大小。不同的材料,E 值也不同,材料的 E 值越大,杆件变形就越不容易。乘积 EA 则表示了特定杆件抵抗变形能力的大小,对于同长度、同受力情况的杆件,EA 值越大,其变形 Δl 就越小,所以 EA 称为杆件的抗拉(压)刚度。

通常材料的 E 值都是通过实验测定的,大多数常用材料的 E 值可从有关手册中查得。表 5-3 摘录了几种常用材料的 E 值。

表 5-3 常用材料的 E 值

材 料 名 称	E/GPa	材 料 名 称	E/GPa
低碳钢	196~216	铝及硬铝	70.6
合金钢	186~216	灰口铸铁	78.4~147
铜及其合金	72.5~127	木材(顺纹)	9.8~11.8
铸钢	171	混凝土	14.3~34.3
花岗石	49	砖砌基础	15.2~35.8

E 的常用单位是 GN/m^2(吉牛/米^2),称为吉帕(GPa)。

$$1 \text{ GN} = 10^3 \text{ MN}$$
$$1 \text{ GPa} = 10^3 \text{ MPa} = 10^9 \text{ Pa}$$

将式(5-11)变形为

$$\frac{F_N}{A} = E \frac{\Delta l}{l}$$

得
$$\sigma = E\varepsilon \tag{5-12}$$

式(5-12)是胡克定律的另一表达式。即胡克定律又可以表达为,当应力不超过某一限度时,应力和应变成正比。

【例5-10】 横截面面积 $A=75\ mm^2$ 的受拉钢杆,长度 $l=1200\ mm$,两端受轴向拉力 $F_P=10\ kN$,材料弹性模量 $E=210\ GPa$,试求该杆的绝对变形和线应变。

解：$F_N = F_P = 10\ kN$

$$\Delta l = \frac{10 \times 10^3 \times 1200}{210 \times 10^3 \times 75}\ mm = 0.76\ mm$$

$$\varepsilon = \frac{\Delta l}{l} = \frac{0.76}{1200} = 0.000\ 63$$

【例5-11】 某大桥拉索长度 $l=30\ m$,直径 $d=40\ mm$,材料弹性模量 $E=200\ GPa$,用电阻应变仪测得线应变 $\varepsilon=0.000\ 24$,试求该拉索承受的拉力和绝对变形量。

解：$\sigma = E\varepsilon = 200 \times 10^3 \times 0.000\ 24\ MPa = 48\ MPa$

$$F = F_N = \sigma A = 48 \times \frac{\pi}{4} \times 40^2\ N = 60\ 288\ N = 60.3\ kN$$

$$\Delta l = l\varepsilon = 0.000\ 24 \times 30\ 000\ mm = 7.2\ mm$$

【例5-12】 一方木柱受轴向荷载作用,如图5-33所示,横截面边长 $a=200\ mm$,材料弹性模量 $E=10\ GPa$,杆的自重不计,木柱允许变形量为 $1\ cm$。试对木柱进行刚度校核,并求柱C截面的位移。

解：由于上下两段柱的轴力不等,故两段的纵向变形要分别计算。各段柱的轴力为

$$F_{NBC} = -40\ kN,\quad F_{NAB} = -100\ kN$$

各段柱的纵向变形为

$$\Delta l_{BC} = \frac{F_{NBC} l_{BC}}{EA} = -\frac{40 \times 10^3 \times 2 \times 10^3}{10 \times 10^3 \times 200^2}\ mm = -0.2\ mm$$

$$\Delta l_{AB} = \frac{F_{NAB} l_{AB}}{EA} = -\frac{100 \times 10^3 \times 2 \times 10^3}{10 \times 10^3 \times 200^2}\ mm = -0.5\ mm$$

全柱的总变形为两段柱的变形之和,即

$$\Delta l = \Delta l_{BC} + \Delta l_{AB} = (-0.2 - 0.5)\ mm = -0.7\ mm$$

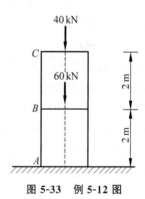

图5-33 例5-12图

全柱缩短了 $0.7\ mm$。小于允许变形量 $1\ cm$,因此满足刚度条件。

由于A截面固定不动,则C截面下降了 $0.7\ mm$。

5.5.4 应力集中

等截面直杆发生轴向拉压变形时,横截面上的应力是均匀分布的。但如果构件上有切口、打孔、螺纹、带有过渡圆角的轴肩等,在这些部位处尺寸会发生突变。理论分析与实验表明,在这些部位处的应力分布是不均匀的,如图5-34所示。

在这些截面突变处附近的局部区域内,应力数值急剧增加,这种现象,在工程中称为应力集中现象。

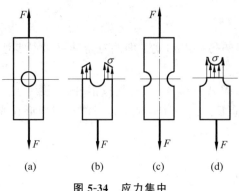

图 5-34 应力集中

应力集中的区域内应力状态比较复杂,当最大应力在弹性范围内时,通常采用应力集中系数 α 来表示应力集中的程度。设截面削弱后的平均应力为 σ_0,σ_{max} 为最大局部应力,则

$$\alpha = \frac{\sigma_{max}}{\sigma_0}$$

式中,$\sigma_0 = \dfrac{F}{A_0}$,$A_0$ 为断面处的净截面面积。

因此,α 为一个大于 1 的系数,它反映了应力集中的程度。只要知道了 σ_0 和 α 值,即可求得最大应力 σ_{max}。不同情况下的 α 值一般可在设计手册中查到。

α 同时也反映了截面尺寸变化的激烈程度。截面尺寸变化越激烈,则应力集中的程度就越严重,从而 α 也就越大。所以当截面尺寸需要变化时,我们应尽量使其缓慢过渡,以此减小应力集中的影响。

脆性材料与塑性材料对应力集中的敏感程度是不一样的,由于脆性材料在整个破坏过程中变形始终很小,所以当脆性材料开孔处的 σ_{max} 达到材料的强度极限时,虽然周围的应力还比较小,杆件仍会在小孔边缘处出现裂缝而破坏。但对于塑性材料而言,由于它在整个破坏过程中将产生较大的塑性变形,当孔周边处的应力达到材料的屈服极限时,应力将不再增大,而是向相邻材料传递荷载,依次使相邻材料的应力达到屈服极限,最终使整个截面上的应力达到屈服极限。这就是塑性材料的应力重分布特性,它避免了杆件的突然破坏,使材料的承载能力充分发挥,也减小了应力集中的危害性。

5.5.5 细长受压杆件的稳定问题

1. 压杆稳定的概念

在工程结构中,有许多承受轴向压力的细长杆件。如建筑用脚手架的立杆、房屋大厅的支承立柱、螺纹千斤顶的螺杆等。对这些细长的受压杆件,不仅仅要满足强度条件的要求,更重要的是要满足稳定性的要求,以保证这类杆件在工作中不至于因失稳而造成突然破坏。

1)压杆失稳

为了解压杆失稳的概念,我们做一个实验,取两条材料相同、截面尺寸相同的木杆件,其截面均为宽度 $b = 30$ mm,厚度 $\delta = 5$ mm 的矩形,如图 5-35 所示。其中一条长度为 30 mm,另一条长度为 1000 mm。它们的强度极限同为 $\sigma_b = 40$ MPa。然后分别给两条杆件施加轴向压力 F,我们会看到:

对于短的杆件,当 $F \leqslant \sigma_b A = 40 \times 10^6 \times 0.005 \times 0.03 \text{ N} = 6000 \text{ N}$ 时,杆件是安全的;当压力 $F > 6000 \text{ N}$ 后,杆件会被破坏,但破坏前仍保持其直线形状的平衡状态,如图 5-35(a)所示。这说明其为强度破坏。而杆长为 1000 mm 的长杆件,当压力 F 仅为 30 N 时,就会突然变弯,若压力再增大,杆将产生显著的弯曲变形以致被破坏,如图 5-35(b)所示。细长受压杆件的这种不能保持其原有直线平衡状态的现象称为丧失稳定,简称失稳。可知细长受压杆件并非因强度不足而破坏,而是主要由失稳导致破坏。

2) 压杆稳定与临界力

图 5-36(a)所示的细长杆件,在轴向压力 F 的作用下保持直线形状的平衡状态,当力 F 小于某一特定值 F_{cr}(图 5-36(b))时,若有一横向干扰力 F_Q 使杆由直线形状 A 变为曲线形状 A_1,但当干扰力消失后,杆件能经过振荡很快恢复到原来的直线形状 A,继续保持平衡。这种平衡状态称为稳定的平衡状态。

当压力 F 大于特定值 F_{cr} 时,虽然杆件仍以直线形状保持平衡,但在微小横向干扰力 F_Q 作用下,立即从直线状态 B 变成曲线状态 B_1,即使干扰力 F_Q 消失,杆件再也不会回到原来的平衡位置 B,如图 5-36(c)所示,而是继续弯曲趋向破坏。这种平衡状态称为不稳定平衡状态。

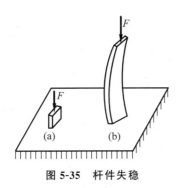

图 5-35 杆件失稳

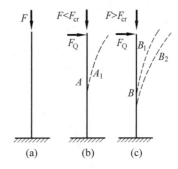

图 5-36 压杆稳定分析

由上述可知,压杆直线形状的平衡状态稳定与否,与作用在杆上的压力 F 是否超过特定值 F_{cr} 有关。当 F 由小于 F_{cr} 变到大于 F_{cr} 时,直线平衡状态就由稳定变到不稳定。由于特定值 F_{cr} 是稳定与不稳定的分界值,所以 F_{cr} 称为压杆稳定的临界力。通过实验得知,临界力 F_{cr} 的大小与杆件的长度、截面形状和尺寸、杆件的材料以及杆件两端的约束情况等诸因素有关。

2. 压杆的稳定条件

1) 临界应力与柔度

在临界力作用下,细长压杆横截面上的平均应力称为压杆的临界应力。临界应力用 σ_{cr} 表示,若压杆的横截面面积为 A,则临界应力为

$$\sigma_{cr} = \frac{F_{cr}}{A}$$

体现压杆自身特征的量称为柔度,又叫长细比,用符号 λ 表示。它表示了压杆的细长程度和约束情况,是个无量纲的量,即

$$\lambda = \frac{\mu l}{i}$$

式中,l——压杆的长度;
　　　μ——压杆长度系数,其值与压杆两端约束情况有关,详见表 5-4;
　　　i——压杆横截面最小惯性半径,截面的惯性半径与截面的形状和尺寸有关。
　对于矩形截面,则

$$i = \frac{\sqrt{3}}{6}b$$

式中,b——矩形截面的短边长度。
　对于圆形截面,则

$$i = \frac{d}{4}$$

式中,d——圆的直径。
　对于圆环截面,则

$$i = \frac{\sqrt{D^2 + d^2}}{4}$$

式中,D——圆环截面外径;
　　　d——圆环截面内径。
　压杆的柔度综合反映了杆长、约束条件、截面尺寸和形状对临界应力的影响。柔度大,表示压杆细而长,临界应力就小,压杆就易失稳;柔度小,表示压杆粗而短,临界应力就大,压杆不易失稳。

表 5-4　不同支座的长度系数

杆端支座	两端固定	一端固定 一端铰支	两端铰支	一端固定 一端自由
长度系数 μ	0.5	0.7	1	2

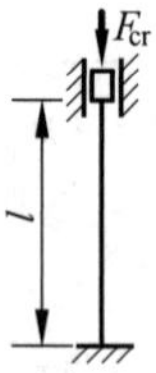

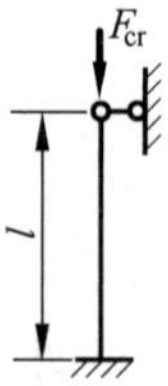

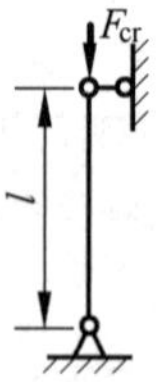

2) 压杆稳定条件

为了保证压杆有足够的稳定性,能安全正常地工作,其所承受的实际工作应力不能超过稳定许用应力。即

$$\sigma = \frac{F}{A} \leqslant [\sigma_{cr}]$$

其中稳定许用应力 $[\sigma_{cr}]$ 是由许用压应力 $[\sigma]$ 乘以折减系数 φ 而得到的,即

$$[\sigma_{cr}] = \varphi[\sigma]$$

由此可得压杆的稳定条件为

$$\sigma = \frac{F}{A} \leqslant \varphi[\sigma]$$

式中，F——轴向压力；

　　　A——压杆横截面面积；

　　　$[\sigma]$——材料许用压应力；

　　　φ——折减系数。

折减系数与压杆的柔度、压杆的材料有关，其值可由表5-5查得。

像强度条件一样，压杆稳定条件的应用有稳定性校核、确定许可荷载、横截面尺寸设计三个方面。

表 5-5　压杆的折减系数

柔度系数 λ	折减系数 φ		
	A2、A3 钢	16Mn 钢	木材
20	0.981	0.973	0.932
30	0.958	0.940	0.882
40	0.927	0.895	0.822
50	0.888	0.840	0.750
60	0.842	0.776	0.658
70	0.789	0.705	0.575
80	0.731	0.627	0.460
90	0.669	0.546	0.371
100	0.604	0.462	0.300
110	0.536	0.384	0.248
120	0.466	0.325	0.209
130	0.401	0.279	0.178
140	0.349	0.242	0.153
150	0.306	0.213	0.134
160	0.272	0.188	0.117
170	0.243	0.168	0.102
180	0.218	0.151	0.093
190	0.197	0.136	0.083
200	0.180	0.124	0.075

【例 5-13】 直径 $d=200$ mm 的圆截面木立柱，长度 $l=6$ m，两端简化为铰支，承受的轴向压力 $F=60$ kN。若木立柱许用压应力 $[\sigma]=10$ MPa，试校核其稳定性。

解：(1) 计算截面惯性半径

$$i=\frac{d}{4}=\frac{200}{4} \text{ mm}=50 \text{ mm}$$

(2) 计算柔度，选取折减系数。因为两端铰支，则

$$\mu=1, \quad \lambda=\frac{\mu l}{i}=\frac{1\times 6000}{50}=120$$

查表 5-5 得 $\varphi=0.209$，则

$$\varphi[\sigma]=0.209\times 10 \text{ MPa}=2.09 \text{ MPa}$$

(3) 校核稳定性

$$\sigma = \frac{F}{A} = \frac{60 \times 10^3}{\frac{\pi}{4} \times 200^2} \text{ MPa} = 1.91 \text{ MPa}$$

因为
$$\sigma < \varphi[\sigma]$$

所以,该木立柱稳定性足够。

【例 5-14】 一两端铰支的压杆,杆长 $l=3$ m,承受轴向压力 $F=300$ kN,压杆采用普通热轧 No.25b 工字钢,材料为 Q235 钢,$[\sigma]=160$ MPa。No.25b 工字钢的基本参数是:$I_{\min}=309$ cm^4,$A=53.5$ cm^2,试校核该工字钢的稳定性。

解:计算惯性半径

$$i_{\min} = \sqrt{\frac{I_{\min}}{A}} = \sqrt{\frac{309}{53.5}} = 2.4 \text{ cm} = 24 \text{ mm}$$

因压杆两端铰支,$\mu=1$,压杆的柔度为

$$\lambda = \frac{\mu l}{i} = \frac{1 \times 3000}{24} = 125$$

由表 5-5 查折减系数,用直线插入法计算 φ 值:

$$\varphi = 0.466 + \frac{125-120}{130-120}(0.401-0.466) = 0.4335$$

$$\sigma = \frac{F}{A} = \frac{300 \times 10^3}{53.5 \times 10^2} \text{ MPa} = 56.07 \text{ MPa}$$

$$\varphi[\sigma] = 0.4335 \times 160 \text{ MPa} = 69.36 \text{ MPa}$$

因为
$$\sigma < \varphi[\sigma]$$

所以,该柱是稳定的。

3. 提高压杆稳定性的措施

临界力(或临界应力)的大小反映了压杆稳定性的高低。因此,要提高压杆的稳定性,就要提高压杆的临界力(或临界应力)。

(1) 减小压杆的长度。

减小压杆的长度是降低压杆柔度、提高压杆稳定性的有效方法之一。在条件允许的情况下,应尽量使压杆长度减小,或在压杆中间增加支撑。

(2) 改善约束情况,减小长度系数 μ。

柔度 λ 的大小与计算长度 μl 成正比,l 一定时,μ 越大,μl 就越大,柔度 λ 也越大,相应的临界力就越小。因此,可增强压杆两端的约束,以减小 μ 和 μl,使得压杆稳定性提高。

(3) 选择合理的截面形状。

在截面面积已定的情况下,尽可能选取材料远离形心分布的形状,如空心管状截面或方形空心截面。因为这样的截面惯性半径 i 较大,从而减小了柔度 λ,提高了临界力,也就是提高了压杆稳定性。

(4) 合理选择材料。

选择弹性模量 E 大的材料也能提高临界力(或临界应力),也就能提高压杆的稳定性。

但应注意压杆临界应力值与材料的强度无关,高强度钢虽比普通钢的强度高,但 E 值都在 200 GPa 左右,所以采用高强度钢材作细长压杆是不经济的。

5.6 圆轴扭转时的强度计算

5.6.1 圆轴扭转时的横截面应力

1. 圆轴扭转时的变形现象

为了分析圆轴扭转时横截面上的应力,现取一根橡胶制成的等直圆轴,在其圆柱表面上任意画两条平行于轴线的纵向线和垂直于轴线的圆周线,然后在其两端分别作用一力偶矩 M,使圆轴发生扭转变形,如图 5-37 所示。观察其变形现象可以发现:

(1) 圆周线的形状、大小及两圆周线间的距离均保持不变,但绕轴线旋转了不同角度。

(2) 纵向线近似地为直线,只是倾斜了同一角度 γ,原来的小矩形变成了平行四边形。

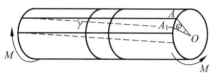

图 5-37 圆周扭转

上述变形现象表明,圆周扭转时,轴的直径和长度均未改变。其各横截面像刚性圆盘一样,绕轴线发生了不同角度转动。由此可得出平面假设:圆轴扭转前的横截面变形后仍为平面,且形状和大小及间距不变,仅横截面间发生相对转动。

2. 圆轴扭转时的应力

根据实验现象及平面假设可得出以下三点结论。

(1) 由于横截面间距不变,纵向线沿轴线方向无变形,所以横截面上没有正应力。

(2) 由于横截面间绕轴线的相对转动,使小矩形沿圆周方向的两侧发生相对错动,出现剪切变形。故横截面上必有切应力存在。又因圆截面半径长度不变。切应力方向必与半径垂直。

(3) 在横截面绕轴线转动过程中,截面上各条半径都转过了同一转角 φ。如 OA 移到了 OA_1。圆周处移动最大、圆心处为零,其余各点越接近圆心,位移越小。即圆周上各点位移量的大小与该点到圆心的距离成正比。所以各点的切应力与各点到圆心的距离成正比。

综上所述,圆轴扭转时,横截面上切应力分布规律如图 5-38 所示。即横截面上各点切应力的方向与半径垂直,指向与截面扭矩转向一致,大小与该点到圆心的距离 ρ 成正比,圆心处切应力为零,圆周处切应力最大。

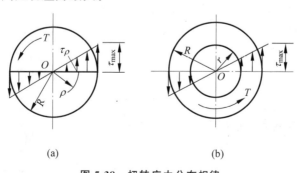

图 5-38 扭转应力分布规律

(a) 圆形截面;(b) 圆环形截面

弄清了切应力分布规律后,利用各点处切应力对圆心处的力矩之和等于扭矩这个等效条件,从而得出切应力和扭矩的关系式(推导从略),即圆轴扭转时,任一截面上任一点的切应力计算公式:

$$\tau = \frac{T \cdot \rho}{I_\rho}$$

式中,τ——横截面上离圆心距离为 ρ 各点的切应力;

T——横截面上扭矩;

I_ρ——该截面对圆心的截面二次极矩,它与截面形状、尺寸有关,反映截面几何性质,单位是 m^4 或 mm^4,其计算公式见式(5-6a)、式(5-6b)。

上式表明,切应力 τ 与横截面上的扭矩 T 及该点到圆心的距离 ρ 成正比,与该截面对圆心的截面二次极矩 I_ρ 成反比。利用此公式计算时,T 和 τ 均以绝对值代入,切应力 τ 的方向由扭矩 T 的转向确定。

3. 圆轴扭转时,横截面上最大切应力

由圆轴扭转时横截面上切应力的分布规律可知,最大切应力位于圆截面外边缘处,其计算公式为

$$\tau_{max} = \frac{T \cdot \rho_{max}}{I_\rho} = \frac{T \cdot R}{I_\rho} = \frac{T}{I_\rho / R}$$

$$W_P = I_\rho / R$$

$$\tau_{max} = \frac{T}{W_P}$$

式中,W_P 只与截面的形状和几何尺寸有关,称为抗扭截面系数,它反映圆轴抵抗扭转变形的能力,其单位是 m^3 或 mm^3。

实心圆形截面的抗扭截面系数(假设直径为 D)为

$$W_P = I_\rho / R = \frac{\frac{\pi D^4}{32}}{D/2} = \frac{\pi D^3}{16}$$

空心圆形截面的抗扭截面系数(假设外径为 D,内径为 d)为

$$W_P = \frac{I_\rho}{R} = \frac{\frac{\pi D^4}{32}(1-\alpha^4)}{D/2} = \frac{\pi D^3}{16}(1-\alpha^4)$$

其中,$\alpha = d/D$。

【例 5-15】 图 5-39 所示为一传动轴 AB,传递的功率 $P = 7.5$ kW,转速 $n = 360$ r/min,轴的 AC 段为实心圆截面,CB 段为空心圆截面。已知 $D = 30$ mm,$d = 20$ mm。试计算 AC 段横截面边缘处的切应力以及 CB 段横截面上外边缘和内边缘处的切应力。

解:(1)计算外力偶矩。

$$M_e = 9550 \times \frac{P}{n} = 9550 \times \frac{7.5}{360} \text{ N} \cdot \text{m} = 199 \text{ N} \cdot \text{m}$$

(2)计算各段截面扭矩。

AC 段和 CB 段各截面扭矩均为

$$T = M_e = 199 \text{ N} \cdot \text{m}$$

(3)计算应力。

AC 段截面抗扭截面系数

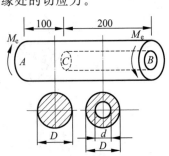

图 5-39 例 5-15 图

$$W_{PAC} = \frac{\pi D^3}{16} = \frac{3.14 \times 30^3}{16} \text{ mm}^3 = 5.299 \times 10^3 \text{ mm}^3$$

CB 段截面二次极矩和抗扭截面系数

$$I_{\rho CB} = \frac{\pi D^4}{32}(1-\alpha^4) = \frac{3.14 \times 30^4}{32}\left[1-\left(\frac{20}{30}\right)^4\right] \text{ mm}^3 = 6.378 \times 10^4 \text{ mm}^3$$

$$W_{PCB} = \frac{\pi D^3}{16}(1-\alpha^4) = \frac{3.14 \times 30^3}{16}\left[1-\left(\frac{20}{30}\right)^4\right] \text{ mm}^3 = 4.252 \times 10^3 \text{ mm}^3$$

AC 段轴横截面边缘处的切应力为

$$\tau_{AC} = \frac{T}{W_{PAC}} = \frac{199 \times 10^3}{5.299 \times 10^3} \text{ MPa} = 37.55 \text{ MPa}$$

CB 段轴横截面内、外边缘处的切应力分别为

$$\tau_{CB\text{内}} = \frac{T \cdot \rho}{I_\rho} = \frac{T \cdot d/2}{I_{\rho CB}} = \frac{199 \times 10^3 \times 10}{6.378 \times 10^4} \text{ MPa} = 31.20 \text{ MPa}$$

$$\tau_{CB\text{外}} = \frac{T}{W_P} = \frac{T}{W_{PCB}} = \frac{199 \times 10^3}{4.252 \times 10^3} \text{ MPa} = 46.80 \text{ MPa}$$

5.6.2 圆轴扭转时的强度计算

为了保证受扭圆轴能正常工作,必须要求轴的最大工作切应力 $\tau_{\max}$ 不超过材料的许用切应力 $[\tau]$,即

$$\tau_{\max} = \frac{T_{\max}}{W_P} \leqslant [\tau] \tag{5-13}$$

式中,$T_{\max}$——危险截面上的扭矩(取绝对值);

W_P——危险截面上的抗扭截面系数;

$\tau_{\max}$——危险截面上的最大切应力。

式(5-13)称为圆轴扭转时的强度条件。等截面圆轴扭转时,其危险截面为扭矩最大的截面。危险点($\tau_{\max}$ 处)在危险截面的圆周上。

应用圆轴扭转的强度条件可以解决三类问题,即强度校核、设计截面尺寸、确定许可荷载或许可的传递功率。

【例 5-16】 如图 5-40(a)所示传动轴转速 $n=500$ r/min,主动轮Ⅰ输入功率 $P_{\mathrm{I}}=3$ kW。从动轮Ⅱ、Ⅲ输出功率分别为 $P_{\mathrm{II}}=2$ kW,$P_{\mathrm{III}}=1$ kW。已知轴的许用切应力 $[\tau]=30$ MPa,若设计成等截面圆轴,则轴的直径应为多大?

解:(1) 计算轴上的外力偶矩

$$M_{\mathrm{eI}} = 9550 \times \frac{P_{\mathrm{I}}}{n} = 9550 \times \frac{3}{500} \text{ N}\cdot\text{m} = 57.3 \text{ N}\cdot\text{m}$$

$$M_{\mathrm{eII}} = 9550 \times \frac{P_{\mathrm{II}}}{n} = 9550 \times \frac{2}{500} \text{ N}\cdot\text{m} = 38.2 \text{ N}\cdot\text{m}$$

$$M_{\mathrm{eIII}} = 9550 \times \frac{P_{\mathrm{III}}}{n} = 9550 \times \frac{1}{500} \text{ N}\cdot\text{m} = 19.1 \text{ N}\cdot\text{m}$$

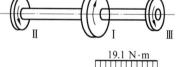

图 5-40 例 5-16 图

(2) 计算各段截面的扭矩,画扭矩图。

Ⅱ—Ⅰ段各截面扭矩
$$T_1 = M_{eⅠ} = -38.2 \text{ N} \cdot \text{m}$$

Ⅰ—Ⅲ段各截面扭矩
$$T_2 = M_{eⅢ} = 19.1 \text{ N} \cdot \text{m}$$

画扭矩图如图 5-40(b)所示。

由扭矩图可知,危险截面在Ⅱ—Ⅰ段,$T_{max} = 38.2 \text{ N} \cdot \text{m}$。

(3) 根据式(5-13)设计轴的直径

$$\tau_{max} = \frac{T_{max}}{W_P} \leqslant [\tau]$$

$$W_P \geqslant \frac{T_{max}}{[\tau]}$$

$$\frac{\pi d^3}{16} \geqslant \frac{38.2 \times 10^3}{30}$$

$$d \geqslant \sqrt[3]{\frac{38.2 \times 10^3 \times 16}{\pi \times 30}} \text{ mm} = 18.65 \text{ mm}$$

选取直径 $d = 20$ mm。

【例 5-17】 汽车传动轴由 45 号无缝钢管制成,外径 $D = 90$ mm,壁厚 $t = 2.5$ mm,传递的最大力偶矩 $M_e = 1.7$ kN·m,轴的材料的许用切应力值$[\tau] = 60$ MPa。

(1) 校核该轴的强度;
(2) 若改用相同材料的实心轴,并要求它和原来的传动轴的强度相同,试确定其直径;
(3) 比较空心轴与实心轴的材料消耗。

解:(1) 校核轴的强度。

轴各截面扭矩
$$T = M_e = 1.7 \text{ kN} \cdot \text{m}$$

轴的内径
$$d = 85 \text{ mm}$$

截面极截面二次矩
$$I_\rho = \frac{\pi D^4}{32}(1-\alpha^4) = \frac{\pi \times 90^4}{32}\left[1 - \left(\frac{85}{90}\right)^4\right] \text{ mm}^4 = 1.316 \times 10^6 \text{ mm}^4$$

抗扭截面模量
$$W_P = \frac{\pi D^3}{16}(1-\alpha^4) = \frac{\pi \times 90^3}{16}\left[1 - \left(\frac{85}{90}\right)^4\right] \text{ mm}^3 = 2.924 \times 10^4 \text{ mm}^3$$

校核轴的强度
$$\tau_{max} = \frac{T}{W_P} = \frac{1.7 \times 10^6}{2.924 \times 10^4} \text{ MPa} = 58.1 \text{ MPa} < [\tau]$$

所以,该轴满足强度要求。

(2) 计算实心轴的直径 d。

由于实心轴与原空心轴的材料和扭矩相同,当要求两者扭转强度相等时:

$$\tau_{\max} = \frac{T}{W_P} \leqslant [\tau]$$

式中

$$T = 1.7 \text{ kN} \cdot \text{m}$$

$$W_P = \frac{\pi d_{实}^3}{16}$$

$$[\tau] = 60 \text{ MPa}$$

所以

$$\tau_{\max} = \frac{1.7 \times 10^6}{\frac{\pi d_{实}^3}{16}} \text{ MPa} \leqslant 60 \text{ MPa}$$

$$d_{实} \geqslant 53 \text{ mm}$$

取 $d_{实} = 55$ mm。

(3) 比较两者材料消耗。

当两者材料、长度相同时,材料消耗比就是两轴截面面积之比,即

$$\frac{A_{空}}{A_{实}} = \frac{\frac{\pi}{4}(D^2 - d^2)}{\frac{\pi}{4} d_{实}^2} = \frac{90^2 - 85^2}{55^2} = 0.289$$

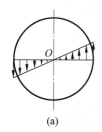
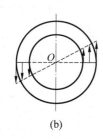

图 5-41 实心轴与空心轴比较

该比值说明,当两轴具有相同的承载能力时,空心轴比实心轴轻,可以节省大量材料。本题中空心轴材料消耗量仅为实心轴的 28.9%,从而减轻了轴的自重。因为采用空心轴时,只有横截面边缘处的切应力达到许用切应力,而圆心附近的应力尚很小,如图 5-41(a)所示,材料没有得到充分利用。如果将这部分材料移到离圆心较远的位置,使其成为空心轴,如图 5-41(b)所示,这样便提高了材料的利用率,并增大了抗扭截面系数 W_P,从而提高了轴的承载能力。但空心轴制造工艺复杂,所以多应用在飞机、轮船等制造业。还应注意,空心轴不能太薄,以免产生局部皱折;更不可用棒料削切加工成空心轴;当采用焊接钢管作抗扭构件时,必须保证焊缝质量,以防焊缝开裂而降低承载能力。

5.7 梁的强度、刚度计算

5.7.1 梁的强度计算

1. 梁的正应力

前面讨论了梁的内力计算及内力图,根据内力图可确定梁的内力最大值及其所在位置。但要解决梁的强度问题,必须进一步研究梁横截面上的内力分布规律,即研究横截面上的应力。

梁横截面上的内力——剪力和弯矩实际上是横截面上分布内力的合力。只有与横截面

PPT5-7

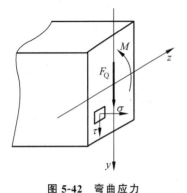

图 5-42 弯曲应力

相切的切应力才能合成为剪力；只有与横截面垂直的正应力才能合成为弯矩，如图 5-42 所示。因此，梁横截面上一般存在两种应力——切应力 τ 和正应力 σ。

梁在外力作用下，若某段梁的横截面上同时存在着两种内力（剪力和弯矩），这种弯曲我们称为横力弯曲；若某段梁的横截面上只有弯矩而无剪力，这种弯曲我们称为纯弯曲。

本节将介绍梁横截面上最大正应力的计算公式。为了便于研究，我们先介绍纯弯曲时的正应力计算公式，然后再推广应用到横力弯曲的情况。

研究弯曲正应力的方法，一般是先通过实验观察、分析梁的变形，找出变形的规律，然后通过应力与变形的特征确定横截面上正应力的分布规律，最后由静力平衡条件导出正应力计算公式。

1）纯弯曲实验的观察与分析

为了便于观察，我们用一根表面画有方格的矩形橡皮模型梁来进行试验，如图 5-43(a) 所示，当梁的两端各受到位于纵向对称平面内的力偶 M 作用时，如图 5-43(b) 所示，就可观察到下列现象：

（1）各横向线仍为直线，且与弯曲了的梁轴线保持垂直，只是倾斜了一个角度。

（2）各纵向线弯曲成曲线，靠近凸边的纵向线伸长了，而靠近凹边的纵向线缩短了。

根据以上观察到的变形现象，由表及里进行判断和推理，可作出如下假设。

（1）平面假设。

横向线可以代表梁的横截面。根据横向线变形前是直线、变形后仍为直线这一表面现象，我们可以假设梁的横截面在变形前是平面，变形后仍为平面。这一假设称为平面假设。

（2）单向受力假设。

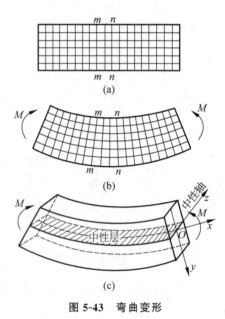

图 5-43 弯曲变形

假设梁是由无数纵向纤维所组成，且纤维之间互不挤压，只受到轴向力作用而产生拉伸与压缩变形。

纵向线由梁下部的受拉而伸长逐渐过渡到梁上部受压而缩短，于是，中间必有一既不伸长也不缩短的纤维层，这一层纤维叫中性层，中性层把变形后的梁沿其高度方向分成两个不同的区域——拉伸区和压缩区。中性层与横截面的交线叫中性轴，如图 5-43(c) 所示。中性轴通过截面形心并与竖向对称轴垂直。

综上分析可知：梁弯曲时，各横截面绕中性轴作微小转动，使梁各纵向纤维发生了伸长与缩短变形，而中性轴上的各点变形为零，距中性轴最远的上、下边缘变形最大，其余各点的变形与该点到中性轴的距离成正比。

2）梁弯曲时横截面上正应力的分布规律

由假设（2），我们推断出梁弯曲时横截面上有正应力。

在材料的弹性范围内，由胡克定律可知，正应力与纵向应变成正比。可见，横截面上正应力的分布规律与各点的变形一样：上、下边缘的点应力最大，中性轴上为零，其余各点的应力大小与该点到中性轴的距离成正比，如图5-44所示。

3）最大正应力的计算公式

纯弯曲梁的横截面上只有弯矩，由静力学可知，此弯矩必由该截面上正应力合成而来，如图5-45所示。根据这一原理，我们可以推导出梁弯曲时横截面上任一点正应力计算公式如下：

$$\sigma = \frac{M}{I_z} \cdot y$$

式中，M——横截面弯矩；

y——计算点到中性轴的垂直距离；

I_z——截面对中性轴的惯性矩；

由上式可知，当 y_{max} 时，横截面产生最大正应力，最大正应力计算公式如下：

$$\sigma_{max} = \frac{M y_{max}}{I_z} = \frac{M}{I_z / y_{max}} = \frac{M}{W_z}$$

式中，M——横截面上的弯矩；

σ_{max}——横截面上的最大正应力；

W_z——抗弯截面系数。

y_{max}——横截面上最远点到中性轴的垂直距离。

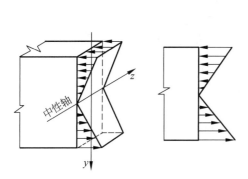
图 5-44 正应力分布规律

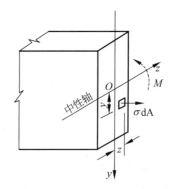
图 5-45 弯矩与正应力的关系

工程上，经常需要确定横截面上最大正应力，因此需要掌握常见截面形状的抗弯截面系数 W_z 的计算方法。

对图5-46中的矩形截面：

$$W_z = bh^2/6$$

圆形截面：

$$W_z = \pi D^3/32$$

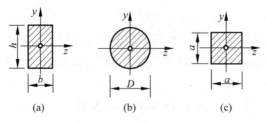

图 5-46 截面形式

正方形截面：
$$W_z = a^3/6$$

各种型钢的 W_z 可查表求得。

抗弯截面系数是衡量截面抗弯能力的一个几何量,常用单位是 m^3 或 mm^3。

正应力的正负号可由梁的变形直接判定：受拉区各点的正应力为正,受压区各点的正应力为负。

【例 5-18】 如图 5-47 所示,简支梁受均布荷载作用,$q = 3.5 \text{ kN/m}$,梁的截面为矩形,$b = 120 \text{ mm}, h = 180 \text{ mm}$,跨度 $l = 3$ m。试计算跨中截面上的最大正应力。

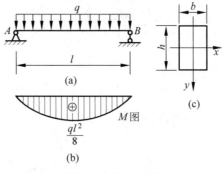

图 5-47 例 5-18 图

解：(1) 画出梁的弯矩图如图 5-47(b) 所示。

跨中弯矩
$$M = \frac{1}{8}ql^2 = \frac{1 \times 3.5 \times 3^2}{8} \text{ kN} \cdot \text{m} = 3.94 \text{ kN} \cdot \text{m}$$

(2) 求最大正应力。

最大正应力发生在梁的上、下边缘处,下边为拉应力,上边为压应力。

$$W_z = \frac{1}{6}bh^2 = \frac{1 \times 120 \times 180^2}{6} \text{ mm}^3 = 648\,000 \text{ mm}^3$$

$$\sigma_{max} = \frac{M}{W_z} = \frac{3.94 \times 10^6}{648\,000} \text{ MPa} = 6.08 \text{ MPa}$$

2. 梁的正应力强度条件

弯曲变形的梁,最大弯矩 M_{max} 所在的截面是危险截面,该截面上距中性轴最远的边缘处的正应力最大,是危险点。危险截面上危险点处的正应力即为全梁内的最大正应力,其值为

$$\sigma_{\max} = \frac{M_{\max}}{W_z} \tag{5-14}$$

为了保证梁能安全地工作,必须使梁内的最大正应力 $\sigma_{\max}$ 不超过材料的许用应力 $[\sigma]$,这就是梁的正应力强度条件。

若材料的抗拉与抗压能力相同,其正应力强度条件为

$$\sigma_{\max} = \frac{M_{\max}}{W_z} \leqslant [\sigma] \tag{5-15}$$

根据强度条件可解决有关强度方面的三类问题。

1) 校核强度

在已知梁的材料和横截面的形状、尺寸,即已知 $[\sigma]$、W_z 以及所受荷载(即已知 $M_{\max}$)的情况下,对梁作正应力强度校核:

$$\sigma_{\max} = \frac{M_{\max}}{W_z} \leqslant [\sigma]$$

2) 选择截面尺寸

在已知荷载和所用材料时,即已知 $M_{\max}$、$[\sigma]$,计算梁的截面尺寸。这类问题有两种解法。

(1) 根据强度条件先计算抗弯截面系数为

$$W_z \geqslant \frac{M_{\max}}{[\sigma]}$$

然后根据梁的截面形状进一步确定截面的具体尺寸。

(2) 设梁的截面尺寸为某一字母(例如矩形截面为 b、h;圆形截面为 d)。代入强度条件解出截面尺寸的具体数值。

3) 计算许可荷载

在已知梁的材料和截面尺寸,即已知 $[\sigma]$、W_z 时,计算梁的许可荷载值。这类问题同样有两种解法。

(1) 先根据梁的强度条件算出梁能承受的最大弯矩为

$$M_{\max} = W_z [\sigma]$$

然后由 $M_{\max}$ 和荷载间的关系计算出许可荷载值。

(2) 设许可荷载为某一字母(例如 F),将荷载看作已知值画出弯矩图,找出最大弯矩的数值,代入强度条件解出许可荷载值。这类问题用第二种解法比较方便。

【例 5-19】 如图 5-48 所示,简支木梁的跨度 $l = 4$ m,其圆形截面的直径 $d = 160$ mm,梁上受均布荷载作用。已知 $q = 2$ kN/m,木材弯曲时的许用应力 $[\sigma] = 11$ MPa,试校核梁的正应力强度。

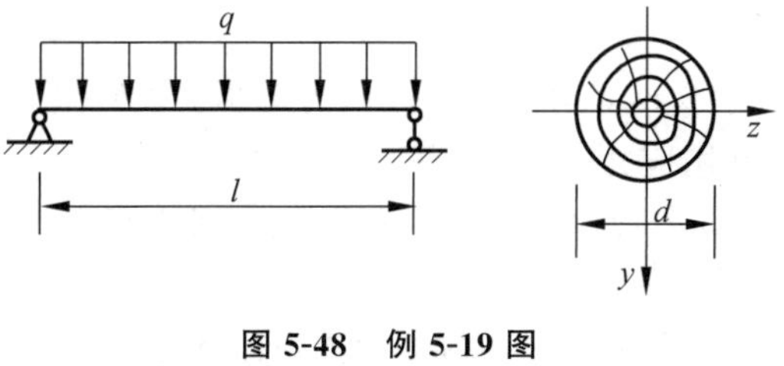

图 5-48 例 5-19 图

解：（1）最大弯矩发生在跨中截面，其值为

$$M = \frac{1}{8}ql^2 = \frac{1\times 2\times 4^2}{8}\ \text{kN}\cdot\text{m} = 4\ \text{kN}\cdot\text{m}$$

（2）计算抗弯截面系数

$$W_z = \frac{\pi d^3}{32} = \frac{\pi\times 160^3}{32}\ \text{mm}^3 = 401.9\times 10^3\ \text{mm}^3$$

（3）校核正压力强度

$$\sigma_{\max} = \frac{M_{\max}}{W_z} = \frac{4\times 10^6}{401.9\times 10^3}\ \text{N/mm}^2 = 10\ \text{N/mm}^2 = 10\ \text{MPa} < [\sigma] = 11\ \text{MPa}$$

此梁满足正压力强度要求。

【例 5-20】 图 5-49(a)所示简支梁的 $F_P = 5\ \text{kN}$，材料的许用应力 $[\sigma] = 10\ \text{MPa}$，已知矩形截面的宽高比为 $b/h = 2/3$，求 b 和 h 的尺寸。

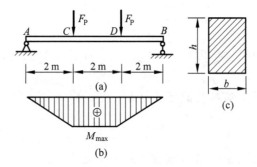

图 5-49　例 5-20 图

解：（1）作弯矩图，如图 5-49(b)所示。则有

$$M_{\max} = 2F_P = 10\ \text{kN}\cdot\text{m}$$

（2）计算抗弯截面系数

$$W_z = \frac{1}{6}bh^2 = \frac{1}{6}\left(\frac{2}{3}h\right)h^2 = \frac{h^3}{9}$$

（3）建立强度条件

$$W_z \geqslant \frac{M_{\max}}{[\sigma]}$$

$$\frac{h^3}{9} \geqslant \frac{M_{\max}}{[\sigma]}$$

$$h \geqslant \sqrt[3]{\frac{9M_{\max}}{[\sigma]}} = \sqrt[3]{\frac{9\times 10\times 10^6}{10}}\ \text{mm} = 208\ \text{mm}$$

取 $h = 210\ \text{mm}$，$b = 140\ \text{mm}$。

【例 5-21】 一跨度 $l = 2\ \text{m}$ 的木梁，其截面为矩形，宽 $b = 50\ \text{mm}$，高 $h = 100\ \text{mm}$，如图 5-50(a)所示。材料的许用应力 $[\sigma] = 12\ \text{MPa}$。

（1）如果截面竖着放，即荷载作用在沿 y 轴的纵向对称平面内时，如图 5-50(b)所示，其许用荷载 $[q_1]$ 为多少？

（2）如果截面横着放，如图 5-50(c)所示，其许用荷载 $[q_2]$ 为多少？

(3) 试比较矩形截面梁竖放与横放时梁的承载力。

解：这两种情况下，梁的最大弯矩 M_{max} 都是在梁跨中截面处，其值为

$$M_{max} = \frac{1}{8}ql^2$$

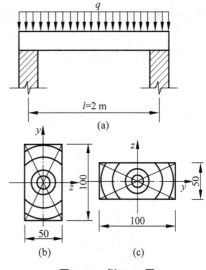

图 5-50 例 5-21 图

(1) 竖放时，z 轴是中性轴，有

$$W_z = \frac{1}{6}bh^2 = 8.33 \times 10^4 \text{ mm}^3$$

$$M_{max} = W_z[\sigma] = 10^6 \text{ N} \cdot \text{mm}$$
$$= 1 \text{ kN} \cdot \text{m}$$

$$[q_1] = \frac{8M_{max}}{l^2} = \frac{8 \times 1}{4} \text{ kN/m} = 2 \text{ kN/m}$$

(2) 横放时，y 轴是中性轴，有

$$W_y = \frac{1}{6}b^2h = \frac{1}{6} \times 50^2 \times 100 \text{ mm}^3 = 4.17 \times 10^4 \text{ mm}^3$$

$$M_{max} = W_y[\sigma] = 4.17 \times 10^4 \times 12 \text{ N} \cdot \text{mm} = 5 \times 10^5 \text{ N} \cdot \text{mm} = 0.5 \text{ kN} \cdot \text{m}$$

$$[q_2] = \frac{8M_{max}}{l^2} = \frac{8 \times 0.5}{4} \text{ kN/m} = 1 \text{ kN/m}$$

(3) 比较竖放与横放时的许用荷载

$$\frac{[q_1]}{[q_2]} = \frac{2}{1} = 2$$

从这个例子可以清楚地看到，同一截面梁，因放置的方式不同，抗弯截面系数不同，其承载能力也不同。横着放比竖着放的承载力小，这就是通常将梁竖着放的原因。

3. 提高梁弯曲强度的措施

在一般情况下，梁的弯曲强度是由正应力决定的。由正应力强度条件得

$$\sigma_{max} = \frac{M_{max}}{W_z} \leqslant [\sigma]$$

5-13

可知，梁横截面上的最大正应力与最大弯矩成正比，与抗弯截面系数成反比。所以提高梁的弯曲强度主要从提高 W_z 和降低 M_{max} 这两方面着手。

1) 选择合理的截面形状

(1) 根据正应力分布特点选择截面——在截面面积一定的情况下，选择抗弯截面系数大的截面形状。

梁弯曲时横截面上的正应力是沿截面高度呈直线规律分布的。上、下边缘处应力最大，靠近中性轴处最小。按强度条件计算时，上、下边缘的应力已达到材料的许用应力，但中性轴附近的正应力很小，这部分材料远未发挥作用。因此，合理的截面应该使中性轴附近的材料尽量少，边缘部分的材料尽量多，这样可以节约材料。图 5-51 所示的是一个矩形截面，若不断地挖去靠近中性轴处的材料加在上、下边缘处，矩形截面就变为工字形了。这就是工字形截面的优越之处。

一般来讲，在用料不变的情况下，使截面的大部分材料分布在距中性轴较远处，可增大

抗弯截面系数 W_z，从而提高梁的承载力。所以梁的合理截面应该是：采用尽可能小的截面面积，而获得尽可能大的抗弯截面系数 W_z。

例如一矩形截面，宽为 b，高为 h，且 $h=2b$。若立放，则如图 5-52(a)所示，有

$$W_1 = \frac{bh^2}{6} = \frac{b \times (2b)^2}{6} = \frac{2}{3}b^3$$

若平放，则如图 5-52(b)所示，有

$$W_2 = \frac{hb^2}{6} = 2b \cdot \frac{b^2}{6} = \frac{b^3}{3}$$

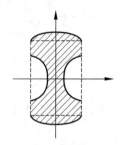

图 5-51 截面变化

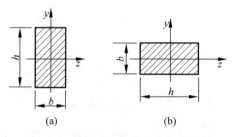

图 5-52 矩形截面梁的立放与平放图

显然，梁立放时的抗弯截面系数比平放时大，承载能力也大。

在工程中还常采用工字形、圆环形、箱形等截面形式，如图 5-53 所示。建筑工程中常采用的空心板也是根据这个道理制作的。

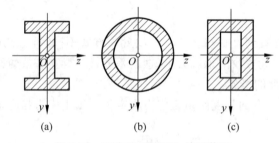

图 5-53 工字形、圆环形、箱形截面

(2) 根据材料性质选择截面。对塑性材料，因为其拉、压性能相等，所以采用对中性轴上下对称的截面，这样可以使最大拉应力和最大压应力同时达到材料的许用应力。而对于像铸铁、混凝土之类等拉压性能不同的脆性材料，则应采用上下非对称的截面，以便尽量使上、下边缘的应力同时达到或接近材料的许用拉应力和许用压应力，如图 5-54 所示。

2) 合理安排梁的受力情况，降低弯矩的最大值

(1) 合理布置梁的支座位置。

例如图 5-55(a)所示简支梁，其最大弯矩为 $0.125ql^2$。若将两支座各向里移动 $0.2l$，如图 5-55(b)所示，则最大弯矩降为 $0.025ql^2$，只有原来的 1/5，使梁的承载能力提高了。工程上在起吊较长的重物时，起吊点不在其两端，就是根据这个道理。

(2) 将荷载分散布置。

例如简支梁在跨中受一集中力 F 作用，如图 5-56(a)所示，其 $M_{max}=Fl/4$。若在 AB

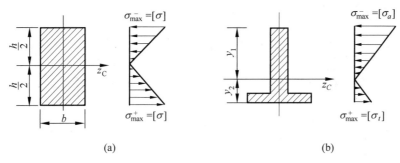

图 5-54 不同截面的正应力分布规律

上安置一根短梁 CD，如图 5-56(b)所示，则 AB 梁的 $M_{max}=Fl/8$，只有原来的 $1/2$。又如将集中力 ql 分散为均布荷载 q，如图 5-57 所示，则最大弯矩从 $ql^2/4$ 降低为 $ql^2/8$。

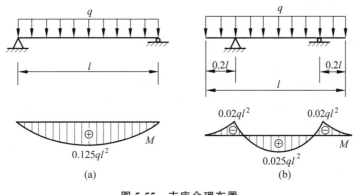

图 5-55 支座合理布置

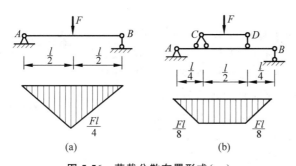

图 5-56 荷载分散布置形式（一）

3）采用变截面梁

等截面梁的截面尺寸都是根据危险截面上的最大弯矩确定的，而梁其他截面上的弯矩都小于最大弯矩，这些截面处的材料未能得到充分利用。为了充分利用材料，应当在弯矩较大处采用较大的截面，弯矩较小处采用较小的截面。这种截面沿轴线变化的梁称为变截面梁。若将变截面梁设计为使每个横截面上的最大正应力都等于材料的许用应力，这样的梁叫等强度梁。从强度观点看，等强度梁是理想的，但因其截面变化较大，施工较困难，工程上常采用形状较简单而接近等强度梁的变截面梁，如阳台、雨篷的挑梁，鱼腹式吊车梁等，如

图 5-58 所示。

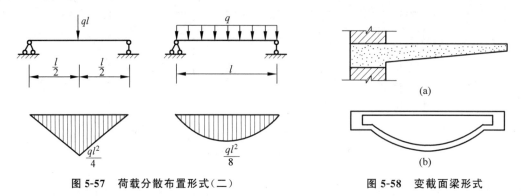

图 5-57 荷载分散布置形式（二）　　　　　图 5-58 变截面梁形式

5.7.2 梁的刚度计算

1. 梁的变形

1）弯曲变形的概念

梁在外力作用下产生弯曲变形，如果弯曲变形过大，就会影响结构的正常工作。例如楼板变形过大，会使下面的抹灰层开裂或脱落；桥梁的变形过大，在机车通过时会引起很大振动等。因此，我们必须研究梁的变形，以便把梁的变形限制在规定的范围之内，保证梁的正常工作。下面介绍梁弯曲变形的一些概念。

（1）梁的挠曲线。

如图 5-59 所示，梁发生平面弯曲后，梁轴线由直线弯曲成一条光滑的曲线，这条曲线叫梁的弹性曲线或挠曲线。

（2）挠度和转角。

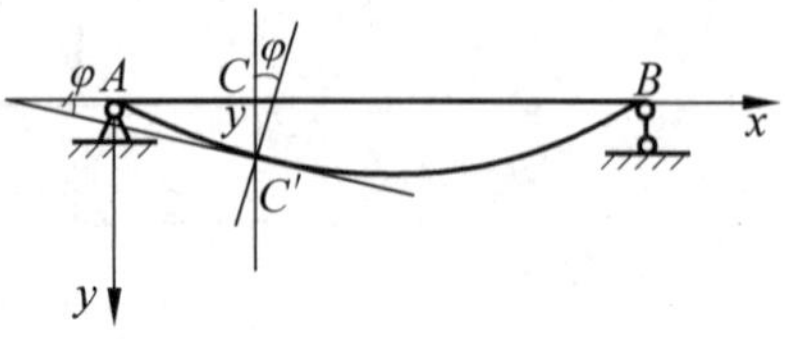

弯曲变形的梁，每个截面都发生了移动和转动。横截面形心在垂直于梁轴方向的位移叫挠度，用 y 表示，并规定向下为正；横截面绕中性轴转动的角度叫转角，用 φ 表示，并规定顺时针的转角为正。

梁的挠度 y 和转角 φ 都随截面位置 x 的变化而变化，即挠度 y 和转角 φ 都分别是 x 的函数。

图 5-59 梁的变形

2）用叠加法计算梁的挠度

在建筑工程中，只需求出梁的最大挠度，就可对梁进行刚度校核。因此，常将梁在简单荷载作用下的最大挠度列成表，见表 5-6，供计算时使用。

表 5-6 简单荷载作用下梁的最大挠度

序号	支承和荷载情况	梁端转角	最大挠度
1	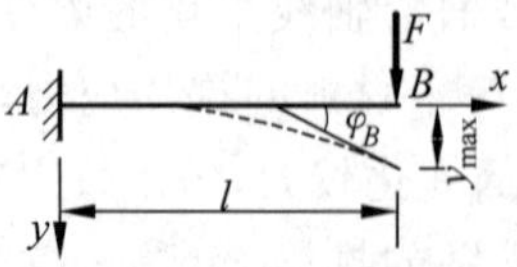	$\varphi_B = \dfrac{Fl^2}{2EI_z}$	$y_{max} = \dfrac{Fl^3}{3EI_z}$

续表

序号	支承和荷载情况	梁端转角	最大挠度
2	悬臂梁,集中力 F 距 A 端为 a	$\varphi_B = \dfrac{Fa^2}{2EI_z}$	$y_{\max} = \dfrac{Fa^2}{6EI_z}(3l-a)$
3	悬臂梁,均布荷载 q	$\varphi_B = \dfrac{ql^3}{6EI_z}$	$y_{\max} = \dfrac{ql^4}{8EI_z}$
4	悬臂梁,自由端力偶 M_e	$\varphi_B = \dfrac{M_e l}{EI_z}$	$y_{\max} = \dfrac{M_e l^2}{2EI_z}$
5	简支梁,跨中集中力 F	$\varphi_A = -\varphi_B = \dfrac{Fl^2}{16EI_z}$	$y_{\max} = \dfrac{Fl^3}{48EI_z}$
6	简支梁,均布荷载 q	$\varphi_A = -\varphi_B = \dfrac{ql^3}{24EI_z}$	$y_{\max} = \dfrac{5ql^4}{384EI_z}$
7	简支梁,集中力 F 距 A 端为 a	$\varphi_A = \dfrac{Fab(l+b)}{6lEI_z}$ $\varphi_B = \dfrac{-Fab(l+a)}{6lEI_z}$	$y_{\max} = \dfrac{Fb}{9\sqrt{3}\,lEI_z}(l^2-b^2)^{3/2}$ 在 $x = \dfrac{\sqrt{l^2-b^2}}{3}$ 处
8	简支梁,端部力偶 M_e	$\varphi_A = \dfrac{M_e l}{6EI_z}$ $\varphi_B = \dfrac{-M_e l}{3EI_z}$	$y_{\max} = \dfrac{M_e l^2}{9\sqrt{3}\,EI_z}$ 在 $x = \dfrac{l}{\sqrt{3}}$ 处

例如,简支梁在均布荷载作用下,最大挠度为

$$y_{\max} = \dfrac{5ql^4}{384EI}$$

式中,E——材料的弹性模量;

I——横截面对中性轴的截面二次矩,它仅与截面的几何形状尺寸有关;

EI——抗弯刚度。

在图 5-60 中,矩形对 z_C 轴的截面二次矩为

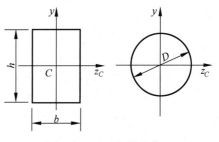

图 5-60 矩形与圆形截面

$$I_{z_C} = bh^3/12$$

直径为 D 的圆形对 z_C 轴的截面二次矩为

$$I_{z_C} = \pi D^4/64$$

当梁上有几个或几种荷载同时作用时,仍可利用表 5-6 中的公式。此时,可先分别查出每一种荷载单独作用下梁的挠度,然后取其代数和,就得到在几种荷载共同作用下梁的挠度值。这种方法叫计算梁挠度的叠加法。

【例 5-22】 简支梁受均布荷载 q 及跨中集中力 F 作用,如图 5-61(a)所示。试用叠加法求梁跨中截面 C 的挠度 y_C。

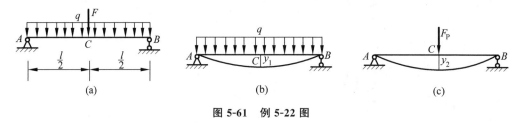

图 5-61 例 5-22 图

解:把梁上的荷载分为两种简单荷载,如图 5-61(b)、(c)所示。
由表 5-6 查得:在均布荷载 q 单独作用下,梁跨中 C 的挠度为

$$y_1 = \frac{5ql^4}{384EI}$$

在集中力 F 作用下,梁跨中 C 的挠度为

$$y_2 = \frac{Fl^3}{48EI}$$

两种荷载共同作用时,梁跨中截面挠度为

$$y_C = y_1 + y_2 = \frac{5ql^4}{384EI} + \frac{Fl^3}{48EI}$$

2. 梁的刚度校核

根据梁的强度条件设计了梁的截面以后,常需进一步按梁的刚度条件检查梁的变形是否在允许的范围以内,以保证梁的正常工作,即对梁进行刚度校核。在建筑工程中,通常只校核梁的挠度,不校核梁的转角。用 f 表示梁的最大挠度,$[f]$ 表示梁的容许挠度,于是梁的刚度条件可写为

$$f \leqslant [f]$$

在建筑工程的有关规范中,通常用容许的挠度与梁跨长的比值 $[f/l]$ 来表达刚度条件,所以梁的刚度条件是

$$f/l \leqslant [f/l] \qquad (5-16)$$

$[f/l]$ 的值一般限制在 $1/1000 \sim 1/200$ 范围内,可根据有关规范确定。

【例 5-23】 一简支梁由 28b 工字钢制成,如图 5-62 所示,已知 $F = 20 \text{ kN}, l = 9 \text{ m}, E = 210 \text{ GPa}, [f/l] = 1/500$,试校核其刚度。

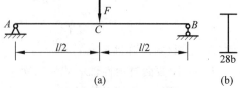

图 5-62 例 5-23 图

解：由型钢表查得 28b 工字钢的截面二次矩

$$I_z = 7480 \text{ cm}^4$$

由表 5-6 查得梁跨中最大挠度为

$$y_{max} = \frac{Fl^3}{48EI} = f$$

根据梁的刚度条件得

$$\frac{f}{l} = \frac{Fl^2}{48EI} = \frac{20 \times 10^3 \times (9 \times 10^3)^2}{48 \times 210 \times 10^3 \times 7480 \times 10^4} = \frac{1}{465} > \left[\frac{f}{l}\right]$$

不满足刚度条件，需加大截面。改用 32a 工字钢，其 $I_z = 11\,075 \text{ cm}^4$，则

$$\frac{f}{l} = \frac{Fl^2}{48EI} = \frac{20 \times 10^3 \times (9 \times 10^3)^2}{48 \times 210 \times 10^3 \times 11\,075 \times 10^4} = \frac{1}{689} < \left[\frac{f}{l}\right]$$

满足刚度条件。

3. 提高梁刚度的措施

由表 5-6 可以看到，梁的最大挠度与荷载、梁的跨度、支承情况、梁横截面的截面二次矩、材料的弹性模量等有关。因此要提高梁的刚度可以从以下几方面考虑。

1）增大梁的抗弯刚度 EI

梁的变形与 EI 成反比，增大梁的 EI 将使变形减小。抗弯刚度 EI，包含材料的弹性模量 E 和截面二次矩 I 两个因素，而同类材料的弹性模量 E 值相差不大，例如采用高强度钢可以提高强度，但不能增大弹性模量 E。因此，增大梁抗弯刚度的主要途径是增大梁的截面二次矩 I。在截面面积不变的情况下，采用合理的截面形状，例如采用工字形、圆环及箱形等截面形状，可以提高截面二次矩 I。

2）减小梁的跨度

由表 5-6 可以看出，梁的挠度与梁跨度的 n 次幂成正比，因此，减小梁跨度是提高梁刚度的有效措施。可在梁跨中增加支座，也可将简支梁的支座向中间适当移动。

3）改善加载方式

在条件允许的情况下，改善加载方式，可以起到降低弯矩的作用，从而减小梁的变形。例如简支梁在跨中作用集中力 F 时，最大挠度为

$$y_{max} = \frac{Fl^3}{48EI}$$

如果将集中力 F 代以均布荷载，且使 $ql = F$，最大挠度为

$$y_{max} = \frac{5Fl^3}{384EI}$$

仅为集中力 F 作用时的 62.5%。

5.8 连接件的实用强度计算

5.8.1 剪切的强度计算

1. 剪切变形特点

大家都使用过剪刀，如仔细观察就能理解剪刀是怎样剪断物体的，它实际是构件的破坏

PPT5-8

形式之一。如图 5-63(a)所示为剪刀剪物体的示意图,可以看到两个刀刃之间有着一个小空隙,使刀刃加在物体上的两个力的作用线之间有一个小距离,如图 5-63(b)所示。用力剪物体时,两力之间的物体截面会发生相对错动,致使剪断,如图 5-63(c)所示。这种变形称为剪切变形,是杆件基本变形之一。

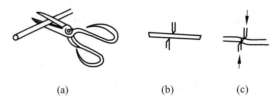

图 5-63 剪切变形

工程上不少构件的受力,有着和剪刀剪物体完全类似的特征。如图 5-64(a)所示用铆钉(或螺栓)连接两块钢板的情况,钢板受拉力作用时,铆钉(或螺栓)的受力及变形就是剪切现象,如图 5-64(b)所示。当拉力过大时,铆钉就会被剪断,如图 5-64(c)所示。

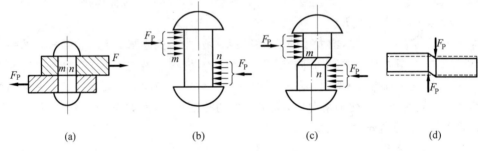

图 5-64 铆钉剪切变形

我们可以归纳这些构件的受力特点是:作用在杆件上的两个外力等值、反向、作用线相距很近且垂直于杆轴线。变形特点是:位于两个外力之间的截面发生相对错动。这类变形形式称为剪切变形,如图 5-64(d)所示。以剪切变形为主的构件称为剪切构件。

发生剪切变形的构件,通常伴随着挤压现象。螺栓与钢板的相互接触的部位,很小的面积上传递着很大压力,容易造成接触部位的压溃。因此在对构件进行剪切计算的同时,还需要进行挤压计算。

2. 剪切强度的实用计算

先运用截面法确定剪切面上的内力。假想沿剪切面 $m-n$ 将螺栓分成两段,如图 5-65 所示,任取一段为研究对象。由平衡条件可知:剪切面上内力作用线与外力 F_P 平行,沿截面作用。这种平行于剪切面的内力称为剪力,用符号 F_Q 表示。

剪力 F_Q 的大小由 $\sum F_x = 0$ 得

$$F_P - F_Q = 0, \quad 即 \quad F_Q = F_P$$

剪力 F_Q 在截面上的分布内力沿截面的切线方向称为切应力,用符号 τ 表示。切应力 τ 在剪切面上分布比较复杂,在实用计算中假定切应力 τ 在剪切面上均匀分布得

$$\tau = \frac{F_Q}{A}$$

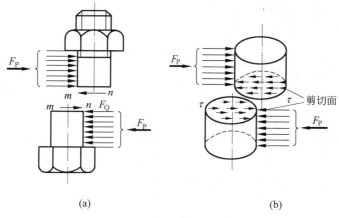

(a)   (b)

图 5-65 剪切内力

于是剪切强度条件为

$$\tau = \frac{F_Q}{A} \leqslant [\tau]$$

式中，F_Q——剪切面的剪力，N；

A——剪切面的面积，mm^2；

τ——剪切面上的切应力，MPa；

$[\tau]$——材料的许用切应力，各种材料的许用切应力等于抗剪强度极限除以安全系数，可以从有关手册中查得。

上述这种以平均切应力来代替实际切应力的简化方法，不但计算简单而且切合实际、安全可靠，能满足工程要求。因此切应力强度条件又称为剪切实用强度条件。

5.8.2 挤压强度的实用计算

连接件在受剪的同时，还会伴随挤压现象。挤压是指两接触面间相互压紧而产生局部受压的现象。如图 5-66(a)所示的螺栓连接中，在外力 F_P 作用下，螺栓与钢板在钉孔间相互挤压，作用在挤压面上的压力称为挤压力；挤压面上的压应力称为挤压应力，用 σ_{bs} 表示。当挤压应力过大时，接触面发生塑性变形，如孔洞边缘起皱，螺栓局部被压扁，使圆孔变为椭圆，接头松动等，如图 5-66(b)所示，从而使构件不能正常使用。因此，连接件除需进行抗剪强度计算外，还必须进行挤压强度计算。

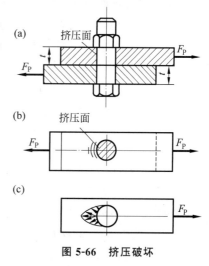

图 5-66 挤压破坏

在挤压强度计算中，仍采用实用计算方法。实际上挤压面上应力分布是很复杂的，如图 5-66(c)所示，但可以假定挤压应力 σ_{bs} 均匀分布在计算挤压面上，于是挤压应力为

$$\sigma_{bs} = \frac{F_{bs}}{A_{bs}}$$

挤压强度条件为

$$\sigma_{bs} = \frac{F_{bs}}{A_{bs}} \leqslant [\sigma_{bs}]$$

式中，F_{bs}——挤压面上的挤压力，N；

A_{bs}——计算挤压面的面积，mm^2；

σ_{bs}——挤压面上的挤压应力，MPa；

$[\sigma_{bs}]$——材料的许用挤压应力，MPa。由试验测定，一般情况下，$[\sigma_{bs}] = (1.5 \sim 2.5)[\sigma]$。

计算挤压面面积 A_{bs} 可按下列方法确定：当接触面为半圆柱面时，取圆柱的直径平面作为计算挤压面面积 A_{bs}，如图 5-67(a) 所示（例如铆钉连接），有

$$A_{bs} = dt$$

当接触面为平面时，接触面的面积就是计算挤压面的面积，如图 5-67(b) 所示（例如键连接），有

$$A_{bs} = \frac{lh}{2}$$

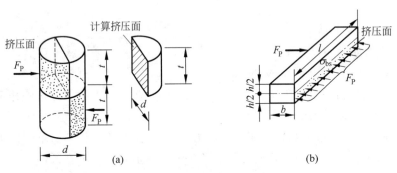

图 5-67 挤压面的面积

下面以工程实际为例，分析说明剪切和挤压的强度计算。应当指出的是，对于连接件，一般都是先进行抗剪强度计算，再进行抗压强度校核。

【**例 5-24**】 用螺栓将两块钢板连接在一起的普通螺栓连接接头如图 5-68(a)、(b) 所示，受到拉力 F_P 的作用。已知拉力 $F_P = 100$ kN，钢板厚 $\delta = 0.8$ cm，宽 $b = 10$ cm，螺栓直径 $d = 1.6$ cm，螺栓许用切应力 $[\tau] = 145$ MPa，许用挤压应力 $[\sigma_{bs}] = 340$ MPa，钢板的许用拉应力 $[\sigma] = 170$ MPa，试对连接头作强度校核。

解：分析此连接件存在三种破坏可能：①铆钉抗剪强度不足可能被剪断；②螺栓与钢板间抗压强度不足可能被挤坏；③钢板上开有螺钉孔，所以在钢板最薄弱的横截面上抗拉强度不够可能被拉断。此例应从上述三方面进行强度校核。当此连接能同时满足以上三个方面的强度条件时，连接才是安全的。

(1) 螺栓的抗剪强度校核。

假想用截面在两板之间沿螺杆的剪切面剪开，取下半部分为研究对象，如图 5-68(c) 所示。该部分受拉力 F_P 和螺栓剪切面上的剪力作用，每个剪切面上的剪力为 F_Q（假定螺栓所受力为平均分配），共 4 个螺栓，所以 $F_Q = F_P/4$，则利用剪切强度条件有

$$\tau = \frac{F_Q}{A} = \frac{\frac{F_P}{4}}{\frac{\pi d^2}{4}} = \frac{\frac{100}{4} \times 10^3}{\frac{3.14 \times 1.6^2 \times 10^2}{4}} \text{MPa} = 124 \text{ MPa} < [\tau] = 145 \text{ MPa}$$

所以螺栓抗剪强度安全。

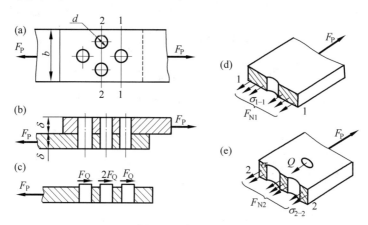

图 5-68　例 5-24 图

（2）螺栓的挤压强度校核。

利用抗压强度条件得

$$\sigma_{bs} = \frac{F_{bs}}{A_{bs}} = \frac{\frac{F_P}{4}}{d \cdot \delta} = \frac{\frac{100}{4} \times 10^3}{1.6 \times 0.8 \times 10^2} \text{MPa} = 195 \text{ MPa} < [\sigma_{bs}] = 340 \text{ MPa}$$

所以螺栓抗压强度安全。

（3）主板的抗拉强度校核。

由于主板的圆孔对板的截面面积的削弱，所以对主板必须进行抗拉强度校核。先沿第一排孔的中心线将板截开，如图 5-58(d)所示，在截开的截面上有拉应力 σ_{1-1}：

$$\sigma_{1-1} = \frac{F_{N1}}{A_1} = \frac{F_P}{\delta(b-d)} = \frac{100 \times 10^3}{0.8 \times (10-1.6) \times 10^2} \text{MPa}$$
$$= 149 \text{ MPa} < [\sigma] = 170 \text{ MPa}$$

但仅校核第一排孔的截面还不够，因为在第二排有两个孔，截面被削弱得更多。为此用截面法在第二排孔的中心线处切开，如图 5-58(e)所示。在截开截面上有拉应力 σ_{2-2}：

$$\sigma_{2-2} = \frac{F_{N2}}{A_2} = \frac{F_P - \frac{F_P}{4}}{\delta(b-2d)} = \frac{\frac{3}{4} \times 100 \times 10^3}{0.8 \times (10-2 \times 1.6) \times 10^2} \text{MPa}$$
$$= 138 \text{ MPa} < [\sigma] = 170 \text{ MPa}$$

至于第三排孔，则不需校核。因为该截面受到的内力比第二排孔处小，而截面净面积却比第二排孔处大。

所以钢板满足抗拉强度。

【例 5-25】　两块钢板由铆钉搭接，钢板与铆钉材料相同，如图 5-69(a)所示。已知：铆钉直径 $d=20$ mm，拉力 $F=200$ kN，许可切应力 $[\tau]=140$ MPa，求满足剪切强度条件所需

的铆钉个数 n。

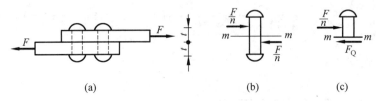

图 5-69　例 5-25 图

解：以铆钉为计算对象。设每个铆钉受力相等，所需的铆钉个数为 n。取其中一个铆钉讨论，如图 5-69(b)所示。在铆钉截面 m—m 处截开，取上部分作为研究对象，如图 5-69(c)所示。

根据平衡条件得

$$F_Q = \frac{F}{n}$$

根据剪切强度条件得

$$\tau = \frac{F_Q}{A} = \frac{F}{nA} \leqslant [\tau]$$

$$n \geqslant \frac{F}{A[\tau]} = \frac{4 \times 200 \times 10^3}{3.14 \times 20^2 \times 140} = 4.55$$

$$n = 5$$

【例 5-26】 钢板通过上下两块盖板铆接，如图 5-70(a)所示。已知：盖板厚 $t_1 = 12$ mm，主板厚 $t_2 = 20$ mm，铆钉直径 $d = 16$ mm，盖板、主板、铆钉的材料相同，材料的许可切应力为 $[\tau] = 100$ MPa，许可挤压应力为 $[\sigma_{bs}] = 300$ MPa，轴向许可应力 $[\sigma] = 140$ MPa，力 $F = 100$ kN。求：(1)铆钉个数 n；(2)主板与盖板的宽度 b。

解：(1)确定铆钉个数。设铆钉个数为 n。先根据铆钉剪切强度求得 n，然后再根据挤压强度进行校核，最后确定铆钉的个数。

首先将图 5-70(a)所示连接件沿 Ⅰ—Ⅰ 截面截开，取左边为研究对象，如图 5-70(b)所示。由对称性可知上下两盖板的内力各为 $F/2$。现取出任一铆钉为研究对象，其上部左侧受到上盖板的压力为 $F/2n$，中部右侧受到主板的压力为 F/n，下部左侧受到下盖板的压力为 $F/2n$，受力情况如图 5-70(d)所示。

① 按铆钉的剪切强度条件计算所需铆钉数 n。

在铆钉的 m—m 截面处截开，如图 5-70(g)所示，由平衡条件可得到

$$F_Q = F/2n$$

在铆钉的 n—n 截面处截开，如图 5-70(h)所示，亦可得同样结果。像这种有两个剪切面的情形称为双剪。

由强度条件得

$$\tau = \frac{F_Q}{A} = \frac{F}{2nA} \leqslant [\tau]$$

$$n \geqslant \frac{F}{2A[\tau]} = \frac{2 \times 100 \times 10^3}{3.14 \times 16^2 \times 100} = 2.49$$

$$n = 3$$

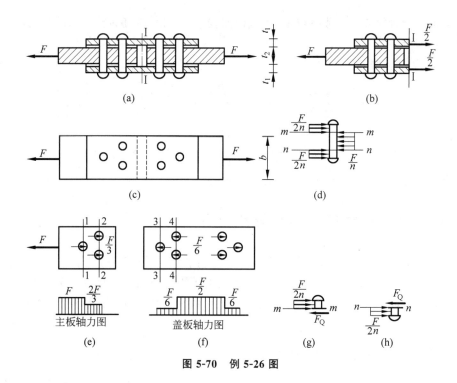

图 5-70 例 5-26 图

铆钉布置如图 5-70(c)所示。

② 按挤压强度条件验算。因为盖板、主板、铆钉的材料相同,所以取钢板或铆钉为研究对象均可。由于主板与铆钉之间的挤压力为 $F/3$,盖板与铆钉之间的挤压力为 $F/6$,两者相差一倍,而两者的计算挤压面积 $A_{bs}=t_2 d$,$A_{gs}=2t_1 d$,故应按主板情况进行验算。即取 $A_{bs}=t_2 d$,挤压力为 $F_{bs}=F/3$,从而主板处的挤压应力为

$$\sigma_{bs} = \frac{F_{bs}}{A_{bs}} = \frac{F}{3t_2 d} = \frac{100 \times 10^3}{3 \times 20 \times 16} \text{ MPa} = 104.17 \text{ MPa} \leqslant [\sigma_{bs}]$$

取铆钉数 $n=3$ 满足挤压强度条件。

(2) 求主板与盖板的宽度 b。绘出盖板与主板的轴力图,如图 5-70(e)、(f)所示。

先对主板进行计算:

1—1 截面的应力为

$$\sigma = \frac{F_{N1}}{A_1} = \frac{F}{(b_1 - d)t_2} \leqslant [\sigma]$$

解得

$$b_1 \geqslant \frac{F}{t_2 [\sigma]} + d = \left(\frac{100 \times 10^3}{20 \times 140} + 16 \right) \text{ mm} = 51.71 \text{ mm}$$

2—2 截面的应力为

$$\sigma = \frac{F_{N2}}{A_2} = \frac{2F}{3(b_2 - 2d)t_2} \leqslant [\sigma]$$

解得

$$b_2 \geqslant \frac{2F}{3t_2 [\sigma]} + 2d = \left(\frac{2 \times 100 \times 10^3}{3 \times 20 \times 140} + 2 \times 16 \right) \text{ mm} = 55.81 \text{ mm}$$

对盖板进行计算,3—3 截面与 4—4 截面比较,4—4 截面较危险。所以,只需取 4—4 截面进行计算即可。

4—4 截面的应力为

$$\sigma = \frac{F_{N4}}{A_4} = \frac{F}{2(b_4-2d)t_1} \leqslant [\sigma]$$

解得

$$b_4 \geqslant \frac{F}{2t_1[\sigma]} + 2d = \left(\frac{100 \times 10^3}{2 \times 12 \times 140} + 2 \times 16\right) \text{ mm} = 61.76 \text{ mm}$$

综合以上计算结果,应取 $b \geqslant b_4 = 61.76$ mm。

5.9 偏心受压构件的应力和强度条件

前面提到的受压构件外力作用线都与杆轴线重合,称为轴心受压构件。但是在土建工程中,有很多构件所受压力的作用线与杆轴平行但不重合。这样的构件称为偏心受压构件。例如图 5-71 所示吊车厂房的立柱就是偏心受压构件。力 F 的作用线与柱轴线间的距离 e 叫偏心距。

5.9.1 荷载的简化和内力计算

如图 5-72(a)所示的偏心受压柱,为计算其内力,可将偏心力 F 向截面形心简化,得到轴向压力 F 和一个力偶矩 $M=Fe$ 的力偶,如图 5-72(b)所示。

再用截面法求得任一横截面上的内力。在承受偏心压力的直杆中,各横截面上的内力相等,它们是轴力 F_N 和弯矩 M,如图 5-72(c)所示。由平衡条件可求得内力

$$F_N = F, \quad M = Fe$$

可见,偏心压缩是轴向压缩和平面弯曲的组合变形。

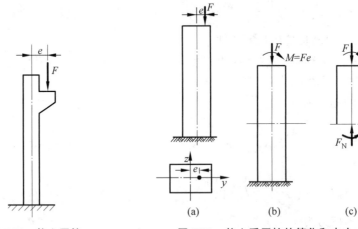

图 5-71 偏心压缩　　图 5-72 偏心受压柱的简化和内力

5.9.2 应力计算和强度条件

如图 5-73(a)所示矩形截面杆,压力 F 作用在 y 轴,偏心矩为 e。将偏心力 F 向截面形

心简化，如图5-73(b)、(c)所示。

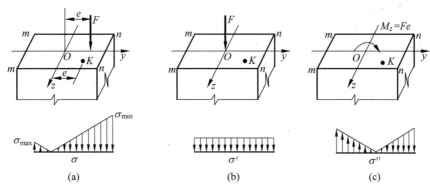

图 5-73 偏心压缩应力分析

在轴向压力 F_N 单独作用下，截面各点应力为均匀压应力，则

$$\sigma' = -\frac{F_N}{A} = -\frac{F}{A}$$

式中，A——横截面面积。

在弯矩 M_z 单独作用下，截面正应力不均匀，最大拉应力和最大压应力分别出现在中性轴两侧距中性轴最远的截面边缘处，其值为

$$\sigma'' = \pm \frac{M_z}{W_z}$$

叠加后得

$$\sigma = \sigma' + \sigma'' = -\frac{F_N}{A} \pm \frac{M_z}{W_z}$$

或分别表示为：

最大正应力

$$\sigma^+_{max} = -\frac{F}{A} + \frac{M_z}{W_z} \quad (5\text{-}17\text{a})$$

最小正应力

$$\sigma^-_{min} = -\frac{F}{A} - \frac{M_z}{W_z} \quad (5\text{-}17\text{b})$$

如材料许用拉应力为 $[\sigma^+]$，许用压应力为 $[\sigma^-]$，则必须满足

$$\left| \sigma^+_{max} \right| = \left| -\frac{F}{A} + \frac{M_z}{W_z} \right| \leqslant [\sigma^+]$$

$$\left| \sigma^-_{min} \right| = \left| -\frac{F}{A} - \frac{M_z}{W_z} \right| \leqslant [\sigma^-]$$

这就是偏心压缩强度条件的一般公式。

【例 5-27】 图 5-74 所示矩形截面柱，柱顶有屋架传来的压力 $F_1 = 100$ kN，牛腿上承受吊车梁传来的压力 $F_2 = 45$ kN，F_2 与柱轴线的偏心距 $e = 0.2$ m。已知柱宽 $b = 200$ mm，问：(1)若 $h = 300$ mm，则柱截面中的最大拉应力和最大压应力各为多少？(2)要使柱截面

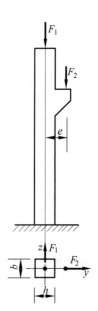

图 5-74 例 5-27 图

不产生拉应力,截面高度 h 应为多少?此时,柱截面中的最大压应力为多少?

解:(1) 求 σ_{max}^+ 和 σ_{max}^-。

力 F_1 的作用线与柱轴线重合,力 F_2 为偏心力,截面上的弯矩由力 F_2 引起。

柱的轴向压力为

$$F_N = F_1 + F_2 = (100+45)\text{ kN} = 145\text{ kN}$$

截面弯矩为

$$M_z = F_2 e = 45 \times 0.2 \text{ kN}\cdot\text{m} = 9 \text{ kN}\cdot\text{m}$$

$$\sigma_{max}^+ = -\frac{F}{A} + \frac{M_z}{W_z} = -\frac{145 \times 10^3}{200 \times 300} + \frac{9 \times 10^6}{\frac{200 \times 300^2}{6}}$$

$$= -2.42 + 3 = 0.58 \text{ MPa}(拉应力)$$

$$\sigma_{max}^- = -\frac{F}{A} - \frac{M_z}{W_z} = -\frac{145 \times 10^3}{200 \times 300} - \frac{9 \times 10^6}{\frac{200 \times 300^2}{6}}$$

$$= (-2.42 - 3) \text{ MPa} = -5.42 \text{ MPa}(压应力)$$

(2) 求 b 及 h。

由式(5-17)得要使截面不产生拉应力,应满足

$$\sigma_{max}^+ = -\frac{F}{A} + \frac{M_z}{W_z} \leqslant 0$$

即

$$-\frac{145 \times 10^3}{200h} + \frac{9 \times 10^6}{\frac{200h^2}{6}} \leqslant 0$$

解得

$$h \geqslant 372 \text{ mm}$$

取

$$h = 380 \text{ mm}$$

当 $h = 380$ mm 时,截面的最大压应力为

$$\sigma_{min} = -\frac{F}{A} - \frac{M_z}{W_z} = \left(-\frac{145 \times 10^3}{200 \times 380} - \frac{9 \times 10^6}{\frac{200 \times 380^2}{6}}\right) \text{N/mm}^2$$

$$= -3.78 \text{ N/mm}^2 = -3.78 \text{ MPa}$$

【**例 5-28**】 如图 5-75 所示,某矩形截面桩承受桥梁传来的荷载,竖向荷载 $F_1 = 1000$ kN,水平荷载 $F_2 = 200$ kN,桥桩截面尺寸为 $b \times h = 1 \text{ m} \times 1.5 \text{ m}$,桥桩的容重为 25 kN/m^3,求桥桩的最大应力和最小应力。

解:纵向压力包括桥梁传来的竖向荷载和桥桩自重,则轴向力自上而下逐渐增大,最大的轴向压力发生在桩底:

$$F_N = (-1000 - 25 \times 1 \times 1.5 \times 5) \text{ kN} = -1187.5 \text{ kN}$$

水平荷载 F_2 产生的弯矩也自上而下逐渐增大,最大值也发生在柱底:

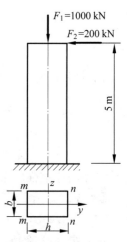

图 5-75 例 5-28 图

$$M_{\max} = 200 \times 5 = 1000 \text{ kN} \cdot \text{m}$$

桥桩是等截面构件,最大和最小应力应发生在桥桩底面:

$$A = 1 \times 1.5 \text{ m}^3 = 1.5 \text{ m}^3$$

$$W_z = \frac{1}{6} bh^2 \text{ m}^3 = 0.375 \text{ m}^3$$

最大应力为

$$\sigma_{\max} = \frac{F_N}{A} + \frac{M_{z\max}}{W_z} = \left(\frac{-1187.5 \times 10^3}{1.5} + \frac{1000 \times 10^3}{0.375} \right) \text{ Pa}$$

$$= 1.875 \times 10^6 \text{ Pa} = 1.875 \text{ MPa}(拉应力)$$

最小应力为

$$\sigma_{\min} = \frac{F_N}{A} - \frac{M_{z\max}}{W_z} = \left(\frac{-1187.5 \times 10^3}{1.5} - \frac{1000 \times 10^3}{0.375} \right) \text{ Pa}$$

$$= -3.458 \times 10^6 \text{ Pa} = -3.458 \text{ MPa}(压应力)$$

拓展阅读

承载力问题

一、地基承载力在工程中的应用

地基承载力是指地基在单位面积上所能承受荷载的能力,以 kPa 计。一般用地基承载力特征值来表述,是建筑地基基础设计中的一个关键指标。各类地基承受基础传来的荷载的能力都有一定的限度。当超过这个限度,首先发生的是建筑物具有较大的不均匀沉降,引起房屋开裂;如果超越这一限度过多,则可能因地基土发生剪切破坏而整体滑动或急剧下沉,造成房屋的倾倒或严重受损。在水利工程设计中为了保证地基土不发生剪切破坏而失去稳定,同时也为使建筑物不致因基础产生过大的沉降和差异沉降,而影响其正常使用,必须限制建筑物基础底面的压力,使其不得超过地基的承载力设计值。

因地基承载力不足,造成结构物下沉产生裂缝,最后只有返工,重新对基础进行加固处理,不但影响工期,而且对施工单位的声誉造成不良影响,在设计过程中对地基承载能力的确定与分析,对保证水利工程结构物工程质量有着深远的意义。

广州白云区在建楼房倒塌案例及原因分析。2014 年 11 月 15 日,广州市白云区一栋 6 层在建楼房整体倒塌。楼内 9 人有 2 人死亡,7 人受伤。根据调查,出事楼房每层建筑物面积 100 m²,原有 2 层半,加建后共 6 层,主体已建好,出事前在装修。事故中整栋建筑物已全部倒塌,其后侧是一口池塘,倒塌后房屋废料占地约 200 m²,没有压到旁边的其他房屋。事故原因是原本地基是按照两层楼打的,但是最后却加建了四层,导致地基承载力超过原有的数值,最终酿成了楼房倒塌以及人员伤亡的惨剧,如图 5-76 所示。

二、动力荷载作用下的承载能力问题

动力荷载,亦称为干扰力,是指大小、方向以及作用位置等随时间变化,并且使结构产生不容忽视的惯性力的荷载。

在实际工程中,大多数荷载都是随着时间变化的。比如当人群跑动通过桥梁时,桥梁将

图 5-76 地基承载力造成工程事故

产生明显的振动,其上各质量将产生不容忽视的惯性力,因此人群的自重必须作为动力荷载来考虑,如果是人群缓慢行走在桥梁上时,桥梁不会产生明显的振动,此时人群的自重可以作为静力荷载考虑。由此我们可以看出,区分动力荷载和静力荷载主要看其对结构产生的影响。

粤赣高速塌桥事故及原因分析。2015 年 6 月 19 日,位于粤赣高速广东河源城南出口匝道桥突然垮塌,行驶在匝道引桥上的 4 辆大货车瞬间栽落十几米高桥底,事故造成 1 人死亡,4 人受伤。事故中 75 m 桥段垮塌,4 辆重型货车倾覆坠落,其中 3 辆侧翻在桥左侧,1 辆右侧翻在垮塌的桥面上。经过对载货物品质量以及车辆自重的确定,因车辆荷载严重超过桥梁设计荷载,桥梁在事故超载车辆偏载作用下,主梁发生横向倾斜,导致桥梁垮塌。

桥梁在投入使用前,都会通过多方专家的严格验收,同时还会让多辆满载大车在桥梁进行动、静荷载试验,符合要求方可投入使用。在使用过程中,需要对桥梁进行定期的"体检",尽量避免因车辆超重超载而造成惨剧。

小结

1. 平面图形的几何性质

(1) 形心是平面图形的几何中心,形心的确定方法有对称法、实验法和公式法。组合图形计算公式为

$$y_C = \frac{\sum A_i y_i}{A}$$

$$z_C = \frac{\sum A_i z_i}{A}$$

(2) 利用平行移轴公式计算常见组合图形的截面二次矩。平行移轴公式为

$$I_z = I_{z_C} + a^2 A$$

(3) 圆形、圆环形的截面二次极矩

圆形:

$$I_\rho = \frac{\pi D^4}{32}$$

圆环形：
$$I_\rho = \frac{\pi D^4}{32} - \frac{\pi d^4}{32} = \frac{\pi D^4}{32}(1-\alpha^4)$$

(4) 惯性半径的计算公式为
$$i_y = \sqrt{I_y/A}, \quad i_z = \sqrt{I_z/A}$$

2. 应力与应变

应力是单位面积上的内力，有两种基本形态：正应力和切应力。正应力 σ 垂直于截面，切应力 τ 相切于截面。

应变反映材料在应力状态下的相对变形，它亦有两种基本形态：线应变 ε 和切应变 γ。线应变反映单位长度变形量，切应变反映角度的改变量。

3. 四种基本变形杆件横截面上的应力分布

四种基本变形杆件横截面上的应力分布见表 5-7。

表 5-7 四种基本变形杆件横截面上的应力

基本变形	横截面上应力分布图	横截面上任一点应力计算公式	应力的方向	最大应力的大小	最大应力位置
轴向拉（压）	在横截面内均匀分布	$\sigma = \dfrac{F_N}{A}$	与轴力 F_N 指向相同，拉应力为正，压应力为负	$\sigma_{max} = \dfrac{F_N}{A}$	各点正应力相等
扭转	沿半径线性分布	$\tau = \dfrac{T\rho}{I_\rho}$	垂直于半径，指向与扭转 T 转向一致	$\tau_{max} = \dfrac{T}{W_P}$	圆周外边缘处
弯曲	沿截面高度线性分布	$\sigma = \dfrac{My}{I_z}$	由梁的变形直接判定是拉应力还是压应力	$\sigma_{max} = \dfrac{M}{W_z}$	截面上、下边缘处
剪切	仅存在切应力而且切应力分布比较复杂（实用计算）	$\tau = \dfrac{F_Q}{A}$	切应力 F_Q 指向与剪力一致	$\tau = \dfrac{F_Q}{A}$	取平均应力值

4. 材料力学性能及强度指标

(1) 低碳钢的 σ-ε 曲线：①4 个阶段；②4 个极限。
(2) 铸铁与低碳钢的力学性能比较：①无屈服阶段；②突然断裂；③抗压不抗拉。
(3) 强度指标：屈服极限 σ_s、强度极限 σ_b。

5. 杆件在发生基本变形和组合变形时的强度条件

杆件在发生基本变形和组合变形时的强度条件见表 5-8。

6. 强度条件的应用

（1）利用强度条件可以解决以下三类问题：①强度校核；②设计截面尺寸；③确定许可荷载。

表 5-8　杆件在发生基本变形和组合变形时的强度条件

变形形式		强度条件
基本变形	轴向拉伸和压缩的强度条件	$\sigma_{max} = \dfrac{F_N}{A} \leqslant [\sigma]$
	扭转的强度条件	$\tau_{max} = \dfrac{T_{max}}{W_P} \leqslant [\tau]$
	弯曲的强度条件	$\sigma_{max} = \dfrac{M_{max}}{W_z} \leqslant [\sigma]$
		$\tau_{max} \leqslant [\tau]$
	连接件的强度条件	$\tau = \dfrac{F_Q}{A} \leqslant [\tau]$
		$\sigma_{bs} = \dfrac{F_{bs}}{A} \leqslant [\sigma]$
组合变形	偏心压缩的强度条件	$\sigma_{max}^+ = -\dfrac{F_N}{A} + \dfrac{M}{W_z} \leqslant [\sigma]^+$
		$\sigma_{max}^- = \left\| -\dfrac{F_N}{A} - \dfrac{M}{W_z} \right\| \leqslant [\sigma]^-$

（2）应用强度条件时，只需计算危险点的强度，只要危险点的应力满足了强度要求，其他点也就满足了。

（3）强度计算的解题步骤。

① 外力分析：发生何种基本变形，选择相应的强度条件。

② 内力分析：作出杆件内力图，确定危险截面和危险点的位置。

③ 确定危险截面几何性质。

④ 利用强度条件公式进行强度计算。

（4）对组合变形杆件进行强度计算时，可先分解成基本变形，计算基本变形时的内力，然后按强度条件进行强度计算。

7. 胡克定律

胡克定律是力学中最基本的定律，它揭示了材料内应力与应变之间的关系。用公式表达为

$$\sigma = E\varepsilon$$

胡克定律的适用条件是：杆内的应力不超过材料的比例极限。

8. 变形计算

（1）轴向拉伸和压缩时杆件的纵向变形为

$$\Delta l = \dfrac{F_N l}{EA}$$

式中，EA——杆件的抗拉（压）刚度。

（2）梁弯曲时的变形。

梁弯曲时的变形用挠度和转角两个位移量来描述。对挠度和转角的计算工程上常采用

叠加法。用叠加法计算时应注意：①将梁上复杂荷载分成几种简单荷载时，要能直接利用现成的变形计算图表；②应画出每一简单荷载单独作用下的挠曲线大致形状，而直接判断挠度和转角的正负号，然后叠加。

课后练习

思考题

思 5-1　材料的强度是什么？

思 5-2　低碳钢与铸铁材料的力学性能有什么区别？

思 5-3　什么叫应力？应力的基本形态有哪些？

思 5-4　构件的失效形式有哪些？

思 5-5　物体的重心是否一定在物体上？

思 5-6　在平面图形上，过形心作一直线将该图形分割成两部分，问这两部分面积是否一定相等？

思 5-7　一等截面直杆，如果将它弯成 L 形，其重心位置是否改变？

思 5-8　图示直径为 D 的半圆截面，已知它对 z 轴的截面二次矩 $I_z = \dfrac{\pi D^4}{128}$，则对 Z_1 轴的截面二次矩如下计算是否正确？为什么？

$$I_{z1} = I_z + a^2 \cdot A = \frac{\pi D^4}{128} + \left(\frac{D}{2}\right)^2 \cdot \frac{\pi D^2}{8} = \frac{5\pi D^4}{128}$$

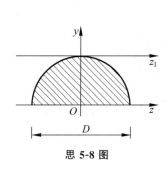

思 5-8 图

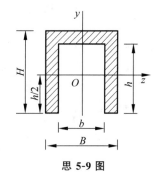

思 5-9 图

思 5-9　如图所示截面二次矩 I_z 可否按下式计算，为什么？

$$I_z = \frac{BH^3}{12} - \frac{bh^3}{12}$$

思 5-10　圆形截面的惯性半径为圆的半径，则 $i_y = i_z = \dfrac{D}{2}$，对否？

思 5-11　材料不同而面积相同的两根杆件受相同的拉力作用，则两杆应力相同，强度也相同，对否？

思 5-12　拉(压)杆件横截面上的应力如何分布？怎样计算拉(压)正应力？

思 5-13　什么是强度？杆件的强度与哪些因素有关？利用强度条件能解决哪几类问题？

思 5-14　怎样校核拉压杆的强度？若强度不够时，可以采取哪些措施？

思 5-15　胡克定律有哪两种形式？它们分别表明了什么样的关系？

思 5-16　两根材料不同、截面面积不同的杆件，受同样的轴向拉力作用，它们的内力是否相同？

思 5-17　两根轴力相同、截面面积相同而材料不同的拉杆，它们的正应力是否相同？

思 5-18　什么是许用应力？安全系数为什么不能小于或等于 1？

思 5-19　现有低碳钢和铸铁两种材料。在图中所示结构中，若用低碳钢制造杆①，用铸铁制造杆②，是否合理？

思 5-20　什么是压杆失稳？什么是临界力和临界应力？

思 5-21　怎样提高细长压杆的稳定性？

思 5-22　图示空心轴的外径为 D，内径为 d，则它的截面二次极矩和抗扭截面系数按下式计算对否？

$$I_\rho = \frac{\pi D^4}{32} - \frac{\pi d^4}{32}, \quad W_P = \frac{\pi D^3}{16} - \frac{\pi d^3}{16}$$

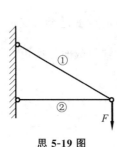

思 5-19 图

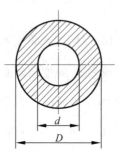

思 5-22 图

思 5-23　图中所画切应力分布图是否正确？有错请改正。

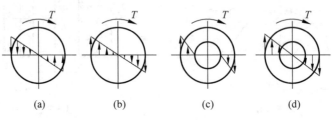

思 5-23 图

思 5-24　若实心轴的直径减小一半，其他条件不变，那么此受扭轴的最大切应力将如何变化？

思 5-25　内外径和长度都相同、材料不同的两根空心轴，在相同的扭矩作用下，它们的最大切应力是否相同？

思 5-26　纯弯曲时，梁内横截面上将产生什么应力？按什么规律分布？在横截面上什么位置应力最大？什么位置应力为零？

思 5-27　设某梁的横截面如图所示，问此截面的抗弯截面系数 W_z 能否按下式计算？

$$W_z = \frac{1}{6}BH^2 - \frac{1}{6}bh^2$$

思 5-28 试分别指出图中(a)、(b)两梁的外力作用面、中性轴位置及梁的受拉一侧。

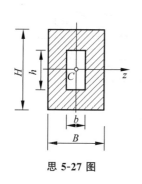

思 5-27 图

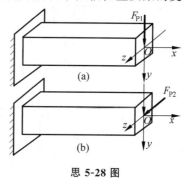

思 5-28 图

思 5-29 丁字尺的截面为矩形,由经验可知,当垂直于长边 h 加力时(图(a)所示),丁字尺很容易折断;若沿长边 h 加力时(图(b)所示),则不然,为什么?

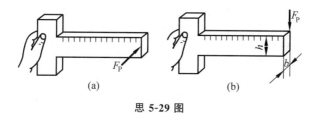

思 5-29 图

思 5-30 两根受力情况、跨度、横截面尺寸和形状完全相同的木梁和钢梁,对应截面弯矩是否相同?对应点应力是否相同?强度是否相同?

思 5-31 如图所示,将同样数量的砖堆放在脚手板上,试问哪种堆放方式合理?为什么?

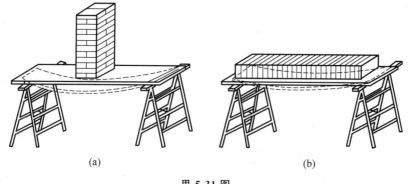

思 5-31 图

思 5-32 两根跨度、荷载、支承情况都相同的梁,它们的材料不同,截面形状不同。试问这两根梁在相应截面的弯矩、剪力、正应力、挠度是否相等?

思 5-33 为了提高梁的弯曲强度,常采取哪些措施?

思 5-34 指出图示连接件的剪切面和挤压面,并计算其面积。

思 5-35 铆钉连接件如图(a)、(b)所示,若铆钉的材料和直径均相同,问哪个铆钉容易被剪断?

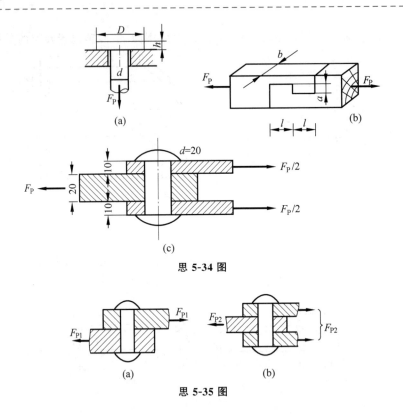

思 5-34 图

思 5-35 图

思 5-36 图中三根短柱受压力 F 作用，试确定它们的最大压应力值和位置。

思 5-37 如图(a)所示的柱子，为减小底面的压应力，将等截面柱子的下段截面加大，如图(b)所示，这样合适吗？为什么？

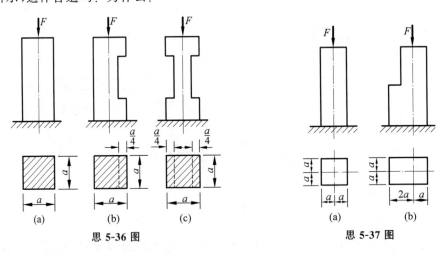

思 5-36 图   思 5-37 图

习题

习 5-1 求图示各阴影面积的形心位置。

习 5-2 挡土墙截面如图所示，求截面的形心位置。

习 5-3 倒 T 形截面如图所示，求截面形心位置。

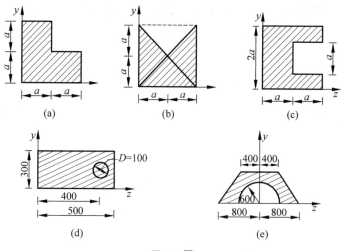

习 5-1 图

习 5-4 计算矩形截面对其形心轴 z 的截面二次矩，已知 $b=150$ mm，$h=300$ mm。按图中所示，将矩形截面的中间部分移至两边缘处变成工字形，计算此工字形截面对 z 轴的截面二次矩。求工字形截面的截面二次矩较矩形截面的截面二次矩增大的百分比。

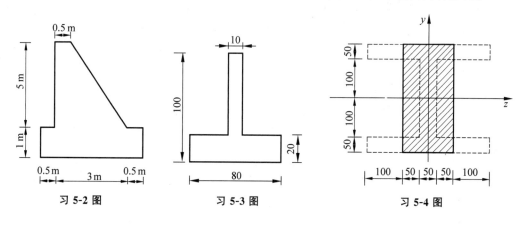

习 5-2 图　　习 5-3 图　　习 5-4 图

习 5-5 计算各图形对形心轴 z 的截面二次矩。

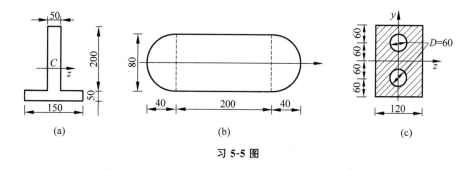

习 5-5 图

习 5-6 由两个 [25b 的槽钢组成图示截面，当组合截面对于两个对称轴的截面二次矩 $I_z = I_y$ 时，b 的尺寸应是多少？

习 5-7　圆杆上有槽如图所示。已知 $F_P=15$ kN,圆杆直径 $d=20$ mm。求横截面 1—1、2—2 上的应力(横截面上的槽面面积近似地按矩形计算)。

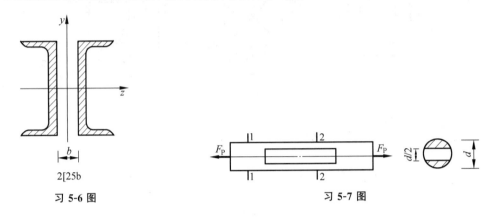

习 5-6 图　　　　习 5-7 图

习 5-8　设备支脚受压力 $F_P=40$ kN,支脚为 14 号槽钢,其横截面面积 $A=18.5$ cm^2。若许用应力$[\sigma]=100$ MPa,校核支脚强度是否足够。

习 5-9　某车间立柱受力如图,自重 $G=30$ kN,立柱下端横截面为正方形,$a=370$ mm。如果地面基础的许用压应力$[\sigma]=10$ MPa,试校核地面基础的强度。

习 5-10　某斜拉桥拉索用优质碳素钢制成。已知材料的许用应力$[\sigma]=160$ MPa,承受的轴向拉力为 $F_P=160$ kN,试求该拉索直径最小为多少。

习 5-11　空心混凝土柱如图所示。已知 $a=120$ mm,$d=70$ mm,材料的许用压应力$[\sigma]=40$ MPa。试求该柱所能承受的最大轴向荷载 F_P。

习 5-12　用绳索起吊管子如图所示。若管子重量 $G=10$ kN,绳索的直径 $d=40$ mm,绳索许用应力$[\sigma]=10$ MPa,试校核绳索的强度。并根据强度条件重新选择绳子直径。

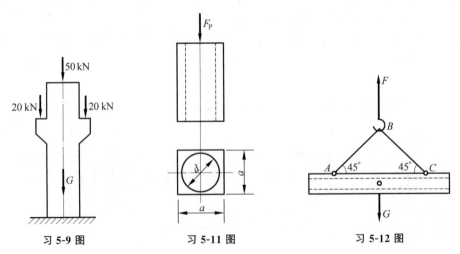

习 5-9 图　　　　习 5-11 图　　　　习 5-12 图

习 5-13　10 t 起重机吊钩如图所示,螺纹部分的外径 $d=56$ mm,内径 $d_1\approx50$ mm,材料的许用应力$[\sigma]=80$ MPa,吊钩自重不计。试核算满载时螺纹部分的强度,并计算其能承受的最大许可荷载 F_P。

习 5-14　如图所示结构中,AB 杆可视为是刚性杆,CD 杆的横截面面积 $A=500$ mm^2,

材料的许用应力$[\sigma]=160$ MPa。试求 B 点能承受的最大荷载 F。

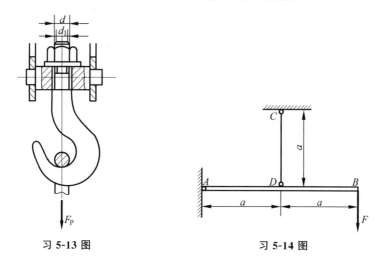

习 5-13 图   习 5-14 图

习 5-15 构架简图如图所示。CB 为一束直径 $d=1$ mm 的钢丝拧成的绳子,已知 $q=4$ kN/m,钢丝的许用应力 $[\sigma]=160$ MPa。问 CB 绳至少需用多少根钢丝?

习 5-16 如图所示为一等直杆,材料弹性模量 $E=210$ GPa,横截面面积为 $A=250$ mm^2。试求:(1)每段的伸长;(2)每段的线应变;(3)全杆的总伸长。

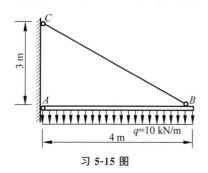 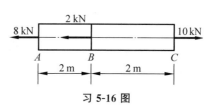

习 5-15 图   习 5-16 图

习 5-17 截面为正方形的阶梯砖柱如图所示。上柱高 $H_1=3$ m,截面面积 $A_1=240$ mm$\times$240 mm;下柱高 $H_2=4$ m,截面面积 $A_2=370$ mm$\times$370 mm。荷载 $F_P=40$ kN,砖砌体的弹性模量 $E=3$ GPa,砖自重不计,试求:

(1) 柱子上、下段的应力;
(2) 柱子上、下段的应变;
(3) 柱子的总缩短。

习 5-18 钢杆长度 $l=2$ m,截面面积 $A=200$ mm^2,受到拉力 $F_P=32$ kN 的作用,钢杆弹性模量 $E=2.0\times10^5$ MPa,试计算此钢杆在 F_P 力作用下的伸长量 Δl。

习 5-19 拉伸试验时,钢筋的直径 $d=10$ mm,在标距为 $L=120$ mm 内伸长了 0.06 mm。问此时试件内的应力是多少?试验机

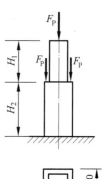

习 5-17 图

的拉力又是多少？（$E=2.0\times10^5$ MPa）

习5-20 利用仪器测得某大桥拉杆的标准长度 $l=1000$ mm，在外荷载作用下变为 $l_1=1000.6$ mm。已知拉杆材料 $E=200$ GPa，横截面面积 $A=120$ mm^2，试求外荷载。

习5-21 一端固定、另一端铰支的木柱，承受轴向压力 $F_P=90$ kN。其长度 $l=3.2$ m，木柱的直径 $d=16$ cm，许用压应力 $[\sigma]=10$ MPa。试校核其稳定性。

习5-22 图示千斤顶的最大起重量 $F=120$ kN。已知丝杆的长度 $l=600$ mm，衬套高度 $h=100$ mm，丝杆内径 $d=52$ mm，材料为 Q235 钢，$[\sigma]=160$ MPa，试校核该柱的稳定性。

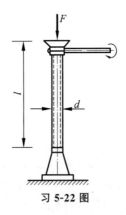

习 5-22 图

习5-23 直径 $d=50$ mm 的钢圆轴如图所示，两端受到大小相等、转向相反的外力偶矩 $m=1.5$ kN·m 的作用，试求横截面上的最大切应力及该截面上 A、B 两点的切应力。

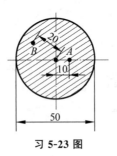

习 5-23 图

习5-24 传动轴如图所示，已知轴的直径 $d=40$ mm。(1)计算截面Ⅰ—Ⅰ的最大切应力及半径为 15 mm 圆周处的切应力；(2)画出Ⅰ—Ⅰ截面半径线 OA 的应力分布图。

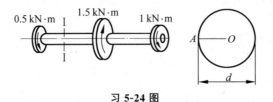

习 5-24 图

习5-25 图示为某一机器上的输入轴，由电动机带动带轮，其输入功率 $P=4$ kW，该轴转速 $n=900$ r/min。已知材料的许用切应力 $[\tau]=30$ MPa，轴的直径 $d=30$ mm，试校核轴的强度。

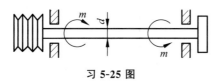

习 5-25 图

习 5-26　截面面积相等、材料相同的两轴，用牙嵌式离合器连接如图所示。左端为空心轴，外径 $d_1=50$ mm，内径 $d_2=30$ mm，轴材料的许用切应力 $[\tau]=65$ MPa，工作时所受力矩 $m=1000$ N·m。试校核左、右两端轴的强度。

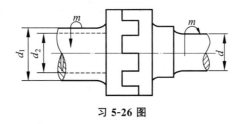

习 5-26 图

习 5-27　如图所示零件，传动轴转速 $n=500$ r/min，主动轮 I 输入功率 $P_1=300$ kW，从动轴 II、III 的输出功率分别为 $P_2=200$ kW，$P_3=100$ kW。已知材料的许用切应力 $[\tau]=70$ MPa，若设计成等截面轴，这时轴的直径 d 应为多大？

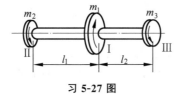

习 5-27 图

习 5-28　如图所示，某矩形截面梁在纵向对称平面内受弯矩 $m=10$ kN·m 作用，在将矩形截面立放和将矩形截面平放时，试计算截面上 A、B 两点的正应力（图中单位是 cm）。

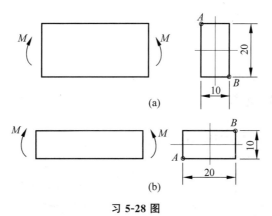

习 5-28 图

习 5-29　如图所示，简支梁由 22b 工字钢制成，在距离左端支座 $a=0.5$ m 处作用一集中力 $F_P=120$ kN，若梁的全长 $l=1.5$ m，许用弯曲应力 $[\sigma]=170$ MPa，试校核其强度。

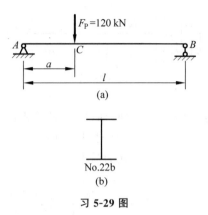

习 5-29 图

习 5-30 圆形截面木梁受荷情况如图所示。已知 $l=3$ m,$q=3$ kN/m,$F_P=3$ kN,木材的许用弯曲正应力 $[\sigma]=10$ MPa,试按正应力强度条件选择此梁的直径 d。

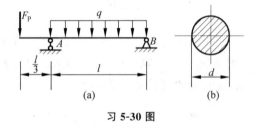

习 5-30 图

习 5-31 某矩形截面梁,其跨中作用有集中力 F_P。已知 $l=4$ m,截面宽 $b=120$ mm,截面高 $h=180$ mm,材料的许用应力 $[\sigma]=10$ MPa,试求该梁的许用荷载 F_P。

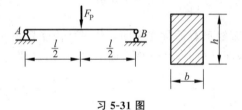

习 5-31 图

习 5-32 简支梁受均布荷载作用,已知 $l=4$ m,截面为矩形,宽 $b=140$ mm,高 $h=210$ mm,如图所示。材料的许用应力 $[\sigma]=10$ MPa。试求梁的许用荷载 $[q]$。

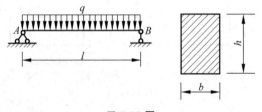

习 5-32 图

习 5-33 矩形截面木梁两端搁在墙上,承受由楼板传来的荷载,如图所示。已知木梁

的间距 $a=1.2$ m,跨度 $l=5$ m,楼板的均布荷载为 $q'=3$ kN/m²,材料的许用应力 $[\sigma]=10$ MPa。

(1) 木梁采用 $b=120$ mm,$h=240$ mm 的矩形截面,试校核该木梁的强度;

(2) 若木梁改用 $b=140$ mm,$h=210$ mm 的矩形截面,计算楼板的允许面荷载 $[q']$。

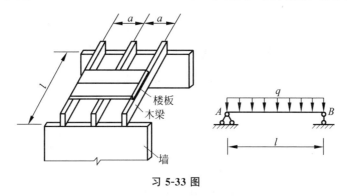

习 5-33 图

习 5-34 如图所示外伸梁由两根 16a 号槽钢组成。已知 $l=6$ m,$[\sigma]=170$ MPa,求此梁能承受的最大集中荷载 F_P。

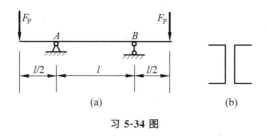

习 5-34 图

习 5-35 悬臂梁受荷情况如图所示。已知 $F_P=5$ kN,$q=4$ kN/m,$l=2$ m,梁的弯曲刚度为 EI,试用叠加法计算梁自由端的挠度 f。

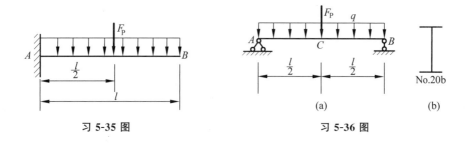

习 5-35 图   习 5-36 图

习 5-36 如图所示,一简支梁用 20b 工字钢制成,已知 $F_P=10$ kN,$q=4$ kN/m,$l=6$ m,材料的弹性模量 $E=200$ GPa,$[f/l]=1/400$。试校核梁的刚度。

习 5-37 已知图示铆接头的铆钉直径 $d=16$ mm,钢板宽 $b=60$ mm,厚 $\delta=20$ mm;抗剪许用应力 $[\tau]=140$ MPa,钢板挤压许用应力 $[\sigma_{bs}]=280$ MPa,抗拉许用应力 $[\sigma]=160$ MPa。试校核铆接头强度。

习 5-38 两块厚度为 10 mm 的钢板,用两个直径为 17 mm 的铆钉搭接在一起,如图所

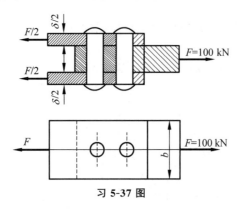

习 5-37 图

示。钢板受压力 $F_P=60$ kN，材料的 $[\tau]=140$ MPa，$[\sigma_{bs}]=280$ MPa，$[\sigma]=160$ MPa，试校核铆接件的强度。

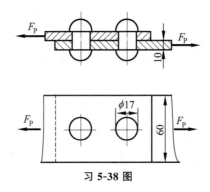

习 5-38 图

习 5-39　图示铆钉连接，承受轴向拉力 $F_P=280$ kN，铆钉直径 $d=20$ mm，许用切应力 $[\tau]=140$ MPa，则按切应力强度条件确定所需铆钉个数。

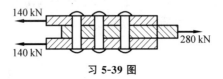

习 5-39 图

习 5-40　砖墙和基础如图所示。设在 1 m 长的墙上有偏心力 $F_P=40$ kN 作用，偏心距 $e=0.05$ m，试画出 1—1、2—2、3—3 截面的正应力分布图。

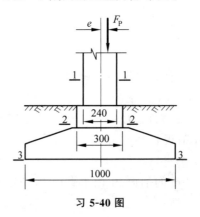

习 5-40 图

习 5-41　如图所示厂房边柱,在柱的上端受梁传来的荷载 $F_1=200$ kN,牛腿传来的吊车梁荷载 $F_2=100$ kN。F_1 和 F_2 对柱下段轴线的偏心距分别为 $e_1=2.5$ cm,$e_2=4$ cm,试计算截面 2—2 上的应力,并画出应力分布图。

习 5-42　图示水塔盛满水时连同地基基础总重 $G=2000$ kN,水平力的合力 $F_P=60$ kN,作用在离地面 $H=15$ m 处,圆形基础直径 $d=6$ m,埋置深度 $h=3$ m,若地基土壤的许用承载力 $[\sigma]=0.2$ MPa,试校核地基强度。

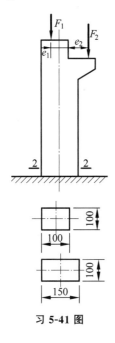

习 5-41 图

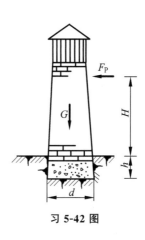

习 5-42 图

客观题

第 5 章

第3篇

结构的受力分析

第 6 章

结构的几何组成分析

6.1 几何不变体系和几何可变体系

建筑结构是由若干杆件按照一定规律用铰结点和刚结点连接而成的杆件体系,在建筑物中起骨架作用,它必须在受力的情况下保持自己的形状和位置。如图 6-1 所示两根杆件相互铰接,并铰接于基础,在荷载作用下不会发生形状改变,可以承担荷载。因此,在结构中构件不发生失效的情况下,能承担一定范围的任意荷载的作用。

但并不是所有的杆件体系都是结构。如图 6-2 所示,三根杆件相互铰接,并铰接于基础,很显然杆件体系会在荷载作用下发生几何形状的改变而不能承受此荷载,这类体系失效时非常突然,不能作为结构使用。在工程中必须避免这类体系出现。

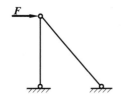 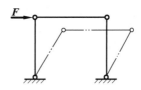

图 6-1 几何不变体系　　　　　图 6-2 几何可变体系

由此可见,杆件组成的体系可分为两种。

(1) 几何不变体系:是指在荷载作用下,不考虑材料的变形时,体系的形状和位置都保持不变的体系。

(2) 几何可变体系:是指在荷载作用下,不考虑材料的变形时,体系的形状或位置发生改变的体系。

很显然,几何可变体系是不能作为工程结构使用的,工程结构中只能使用几何不变体系。这就需要对杆件体系的几何组成进行分析,以保证杆件体系有足够、合理的约束,从而确定杆件体系能否作为结构来使用,避免在工程中出现几何可变体系不能承受荷载而突然失效。此外,也可以判别几何不变体系有无多余约束,有多余约束的几何不变体系称为超静定结构,没有多余约束的几何不变体系称为静定结构。区分超静定结构与静定结构以便选择合理的计算方法和计算顺序。

当然，我们可以通过改善约束的数量和约束的位置、方向，来使不能承载的几何可变体系变成几何不变体系作为结构来使用。比如：如果在图 6-2 的杆件体系上增加一根斜的杆件得到如图 6-3 所示的杆件体系，在荷载作用下不改变几何形状成为几何不变体系，就可以承受荷载。另外，如图 6-4(a) 所示，杆件由三个可动铰支座与基础连接，由于三个支座的约束方向均为竖向约束而缺少水平约束，那么在水平荷载作用下会产生水平移动，是几何可变体系；如果将其中的一个可动铰支座更改为水平约束则成为几何不变体系（图 6-4(b)），就可以承受荷载了。通过以上分析可知，组成几何不变体系应考虑以下两个方面的条件：①具备必要的约束数量；②约束布置要合理。

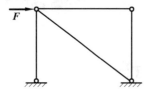

图 6-3　几何可变体系转变为几何不变体系

图 6-4　合理布置约束

6.2　几何不变体系的组成规则

为了方便起见，在对杆件体系进行组成分析时不考虑各个杆件的变形，因此每个杆件或每个几何不变体系均可认为是刚片。显然，一根直杆或一根折杆是刚片，一根梁是刚片，一片桁架是刚片，地基以及整个大地都是几何不变的，也可以称为一个刚片。另外，刚片的形状对几何组成分析无关紧要，因此形状复杂的刚片均可以用形状简单的刚片或杆件来代替。

刚片之间或刚片与基础之间通过约束来连接，约束是限制刚片间的相对运动或体系的整体运动的装置。在约束一节内容学习中，我们知道：一个链杆或一个可动铰支座限制物体一个方向的运动，称一个链杆或一个可动铰支座相当于一个约束，如图 6-5(a) 所示；一个单铰或一个固定铰支座限制物体两个方向的运动，称一个单铰或一个固定铰支座相当于两个约束，如图 6-5(b)、(c) 所示；一个刚结点或一个固定端支座限制物体三个方向的运动，称一个刚结点或一个固定端相当于三个约束，如图 6-5(d)、(e) 所示。

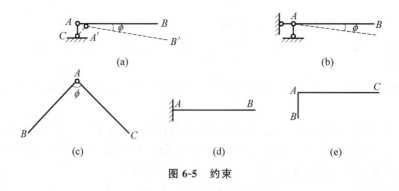

图 6-5　约束

实践证明，铰接三角形是结构中最简单的几何不变体系，这是因为组成三角形的三条边一旦确定，那么这三条边组成的三角形是唯一确定的，因此铰接三角形是几何不变体系。如将图 6-6(a)所示铰接三角形 ABC 中的铰 A 拆开,则 AB 杆可以绕 B 点转动,BC 杆可以绕 C 点转动,体系就成了几何可变体系。因此这个几何不变体系的规则称为铰接三角形规则,是对结构进行组成分析最基本的规则。

如果在铰接三角形上再增加一根链杆 AD,如图 6-6(b)所示,体系 ABCD 仍然是几何不变体系,从维持几何不变的角度来看,AD 杆是多余的,因而把它叫作多余约束。所以 ABCD 体系是有多余约束的几何不变体系,而铰接三角形 ABC 是没有多余约束的几何不变体系。因此在几何不变体系中又分无多余约束几何不变体系和有多余约束几何不变体系。

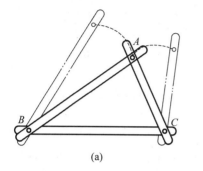
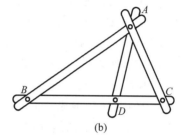

图 6-6 铰接三角形规则

综合上述,我们可以得出对结构进行几何组成分析的基本规则。

6.2.1 二元体规则

在铰接三角形中,将一根杆视为刚片,则铰接三角形就变成一个刚片上用两根不共线的链杆在一端铰接成一个新结点,这种结构叫作二元体结构,如图 6-7 所示。于是铰接三角形规则可表达为二元体规则:一个点与一个刚片用两根不共线的链杆相连,组成几何不变体系且无多余约束。

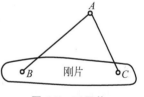

图 6-7 二元体

二元体规则说明,在一个几何不变体系中加上或减去一个二元体所组成的新体系仍然是几何不变体系。如图 6-8(a)所示,任一铰接三角形是一个几何不变体系,在该铰接三角形上逐个增加二元体所组成的桁架仍然是一个几何不变体系,如图 6-8(b)所示;同样,在一个几何可变体系中加上或减去二元体仍然是几何可变的,如图 6-9 所示。

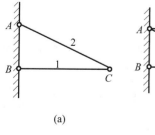
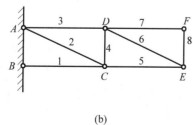
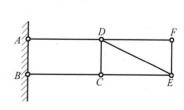

图 6-8 二元体规则应用(一)　　　　　图 6-9 二元体规则应用(二)

注:图中数字为链杆。

6.2.2 两刚片规则

若将铰接三角形中的杆 AB 和杆 BC 均视为刚片,杆 AC 视为两刚片间的约束,如图 6-10 所示,于是铰接三角形规则可表达为两刚片规则:两刚片之间用一个铰和一根不通过此铰的链杆相连,组成几何不变体系,且无多余约束。

图 6-11(a)表示两刚片用两根不平行的链杆相连,相交于一实际交点 A 点,我们把两链杆的实际交点称为实铰。图 6-11(b)表示两刚片用两根不平行的链杆相连,两链杆的延长线相交于 A 点,两刚片可绕 A 点作微小的相对转动。这种连接方式相当于在 A 点有一个铰把两刚片相连。当然,实际上在 A 点没有铰,所以把 A 点叫作"虚铰"。在几何组成分析中,认为实铰和虚铰的作用是相同的,没有本质的区别。

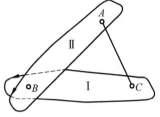

图 6-10 两刚片规则(一)

若将图 6-10 中的实铰 B 换成两根链杆组成的虚铰,则两刚片规则就可以用另外一种形式来表达,如图 6-11(c)所示:两刚片用三根既不完全平行又不汇交于一点的链杆相连,组成几何不变体系,且无多余约束。

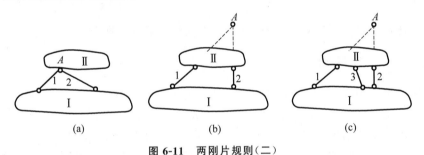

图 6-11 两刚片规则(二)

两刚片规则说明:两个刚片间必要约束的数目需要三个,约束的布置要求三个约束的方向既不完全平行又不汇交于一点。如图 6-12(a)所示的体系利用两刚片规则就会推断出,梁 AB 看作一个刚片Ⅰ,大地基础看作刚片Ⅱ,两刚片通过三根既不完全平行又没有汇交于一点的三根链杆相连,符合两刚片规则,组成几何不变体系且无多余约束。图 6-12(b)的约束数量不够,只有两个约束,是几何可变体系。图 6-12(c)约束数量足够,有三个,但约束方式布置不合理,三个约束汇交于一点 A,因此是几何可变体系。

6.2.3 三刚片规则

若将铰接三角形中的三根杆均视为刚片,如图 6-13(a)所示,则得到三刚片规则:三刚片间用不在同一直线上的三个单铰两两相连,组成几何不变体系,且无多余约束。

三刚片规则说明:三个刚片间必要的约束数目需要六个,约束的布置要求是每两个刚片间必须有两个约束组成一个铰(虚铰或实铰),三个铰不共线。如图 6-13(b)所示,两个曲杆分别看作刚片Ⅰ和刚片Ⅱ,大地基础看作刚片Ⅲ,三个刚片通过三个不共线的铰 A、B、C 相连,满足三刚片规则,组成几何不变体系且没有多余约束。

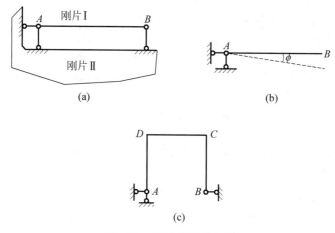

图 6-12 两刚片规则应用

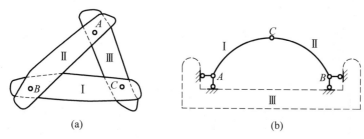

图 6-13 三刚片规则及应用

直接利用以上三个几何组成规则进行结构的几何组成分析时,先观察是否有二元体,如果有则按照二元体规则首先拆除二元体简化体系的组成。然后务必要先找出刚片和刚片间相应的约束,看分析适用于两刚片规则还是三刚片规则,判断几何不变性质和有无多余约束。

6.2.4 瞬变体系

根据上述规则来判别给定体系的几何不变性。在上述组成规则中,都提出了一些限制条件。如果不能满足这些条件,将会出现下面所述的情况。

首先,在二元体规则中强调用不共线的两根链杆相连方可组成几何不变体系,否则如图 6-14(a),两链杆在一条直线上。从约束的布置上就可以看出这是不合理的,因为两链杆都在同一水平线上,对限制 A 点的水平位移来说具有多余约束,而在竖向却没有约束,A 点可沿竖向移动,体系是可变的。不过当铰 A 发生微小移动至 A′时,两根链杆将不再共线,运动将不继续发生。这种在某一瞬间可以发生微小位移的体系称为瞬变体系,瞬变体系在受力时会对杆件 AB 和杆件 AC 产生巨大的内力,使杆件发生破坏,因此瞬变体系不能作为结构使用。

其次,三刚片规则的限制条件为要求三个铰(实铰或虚铰)不在同一直线上,否则若像如图 6-14(b)所示的连接三个刚片的三个铰共线,其受力情况与图 6-14(a)类似,也将形成瞬变体系,产生很大的内力,很容易导致杆件的破坏。

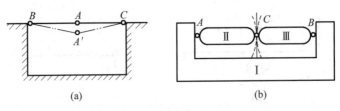

图 6-14 瞬变体系(一)

最后,在两刚片规则中的限制条件为要求三个链杆既不完全平行又不汇交于一点。否则如图 6-15(a)所示的两个刚片用三根链杆相连,链杆的延长线全交于 O 点,此时,两个刚片可以绕 O 点作相对转动,但在发生一微小转动后,三根链杆就不再全交于一点,从而将不再继续作相对转动,故是瞬变体系。又如图 6-15(b)所示的两个刚片用三根相互平行但不等长的链杆相连,此时,两个刚片可以沿着与链杆垂直的方向发生相对移动,但在发生一微小移动后,此三根链杆就不再互相平行,故这种体系也是瞬变体系。应该注意到,若这三根链杆等长并且相互平行时如图 6-15(c)所示,则在两个刚片发生相对移动后,这三根链杆仍保持相互平行,刚片可以继续发生相对移动。这样的体系就是几何常变体系。

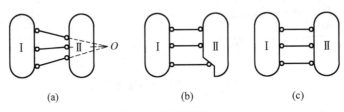

图 6-15 瞬变体系(二)

无论是几何常变体系或瞬变体系在工程结构中务必避免出现,否则会造成结构突然失效,酿成重大事故。

6.3 结构组成分析方法

几何不变体系的组成规则,是进行结构组成分析的依据。对体系重复使用这些规则,就可判定体系是否几何不变体系及有无多余约束等问题。其方法如下:

(1) 分析时,一般先从能直接观察出的几何不变部分开始,应用组成规则,逐步扩大不变部分直至整体。

我们在前面学习中遇到的常见结构大部分是无多余约束的几何不变体系,如简支结构、悬臂结构和三铰结构等。很多结构体系中有一部分结构和基础组成上述结构,这部分结构通常称为结构体系的基本部分,这是应该首先观察出来的。其他部分称为附属部分,可以通过应用组成规则对其进行判断。

① 与基础相连的一刚片——如图 6-16 所示的悬臂结构(a)和简支结构(b)。

比如:对图 6-17 所示的多跨静定梁进行几何组成分析时,AB 部分是悬臂梁为梁 AB 与基础相连构成一个扩大的基本部分,在此基础上依次用铰 B 和链杆 C 固定 BCD 梁段。

它符合两刚片规则,组成几何不变体系且没有多余约束。

图 6-16 与基础相连的一刚片

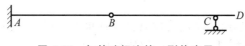

图 6-17 与基础相连的一刚片应用

② 与基础相连的两刚片——如图 6-18 所示的三铰拱(a)和三铰刚架(b)。

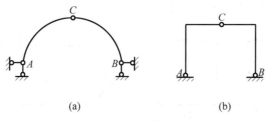

图 6-18 与基础相连的两刚片

比如:对图 6-19 所示的体系进行几何组成分析时,观察其中的 ABC 部分为三铰刚架,可以将三铰刚架 ABC 和基础一起看成是扩大的基本部分。在此基础上,增加二元体 DEF,符合二元体规则,构成几何不变体系且无多余约束。

③ 与基础相连的二元体,如图 6-20(a)所示。

比如:对图 6-20(b)所示的桁架进行几何组成分析时,观察其中 ABC 部分由链杆 1、2 固定结点 C 而形成几何不变部分(基本部分),如图 6-20(a)所示,然后在此基础上,利用二元体规则依次增加附属部分,即分别用链杆(3,4)、(5,6)、(7,8)固定 D、E、F 各点。

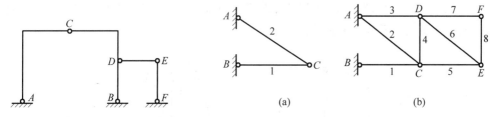

图 6-19 与基础相连的两刚片应用 　　图 6-20 与基础相连的二元体及应用

(2) 对于较复杂的结构体系,为了便于分析,可先拆除不影响几何不变性的部分(如二元体、简支结构的支座链杆等)。

比如对图 6-21(a)所示杆件体系,当体系用三根链杆按两刚片规则与基础相连时,可以去掉这些支链杆,只对体系本身进行分析,如图 6-21(b)所示。如果体系本身是几何不变且无多余约束,则体系与基础通过两刚片规则的连结也是几何不变且无多余约束。

对图 6-21(b)所示结构进行分析,由于该体系上具有二元体,可以利用依次去掉二元体

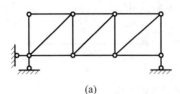 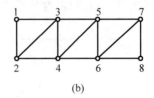

图 6-21 拆除几何不变部分

的方式对其进行几何组成分析,结论为没有多余约束的几何不变体系。

(3) 对于形状复杂的构件,可用直杆等效替代,使问题简化。

比如:对图 6-22(a)所示的体系进行几何组成分析时,可以将四根折杆 AE、CE、BF、DF 等效替代成链杆,于是图 6-22(a)等效替代成图 6-22(b)。由图 6-22(b)可见,工字形杆件 ABCD 上增加二元体 AEC 和二元体 BFD,组成没有多余约束的几何不变体系。

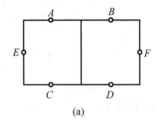 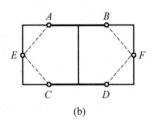

图 6-22 直杆等效替代(一)

比如对图 6-23(a)所示杆件体系作几何组成分析时,可以观察到如果将刚片 AD、刚片 EC、刚片 DEB、大地基础四个刚片一起进行分析时,无法应用三刚片规则或两刚片规则。但是折杆 AD 虽然也是一个刚片,但由于它只用两个铰 A、D 分别与基础和 T 形刚片相连,其约束作用与通过 A、D 两铰的一根链杆完全等效,如图 6-23(a)中虚线所示。因此折杆 AD 等效替代成链杆 AD,同理折杆 EC 等效替代成链杆 EC。于是图 6-23(a)可由图 6-23(b)所示体系等效替代。

由图 6-23(b)可见,T 形刚片与地基用不交于同一点的三根链杆相连,符合两刚片规则,组成几何不变体系且无多余约束。

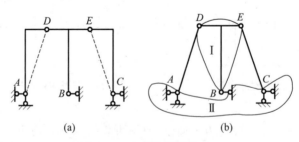

图 6-23 直杆等效替代(二)

【例 6-1】 试对图 6-24 所示结构进行组成分析。

解:通过观察可以看出,杆 ABC 和基础组成无多余约束的几何不变体系,符合两刚片规则,从而形成扩大基础 I。杆 CDE 由铰 C、链杆 D 和扩大基础相连,符合两刚片规则,杆

CDE 和扩大基础组成无多余约束的几何不变体系,使基础进一步扩大为 Ⅱ,最后杆 EF 和链杆 F 作为二元体,因此整个结构是几何不变体系且无多余约束。此例中杆 ABC 是结构的基本部分,其他是结构的附属部分。

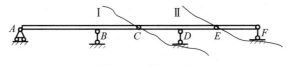

图 6-24 例 6-1 图

以上分析过程和结果可以简洁地表达为下式:

$$[刚片 ABC] + [基础] \frac{铰 A + 链杆 B}{两刚片规则} = [刚片 \ Ⅰ]$$

$$[刚片 CDE] + [刚片 \ Ⅰ] \frac{铰 C + 链杆 D}{两刚片规则} = [刚片 \ Ⅱ]$$

$$[刚片 \ Ⅱ] + 铰结点 F \frac{链杆 EF \ 和链杆 F}{二元体规则} = 几何不变且无多余约束$$

【例 6-2】 试对图 6-25 所示结构进行组成分析。

解:通过直接观察可以看到 AC 刚片 Ⅰ、BC 刚片 Ⅱ 和基础由不共线的三个铰两两相连,组成三铰结构,形成扩大基础,成为结构的基本部分 Ⅳ;FG 杆和 FD 杆在基本部分上组成二元体,形成扩大的基础 Ⅴ;HE 看作刚片 Ⅲ 由铰 H 和不通过铰 H 的链杆 E 和扩大基础相连,符合两刚片规则,因此整个结构是几何不变体系且无多余约束。

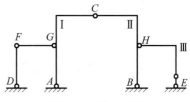

图 6-25 例 6-2 图

以上分析过程和结果可以简洁地表达为下式:

$$[刚片 \ Ⅰ] + [刚片 \ Ⅱ] + [基础] \frac{铰 A + 铰 B + 铰 C}{三刚片规则} = [刚片 \ Ⅳ]$$

$$[刚片 \ Ⅳ] + 铰结点 F \frac{链杆 FG \ 和链杆 FD}{二元体规则} = [刚片 \ Ⅴ]$$

$$[刚片 \ Ⅴ] + [刚片 \ Ⅲ] \frac{铰 H + 链杆 E}{两刚片规则} = 几何不变且无多余约束$$

【例 6-3】 试对图 6-26(a)所示结构进行组成分析。

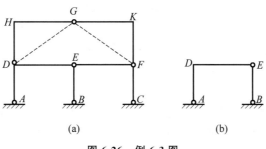

图 6-26 例 6-3 图

解：用链杆 DG、FG 分别替代曲折杆 DHG 和 FKG，组成二元体，不影响对结构几何组成的判断，将其拆除；这时链杆 EF、CF 也组成二元体，也将其拆除，得到简化后的体系如图 6-26(b)所示。结构的 $ADEB$ 部分是与基础用三个不共线的铰 A、E、B 相连的三铰刚架，符合三刚片规则，因此整个结构是几何不变体系且无多余约束。

以上分析过程和结果可以简洁地表达为下式：

$$[刚片\ ADE] + [刚片\ EB] + [基础] \xrightarrow{铰\ A + 铰\ B + 铰\ E}{三刚片规则} = [刚片\ \text{II}]$$

$$[刚片\ \text{II}] + 铰结点\ F \xrightarrow{链杆\ EF\ 和链杆\ CF}{二元体规则} = [刚片\ \text{III}]$$

$$[刚片\ \text{III}] + 铰结点\ G \xrightarrow{链杆\ DG\ 和链杆\ FG}{二元体规则} = 几何不变且无多余约束$$

前面提到工程结构必须是几何不变体系，虽然在有些结构中某些构件并不受力，例如桁架中的零杆，但并不是这些构件均不需要，如果缺少了这些构件，工程结构有可能成为几何可变体系，在预想不到的荷载作用下发生工程结构整体失效，造成严重的后果。例如近年来高层建筑越来越多，脚手架也越来越高，脚手架坍塌的事故时有发生，给人民生命财产造成非常严重的损失。究其原因，都和几何组成有一定的关系，如结构中缺少斜撑，或某些压杆过于细长，造成杆件失稳、退出工作状态而使结构成为几何可变体系，从而发生整体失效。

6.4 静定结构与超静定结构

几何组成分析还可以判断结构是静定的，还是超静定的，从而确定结构相应的计算方法。

1. 静定结构

无多余约束的几何不变体系称为静定结构。如图 6-27(a)所示简支梁，从几何组成分析的观点看，利用两刚片规则可以分析得到这是一个无多余约束的几何不变体系。从其受力分析的观点看，静定结构在外荷载作用下的支座反力和内力都可以利用平衡条件完全求出。因为该结构只有三个未知的约束反力，利用平面一般力系的三个平衡方程即可求得，如图 6-27(b)所示。当然其内力也可以由截面法计算得到。

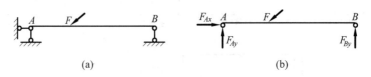

图 6-27 静定结构

2. 超静定结构

有多余约束的几何不变体系称为超静定结构。如图 6-28(a)所示的结构，从几何组成分析的观点看是具有一个多余约束的几何不变体系，将其约束者去掉，用相应约束反力来代替得到如图 6-28(b)所示的结构。其受力图上有四个未知力，而静力平衡方程只有三个，不能完全求解出四个未知力。需要附加一个多余约束处的变形协调条件，才能求出全部约束反力,所以把这种具有多余约束的几何不变体系称为超静定结构。

在后续课程学习中主要是学习静定结构内力和位移的计算方法与超静定结构内力和位移的计算方法,并对这些结构进行强度、刚度、稳定性的计算。

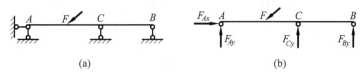

图 6-28 超静定结构

拓展阅读

几何可变体系与工程事故

一、脚手架中的工程事故

近年来,新闻公开报道了多起脚手架垮塌的重大事故,必须深层次分析力学原因,以人为本,科学构建和使用脚手架,保证建筑施工人员的生命安全,杜绝脚手架垮塌事故的发生。

建筑工程中的脚手架在力学中可以看作杆件结构。杆件结构必须保持自己原有的几何形状和位置,才能确保承受荷载和体系稳定,也就是保证脚手架为几何不变体系。在多次发生的脚手架垮塌事故中,有的是因为工人在搭建脚手架时,没有按照几何不变体系的组织规则来搭建,从而导致脚手架垮塌。当然,脚手架也可能按照几何不变体系的规则搭建,但是,在脚手架承受荷载时,有一个或者几个连接件损坏,也有可能脚手架的某个杆件强度不足或者失去稳定性致使该杆件丧失承载能力,使得脚手架由原来的几何不变体系改变为几何可变体系,进而导致脚手架倒塌。

二、钢棚雪荷载倒塌事故

某厂钢棚倒塌前未出现任何异常情况,在冬季出现降雪,钢棚西南角部分先发生倒塌,约 10 min 内钢棚全部倒塌,分析事故原因,该钢棚为典型的桁架结构,由于设计缺陷,结构杆件截面偏小,安全储备严重不足,无论是桁架的弦杆还是腹杆均不满足规范要求。在雪荷载的作用下,弦杆是安全的,但支座处的腹杆接近失稳,主拱架的节点焊接未完全焊透,焊缝起不到传递力的作用,使得柱脚为铰接,柱顶与屋架也为铰接连接,屋盖结构无横向支撑,体系为一个几何可变体系。最终导致在降雪不大的荷载作用下发生了倒塌。该事故虽然未造成人身伤亡事故,但给该厂造成了巨大的经济损失。

三、高大模板支撑系统坍塌事故

高大模板体系是近年来发展较快的一种施工工艺,具有诸多优点,目前在城市大跨度、重负荷构件的建筑工程中得到广泛应用。但是高大模板支撑体系施工危险性大,受操作不当、设计不合理等因素影响,施工过程中常会发生模板支撑系统倒塌事故。某生产大楼在进行 4 楼夹层楼面混凝土浇筑时,Ⅱ区混凝土楼面支模架突然倒塌,部分支模架压靠在Ⅰ区支模架上,引起Ⅰ区支模架整体失稳倒塌,连锁反应,失稳的Ⅰ区支模架靠压Ⅶ区外架上,导致Ⅶ区外支架严重外凸变形。高支模倒塌事故造成 4 人轻伤、1 人重伤。事故分析原因是支模架的纵向剪刀撑没有布设,引起支模脚手架整体倒塌。从几何组成分析的角度可以看出,在没有剪刀撑时,支模架的基本单元是一个可变体系,在荷载作用下,会发生刚性位移;如果加上剪刀撑,基本单元就会变成几何不变体系,能够稳定地承受荷载。

静定结构与超静定结构工程应用实例

一、静定结构和超静定结构特点

静定结构是无多余约束的几何不变体系,在工程中被广泛应用,同时是超静定结构分析的基础。静定结构应对突然破坏的防护能力较弱,但其受力特点不受材料影响,其受力状态不易被外界干扰。在对温度变化、制造误差以及支座沉降敏感的结构中,采用静定结构比超静定结构更为合适。

超静定结构是有多余约束的几何不变体系,内力和变形分布比较均匀,且结构自身有较强的防护能力,在某些多余约束被破坏后,该类结构仍可以承担外荷载。但需要注意的是,此时的超静定结构的受力状态与以前是不一样的,需要重新核算。但超静定结构在存在温度改变、支座移动、材料伸缩和制造误差等因素时,结构内部会产生自内力。在某些情况下,这种自内力的存在对结构影响是非常大的。

静定结构与超静定结构在工程中有很多应用实例,那么哪一种结构更经济,用途更多,更加安全呢?对于这个问题,确实很难回答,两种结构方式在现实中都有着广泛的应用,有些地方甚至有着对方不可替代的作用。

二、静定结构工程应用实例

实际工程中常见的典型的静定结构有静定梁、静定刚架、静定三铰拱、静定桁架和静定组合结构等。静定结构大多出现在大型的场馆或者大型的公共建筑中,更多地使用钢结构或者木结构。公交站台的雨篷是用刚性结点连接的三根直杆所组成的 T 字形结构,柱子固定于基础中,属于典型的静定刚架结构。如图 6-29 所示,北京颐和园昆明湖上的十七孔桥是由 17 个静定三铰拱构成,单个桥跨的破坏不会引起整个桥体的连续倒塌。静定三铰拱和静定桁架结构在制造误差和温度改变作用下均不会产生内力,常用作对温度敏感的大跨度房屋屋盖结构,如大型商场、礼堂和展览馆等。如图 6-30 所示,秦始皇兵马俑展览馆三铰钢拱架屋盖体系很好地利用了三铰钢拱架的静定特性,既实用又美观。

图 6-29 北京颐和园昆明湖上的十七孔桥

在一般建筑中,剪力与弯矩是建筑破坏的关键因素,如果缺少约束,结构在单侧受力条件下,静定结构将处于非常不利的状态,导致在结构设计时不得不向柱、梁、板、墙中投入更多的工程材料,使得地基承载力加大,建筑成本大大提高,同时更容易引发如超筋破坏等工

图 6-30　秦始皇兵马俑展览馆三铰钢拱架屋盖体系

程应用事故。因此,静定结构在一般的钢筋混凝土构件中是不太适合应用的。

三、超静定结构工程应用实例

实际工程中常见的超静定结构类型有超静定梁、超静定刚架、超静定桁架以及超静定组合结构等。超静定连续梁以其整体性好、结构刚度大、变形小、抗震性能好以及主梁变形挠曲线平缓等优点,在高等级公路中应用广泛。房屋建筑结构中,常用的住宅和写字楼为典型的超静定刚架,也称为钢筋混凝土框架结构,如图 6-31 所示。在框架结构中布置一定数量剪力墙的框剪结构是实际工程中不可或缺的一种结构形式,它具有框架结构平面布置灵活、空间较大的优点,又具有剪力墙结构侧向刚度较大的优点,在建筑工程中得以广泛应用。

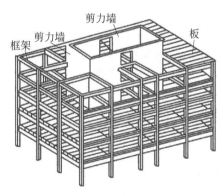

图 6-31　超静定刚架

超静定刚架也常应用于看台等构件,如图 6-32 所示的意大利弗拉米尼欧体育场看台和雨篷,其看台由钢筋混凝土刚架支撑,雨篷由带悬臂的刚架和倾斜钢管支柱做支撑,保证结构的承载能力。

四、静定结构与超静定结构选型实例

静定结构和超静定结构不仅应用在房屋建筑、桥梁等方面,在航空方面也需要分析这两种类型结构的力学影响,为方案设计的选择提供依据。翼吊飞机的吊挂是位于发动机与机翼之间,用于悬挂发动机,将发动机推力传递至飞机,同时为飞机以及发动机系统管路提供通路的一种结构。力学工作者通过研究大型民用翼吊飞机的静定吊挂和超静定吊挂特点,发现静定吊挂传力路径明确,且不会因为关键连接处出现破损而发生传力路径改变,整体荷载相对较小,对机翼相关设计影响较小。超静定吊挂传力为多路传力模式,在发生一处破损后,传力路径会发生变化,荷载重新分配,界面内力增大 20% 以上,对机翼局部设计影响较大。因此从界面荷载角度分析,静定吊挂相比超静定吊挂对机翼影响更小,对飞机设计整体来说是一种更优的方案选择。

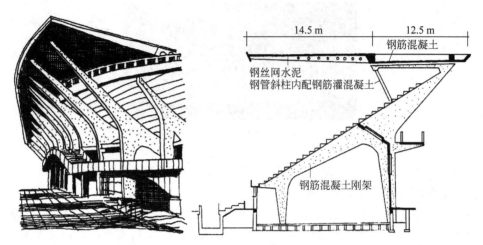

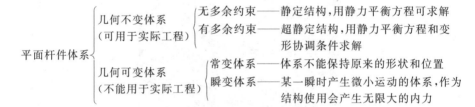

图 6-32 意大利弗拉米尼欧体育场看台和雨篷

小结

1. 平面杆件体系的分类及其力学特征

平面杆件体系 { 几何不变体系（可用于实际工程） { 无多余约束——静定结构,用静力平衡方程可求解；有多余约束——超静定结构,用静力平衡方程和变形协调条件求解；几何可变体系（不能用于实际工程） { 常变体系——体系不能保持原来的形状和位置；瞬变体系——某一瞬时产生微小运动的体系,作为结构使用会产生无限大的内力

2. 几何不变体系组成规则

（1）基本原理。

平面体系中的铰接三角形为几何不变体系。

（2）组成规则。

二元体规则：一个点与一个刚片用两根不共线的链杆相连,组成几何不变体系,且无多余约束。

两刚片规则：两刚片之间用一个铰和一根不通过此铰的链杆相连,组成几何不变体系,且无多余约束。或者两刚片用三根既不完全平行又不汇交于一点的链杆相连,组成几何不变体系,且无多余约束。

三刚片规则：三刚片间用不在同一直线上的三个单铰两两相连,组成几何不变体系,且无多余约束。

3. 结构几何组成分析的方法

（1）分析时,一般先从能直接观察出的几何不变部分开始,应用几何组成规则,逐步扩大几何不变部分直至整体。

（2）对于较复杂的结构体系,为了便于分析,可先拆除不影响几何不变性的部分。

（3）对于形状复杂的构件,可用直杆等效替代,使问题简化。

4. 分析平面体系几何组成的目的

（1）确定体系是静定结构还是超静定结构，从而选择相应的计算方法。

（2）由其组成规则可以确定相应内力分析途径。

（3）探讨合理的结构形式，保证结构的几何不变性能。

课后练习

思考题

思 6-1　为什么要对体系进行几何组成分析？

思 6-2　什么是多余约束？

思 6-3　什么是实铰？什么是虚铰？

思 6-4　几何不变体系的组成规则是什么？

思 6-5　什么是二元体？在一个已知的几何不变体系上依次去掉或增加二元体，能否改变体系的几何不变性？

思 6-6　什么是几何常变体系和几何瞬变体系？这两种体系为何不能应用于工程结构？

思 6-7　从几何组成分析的角度来看，静定结构和超静定结构有何区别？

习题

习 6-1　试对图示平面体系进行几何组成分析。

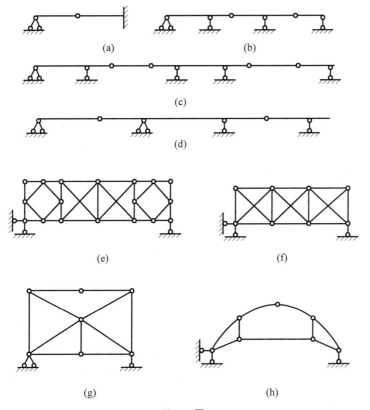

习 6-1 图

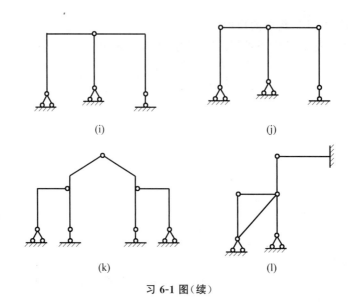

习 6-1 图(续)

习 6-2　在图示体系中,增减约束,使其成为没有多余约束的几何不变体系。

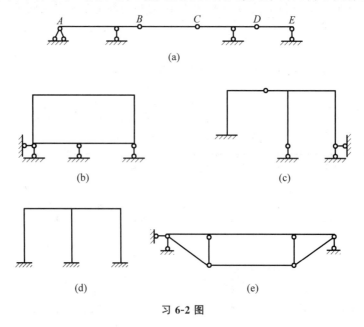

习 6-2 图

客观题

第 6 章

第 7 章

静定结构的受力分析与位移计算

7.1 工程中常见静定结构概述

从第 6 章的学习可以知道,通过几何组成分析可以判断结构是静定的,还是超静定的,从而确定结构相应的计算方法。

7.1.1 静定结构的概念

从几何组成分析的观点看,无多余约束的几何不变体系称为静定结构。从其受力分析的观点看,静定结构在外荷载作用下的支座反力和内力都可以利用平衡条件完全求出。因此静定结构与杆件的受力分析都是以隔离体为研究对象,利用平衡条件进行支座反力计算和内力分析的,如图 7-1(a)、(b)所示静定结构。因此,进行静定结构内力计算之前必须首先掌握杆件的内力计算方法和内力图绘制,而杆件的内力计算已经在第 4 章介绍过,本章重点学习静定结构的内力计算。

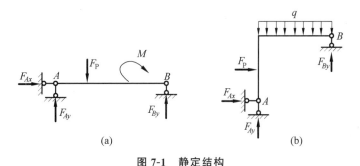

图 7-1 静定结构

7.1.2 静定结构的类型

在建筑结构中,有大量的静定杆件结构。根据其形式和受力的特点,工程上常将其分为如下几类。

1. 静定梁

梁的轴线通常为直线,水平梁在竖向荷载作用下无水平支座反力,内力有弯矩和剪力。

梁有单跨静定梁和多跨静定梁之分,如图7-2(a)、(b)所示。

图 7-2 静定梁

(a) 单跨静定梁；(b) 多跨静定梁

2. 静定拱

拱的轴线为曲线,在竖向荷载作用下有水平推力 F_x,如图7-3所示的三铰拱。水平推力大大改变了拱的受力特性。在跨度、荷载及支承情况相同时,拱的内弯矩远小于梁的内弯矩,主要承受的内力为轴向压力。

3. 静定刚架

刚架是由梁和立柱等直杆组成的结构,杆件间的结点多为刚结点,如图7-4所示。杆件内力一般有弯矩、剪力和轴力,其中弯矩为主要内力。同跨度的梁和刚架相比,刚架的弯矩更小一些,所受内力更为均匀合理一些。刚架通常也称为框架。

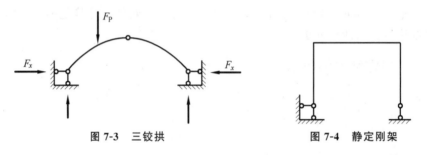

图 7-3 三铰拱　　　　图 7-4 静定刚架

4. 静定桁架

桁架由两端为铰的直杆(链杆)组成,如图7-5所示的静定桁架,当荷载作用于结点时,各杆只承受轴力作用。

5. 静定组合结构

组合结构是由梁式杆(以受弯为主的杆件)和链杆组成的结构,如图7-6所示的静定组合结构。梁式杆件主要承受剪力、弯矩和轴力,链杆只承受轴力作用。

图 7-5 静定桁架　　　　图 7-6 静定组合结构

本章将针对上述静定结构,讨论静定结构的受力分析问题和静定结构的位移问题。

7.2 静定结构的内力

7.2.1 静定结构的几何组成分类

静定结构还可以根据几何组成方式的不同分为以下几类,我们可以根据静定结构的几何组成方式,确定支座反力的性质及其相应的计算顺序。

1. 两刚片结构

简支式静定结构支座约束的布置有明显的特点,杆件部分与基础之间用一个单铰和不通过该铰的一根链杆,或者用不全平行也不全交于一点的3根链杆相连,组成简支式静定结构,如图7-7所示的结构。整个结构只有3个支座反力,直接利用三个静力平衡方程即可计算其支座反力。一般情况下,要计算简支式静定结构的内力,必须先求得结构的支座反力。

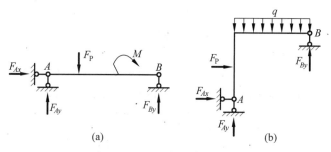

图 7-7　简支式结构

悬臂式静定结构的几何组成方式与简支式静定结构类似,如图7-8所示的结构。此类结构支座约束仍然只有3个,一般情况是固定支座,只有3个支座反力,直接利用3个静力平衡方程即可计算其支座反力。值得注意的是:计算悬臂式结构的内力时,只要选取不包含支座约束的部分作为隔离体,就不必先求得支座反力。

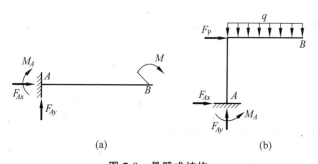

图 7-8　悬臂式结构

2. 三刚片结构

三刚片结构是指杆件部分与基础之间按照几何组成分析中的三刚片规则组成的静定结构,如图7-9所示的结构。具有代表性的三刚片结构有三铰刚架、三铰拱等。此类结构支座约束的布置有明显的特点,根据三刚片规则,杆件部分与基础之间的联系应为两个单铰,因而整个结构具有4个支座反力。利用先取整体平衡,再取局部平衡的方法计算其支座反力。一般计算此类结构内力时,必须先求出结构的支座反力。

3. 基本附属型结构

基本附属型结构是指由基本部分和附属部分共同组成的静定结构,如图7-10所示的结构。所谓基本部分是指结构中能够独立与基础组成几何不变体系,独立承受、传递荷载的部分,如图7-10(a)所示的ABC部分和如图7-10(b)所示的ABC部分。所谓附属部分是指必须依靠基本部分才能维持自身几何不变性、承受并传递荷载的部分,如图7-10(a)所示的

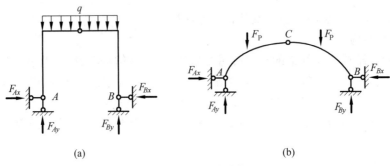

图 7-9 三刚片结构

CD 部分和如图 7-10(b)所示的 CD 部分。此类结构支座约束布置的特点是支座反力的个数大于或等于 4 个。计算支座反力时可以先取附属部分平衡,再取基本部分平衡的方法计算其支座反力。一般计算此类结构内力时,必须先求出结构的支座反力。

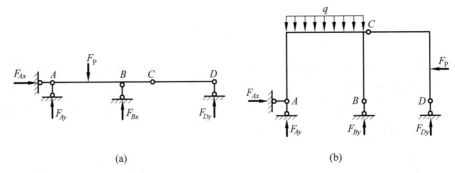

图 7-10 基本附属型结构

本章结构的内力计算要根据上述几何组成的分类,首先确定结构支座反力的计算方法,然后利用截面法分析杆件任意截面的内力。

7.2.2 截面法计算静定结构的内力

1. 静定结构的内力分量和内力图

在任意荷载作用下,平面杆件的任一截面上一般有三个内力分量:轴力 F_N、剪力 F_Q 和弯矩 M,如图 7-11 所示。轴力是截面上应力沿轴线方向的合力,以受拉为正,受压为负;剪力是截面上应力沿垂直杆件轴线方向的合力,以绕隔离体顺时针转者为正,反之为负;弯矩是截面上的应力对截面形心的力矩,在水平杆件中,弯矩使杆件下侧受拉时为正,反之为负。

计算指定截面内力的基本方法是截面法,即用一假想平面将杆件在指定截面截开,取截面任一侧的部分为隔离体,在该截面上标出相应的三个内力分量,利用隔离体的平衡条件计算出此截面的三个内力分量。

图 7-11 截面法计算内力

总结得到内力计算规律,如下所述。

轴力等于截面任一侧所有外力沿杆轴线切线方向投影的代数和。

剪力等于截面任一侧所有外力沿杆轴线法线方向投影的代数和。

弯矩等于截面任一侧所有外力对截面形心力矩的代数和。

作内力图时,规定轴力图和剪力图可以画在杆件的任意一侧,但要标明正负号,弯矩图画在杆件的受拉一侧,不注明正负号。

2. 荷载与内力的关系图表

在直杆中,荷载、剪力、弯矩三者之间存在一定的微分关系,表 4-2 总结出杆件内力图的一般特征。

7.2.3 单跨静定梁

单跨静定梁是组成各种结构的基本构件之一,所以对单跨静定梁的分析是各种结构受力分析的基础。常见的单跨静定梁有三种形式:简支梁、外伸梁和悬臂梁。常见荷载作用下的单跨梁的内力图的做法已经在 4.4 节中详细讲解,表 4-1 总结了简支梁、悬臂梁、外伸梁在常见单个荷载作用下的剪力图和弯矩图。只有熟练掌握了单跨静定梁内力计算和内力图的绘制方法,才能以单跨静定梁的内力计算和内力图绘制方法为基础,学习静定结构的内力分析方法,绘制静定结构的内力图。

单跨静定梁内力图绘制举例:

【例 7-1】 作图 7-12(a)所示单跨梁的内力图。

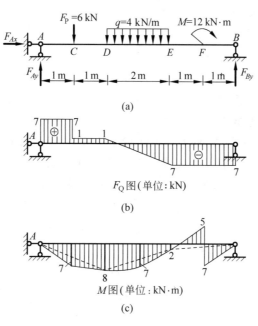

图 7-12 例 7-1 图

解:(1) 计算支座反力。按照简支式结构求解,直接取梁为研究对象,列平衡方程,可以求出三个未知反力。

$$\sum F_x = 0, F_{Ax} = 0$$
$$\sum M_B(F) = 0, 6 \times 5 + 4 \times 2 \times 3 - 12 - F_{Ay} \times 6 = 0$$

得

$$F_{Ay} = 7 \text{ kN}(\uparrow)$$
$$\sum M_A(F) = 0, \quad F_{By} \times 6 - 12 - 6 \times 1 - 4 \times 2 \times 3 = 0$$

得
$$F_{By} = 7 \text{ kN}(\uparrow)$$

(2) 计算控制截面剪力并作剪力图。

由剪力图特征知道,力偶 M 不影响剪力值的形状改变,F 可以不作为控制截面。因此选择 A、C、D、E、B 为控制截面。AC、CD、EB 段无分布荷载作用,因此三段的 F_Q 图为水平线。而 DE 段为均布荷载作用,F_Q 图为斜直线。并用截面法求得各控制截面的剪力值如下:

AC 段:水平线
$$F_{QAC} = F_{QCA} = 7 \text{ kN}$$

CD 段:水平线
$$F_{QCD} = F_{QDC} = 1 \text{ kN}$$

DE 段:斜直线　D 截面无集中力影响,D 点左右剪力值不变,因此
$$F_{QDE} = F_{QDC} = 1 \text{ kN}$$

E 截面无集中力影响,E 截面左右剪力值不变,因此
$$F_{QED} = F_{QEB} = -7 \text{ kN}$$

EB 段:水平线
$$F_{QEB} = F_{QBE} = -7 \text{ kN}$$

用直线连接各段杆件两端控制截面的剪力,绘制出剪力图,如图 7-12(b)所示。

(3) 计算控制截面弯矩并作弯矩图。

由弯矩图特征知道,力偶 M 的左右弯矩发生突变,需要分别计算,而集中力左右、均布荷载的起点和终点弯矩图不会发生突变。因此选择 A、C、D、E、F、B 为控制截面,只有 F 截面左右需要计算两个弯矩。利用截面法计算控制截面的弯矩值如下:

AC 段:斜直线
$$M_{AC} = 0, \quad M_{CA} = 7 \text{ kN} \cdot \text{m}$$

CD 段:斜直线　C 截面无集中力偶影响,C 截面左右弯矩值不变,因此
$$M_{CD} = M_{CA} = 7 \text{ kN} \cdot \text{m}, \quad M_{DC} = 8 \text{ kN} \cdot \text{m}$$

DE 段:二次抛物线　D 截面无集中力偶影响,D 截面左右弯矩值不变,因此
$$M_{DE} = M_{DC} = 8 \text{ kN} \cdot \text{m}, \quad M_{ED} = 2 \text{ kN} \cdot \text{m}$$

EF 段:斜直线　E 截面无集中力偶影响,E 截面左右弯矩值不变,因此
$$M_{EF} = M_{ED} = 2 \text{ kN} \cdot \text{m}, \quad M_{FE} = -5 \text{ kN} \cdot \text{m}$$

FB 段:斜直线　F 点有集中力偶影响,F 点左右弯矩值发生突变,因此需要分别计算 F 截面左右的弯矩值。有
$$M_{FB} = 7 \text{ kN} \cdot \text{m}, \quad M_{BF} = 0$$

从以上控制截面的弯矩值计算可以看出,利用弯矩图的特征,只需要计算 C、D、E、$F_左$、$F_右$ 五个截面的弯矩值,而 A、B 截面为铰结点,弯矩值为零。

最后,根据控制截面的弯矩值和各段弯矩图的形状绘制弯矩图,如图 7-12(c)所示。

其中,DE 段为二次抛物线,需要计算 DE 段的跨中弯矩:

$$M_{DE中} = \frac{M_{DE} + M_{ED}}{2} + \frac{1}{8}ql^2 = \left(\frac{8+2}{2} + \frac{1}{8} \times 4 \times 2^2\right) \text{ kN·m} = (5+2) \text{ kN·m} = 7 \text{ kN·m}$$

7.2.4 多跨静定梁

所谓多跨静定梁是指若干根短梁用铰连接在一起,并以若干支座与基础相连而组成的静定梁。多跨静定梁是使用短梁跨过大跨度的一种合理的结构形式,在桥梁和房屋建筑中常采用这种形式。例如:常见公路和城市桥梁如图 7-13 所示,房屋中的木檩条梁如图 7-14 所示。由于多跨静定梁全是由短梁和外伸梁组成的,因此,一般来说,多跨静定梁的弯矩比简支梁的弯矩要小,所用材料较为节省。

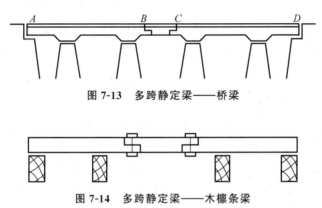

图 7-13 多跨静定梁——桥梁

图 7-14 多跨静定梁——木檩条梁

1. 多跨静定梁组成方式

从几何组成特点来看,多跨静定梁的基本形式有两种。图 7-15(a)所示,在外伸梁 AC 上依次加上 CE、EF 两根梁;图 7-15(b)所示,AC 和 DF 两根外伸梁上加上短梁 CD。

根据多跨静定梁的几何组成规则,可将它的各部分区分为基本部分和附属部分。例如,图 7-15(a)所示梁中,AC 是通过铰 A 和链杆 B 与基础直接固定相连的,是几何不变的,我们称之为基本部分。而 CE 梁通过和 AC 在 C 铰接并通过链杆 D 与基础相连才组成几何不变体系,因此称 CE 梁是 AC 梁的附属部分。同理,EF 梁相对 AC 和 CE 组成的部分来说,它是附属部分。因此,CE、EF 梁则必须依赖于基本部分方能保持其几何不变性,故称为附属部分。

如图 7-15(b)所示梁中,外伸梁 ABC 和外伸梁 DEF 为基本部分,能独立保持其几何不变性;小悬跨 CD 梁为附属部分,必须依赖于基本部分才能保持其几何不变性。

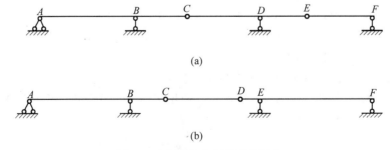

图 7-15 多跨静定梁的两种形式

2. 层次图

图 7-15(a)所示的多跨静定梁的组成顺序可用图 7-16(a)来表示。图 7-15(b)所示的多跨静定梁的组成顺序可用图 7-16(b)来表示。这种图叫层次图,它可以清楚地反映出梁各部分之间的依存关系和力的传递过程。

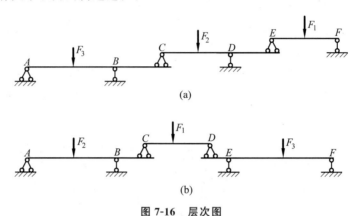

图 7-16　层次图

从其受力分析来看,基本部分能独立地承受荷载并能保持平衡,当荷载作用在基本部分上时,只有基本部分受力,而附属部分不受力;而当荷载作用在附属部分上时,不仅附属部分受力,而且也使基本部分受力。例如,如图 7-16(a)所示,作用在附属部分 EF 上的荷载 F_1 不但会使 EF 梁受力,而且通过 E 支座将力传给基本部分 CE 和 AC;同样,F_2 会使 CE 和 AC 受力,但决不会传给 EF 梁;F_3 只会使 AC 产生反力和内力,而对 CE 和 EF 都不产生影响。

3. 多跨静定梁的内力

根据多跨静定梁的层次图可知,它们的每一跨都是单跨梁,因此,可以将多跨静定梁的内力计算转化为单跨静定梁来进行。一般的求解办法是:当荷载作用于基本部分时,只有该基本部分受力,而与其相邻的附属部分不受力,故只要把基本部分内力算出即可;当荷载作用于附属部分时,则不仅该附属部分受力,且要通过铰接关系将力传递到与其相关的基本部分上去,故计算多跨静定梁的内力时,根据几何组成分析的顺序做出层次图,先取最后的附属部分为隔离体进行计算,求出其支座反力后,将附属部分的支座约束力按反方向加于基本部分上,再依次计算其基本部分。这样每一步都是单跨静定梁的计算问题,各单跨静定梁内力图画出以后,最后将它们的内力图拼合在一起,便得多跨静定梁的内力图。

图 7-15(a)所示多跨静定梁,先取 EF 梁计算,再依次取 CE 梁和 AC 梁。对于图 7-15(b)的形式,如果仅仅承受竖向荷载作用,则 AC 梁和 DF 梁都能独立,承受荷载而平衡,这时,AC 梁和 DF 梁都可视为基本部分,CD 是附属部分,其层次图如图 7-16(b)所示,对该梁的计算先从 CD 梁开始,然后计算 AC 梁和 DF 梁。

【**例 7-2**】作图 7-17(a)所示多跨静定梁的内力图。

解:(1)先作层次图,如图 7-17(b)所示。由层次图可知 AC 梁为基本部分,CD 梁为附属部分,因此应先计算 CD 梁,然后再计算 AC 梁。

(2)计算支座反力。

如图 7-17(c)所示,先取 CD 为隔离体,因集中荷载作用在 CD 的中点,故

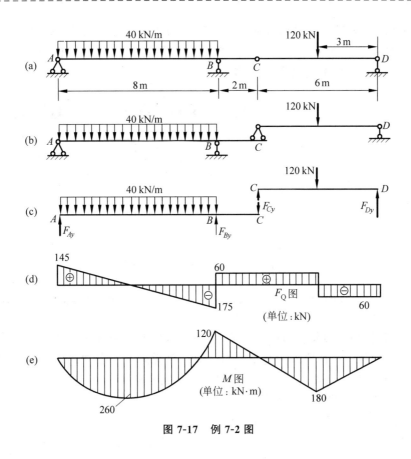

图 7-17 例 7-2 图

$$F_{Cy} = F_{Dy} = 60 \text{ kN}(\uparrow)$$

将 F_{Cy} 反向加在 AC 梁上,再取 AC 梁为隔离体,利用平衡条件可得

$$F_{Ay} = 145 \text{ kN}(\uparrow), \quad F_{By} = 235 \text{ kN}(\uparrow)$$

(3) 作剪力图和弯矩图。

支座反力及铰 C 的约束反力求出后,根据 4.4 节所学的知识,绘制各梁段的内力图——剪力图和弯矩图,然后把它们连接在一起,就得到多跨静定梁的内力图,如图 7-17(d)和(e)所示。

7.2.5 静定刚架

刚架是由梁、柱等直杆组成的,结点全部或部分为刚结点的结构。刚架主要承受的内力是弯矩。刚架具有杆数少、内部空间大、施工方便、便于利用的特点,因此在房屋建筑工程中得到广泛应用。在实际工程中的刚架往往是超静定结构,比如现浇混凝土框架结构等,分析静定刚架受力的另一个主要目的是为后续超静定刚架的计算做准备。

1. 刚架的特点和分类

图 7-18 所示为一门式刚架的计算简图,其中结点 B 和 C 是刚结点。在刚结点处各杆端不能发生相对移动和相对转动,即刚架受力变形时,杆端在刚结点 B 和 C 处保持与变形前相同的夹角,如图 7-18 中的虚线所示。由于刚结点具有约束杆端相对转动的作用,能承受和传递弯矩,可以削减结构中弯矩的峰值,使弯矩分布较均匀,故比较节省材料。例

如:我们可以将刚架和简支梁加以对比,图 7-19 给出两者在均布荷载作用下的弯矩图,在图 7-19(b)所示的刚架中由于刚结点处产生弯矩,所以图 7-19(b)结构中横梁中弯矩的峰值比图 7-19(a)所示的弯矩的峰值小得多。

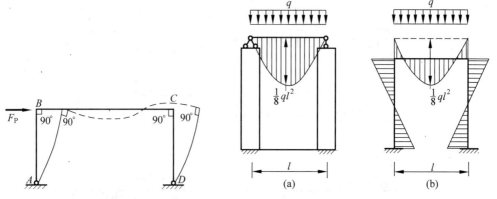

图 7-18 静定刚架　　　　图 7-19 简支梁与刚架的内力比较

当刚架的各杆轴线和荷载都在同一平面内时,这样的刚架称为平面刚架。从几何组成分析看,无多余约束的平面刚架为静定平面刚架。仅凭静力平衡方程就能完全确定静定平面刚架的全部支座反力和内力。工程中常见静定平面刚架有三种形式。

(1) 悬臂刚架。如图 7-20(a)所示,常用于火车站站台、雨篷等结构。

(2) 简支刚架。如图 7-20(b)所示,常用于起重机的钢支架等。

(3) 三铰刚架。如图 7-20(c)所示,常用于小型厂房、仓库、食堂等结构。

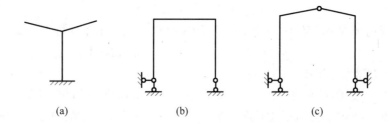

图 7-20 静定刚架的分类
(a) 悬臂刚架;(b) 简支刚架;(c) 三铰刚架

2. 静定平面刚架内力分析

刚架的内力有弯矩、剪力、轴力。在分析静定平面刚架内力时通常作如下规定。

1) 内力的表示方法

规定内力用内力符号加两个右下脚标来表示。如 M_{AB}、F_{QCD} 等。第一个脚标表示该内力所属的截面;第二个脚标表示杆件的另一端。M_{AB} 表示 AB 杆的 A 杆端截面弯矩,F_{QCD} 表示 CD 杆的 C 杆端截面剪力。

2) 内力的正负号

如图 7-21(a)所示刚架,对水平杆的弯矩、剪力采用与梁相同的规定,对于竖直杆可将杆按顺时针转动 90°后,再按水平杆处理。各杆的轴力规定以拉力为正、压力为负。刚架水平

杆件 C 截面内力和竖直杆件 D 截面内力假设方向均为正,如图 7-21(b)、(c)所示。

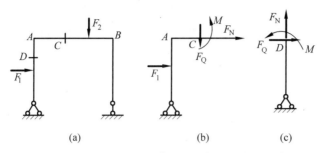

图 7-21 刚架的内力及正负号规定

3) 内力图的规定

弯矩图规定画在杆纤维受拉一侧,不标正负号;剪力图和轴力图可画在杆的任一侧,必须标明正负号。

4) 刚架内力的计算步骤

刚架的计算以单根杆件受力分析为基础,下面给出一般的分析过程。

(1) 根据几何组成特点,计算支座反力。

对于悬臂刚架,可以不用计算其支座反力,而直接根据荷载计算各截面的内力;对于简支刚架因支座反力只有三个,直接利用静力平衡方程求得;对于三铰刚架因支座反力有四个,采用"先整体后局部"平衡的方法求得。

(2) 画基线、分段。

刚架的内力图画在结构简图上,各杆的内力图以杆的轴线为基线。在外力突然变化的地方及刚结点为分段点,把刚架离散成若干根杆件,成为单跨梁,静定刚架的内力计算就转化为单个杆件内力计算。

(3) 逐段绘制内力图线。

刚架内力图的作图顺序为:先作弯矩图,再作剪力图,后作轴力图。每一段杆件作内力图的步骤为:

① 根据内力变化规律判断图线类型。比如剪力图线、弯矩图线的类型仍按梁段荷载判断。轴力图线的类型判断为:无轴向荷载的区段轴力图线为平行线,轴向均布荷载区段轴力图线为斜直线。

② 计算控制截面内力,确定图线的位置。用截面法的简化方法计算控制截面(每段杆件的两个端点为控制截面)的内力值。

③ 在杆件轴线上描控制点内力并绘制图线。根据控制点内力确定的图形位置和内力图线的类型,在杆件轴线上逐段绘制内力图。最后将各杆件内力图拼合在一起即得到整个刚架的内力图。

以下通过例题说明各种类型的刚架内力图的绘制。

【例 7-3】 作图 7-22(a)所示悬臂刚架的内力图。

解:悬臂刚架的内力计算和悬臂梁基本相同,一般选择包含自由端的一侧为隔离体计算内力,不必求出支座反力。

(1) 作弯矩图。

以支座 A、刚结点 B、端点 C 为分段点,将结构分成 AB 段和 BC 段。

用截面法可求得控制截面(各杆的杆端)弯矩值并判断杆件弯矩图的形状。

BC 杆:直线

$$M_{CB}=0, \quad M_{BC}=-F_P \cdot a(上侧受拉)$$

AB 杆:直线

$$M_{BA}=-F_P \cdot a(左侧受拉), \quad M_{AB}=-F_P \cdot a(左侧受拉)$$

然后分别作各杆的弯矩图。BC 杆和 AB 杆上均无荷载作用,弯矩图均为直线,故将各杆端弯矩分别连以直线即得该杆的弯矩图,如图 7-22(b)所示。按规定弯矩图应画在杆件受拉的一侧,可以不注明正负号。

(2) 作剪力图。

用截面法求各杆的杆端剪力并判断剪力图的形状。

BC 杆:平行线

$$F_{QBC}=F_{QCB}=F_P$$

AB 杆:平行线

$$F_{QBA}=F_{QAB}=0$$

然后分别作各杆的剪力图。BC 杆中间无荷载,故该杆剪力为常数,剪力图为平行线。而由于荷载 F_P 与 AB 杆轴平行,故 AB 杆剪力均为零,无须绘制。所以只需要将 BC 杆端剪力以直线连接即可作出剪力图,如图 7-22(c)所示。按规定剪力图可画在杆轴线任一侧,但必须注明正负号。

(3) 作轴力图。

用截面法求各杆的杆端轴力并判断轴力图的形状。

BC 杆:平行线

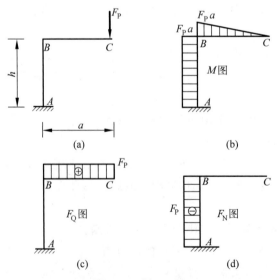

图 7-22 例 7-3 图

$$F_{NBC} = F_{NCB} = 0$$

AB 杆：平行线

$$F_{NBA} = F_{NAB} = -F_P$$

由于荷载 F_P 与该杆件轴线垂直，所以 BC 杆轴力为零，无须绘制；AB 杆中间无荷载，故轴力图为平行线。所以只需要将 AB 杆端轴力以直线连接即可作出轴力图，如图 7-22(d) 所示。按规定轴力图可画在杆件的任意一侧，但必须标明正负号。

【**例 7-4**】 作如图 7-23(a)所示简支刚架的内力图。

解：简支刚架的内力计算方法与简支梁相类似，必须先求支座反力。

(1) 以如图 7-23(a)所示的简支梁为研究对象，利用静力平衡方程，求支座反力。

$$\sum M_A(F) = 0, \quad F_{By} \times 6 - 20 \times 6 \times 3 - 30 \times 4 = 0$$

$$F_{By} = \frac{20 \times 6 \times 3 + 30 \times 4}{6} \text{ kN} = 80 \text{ kN}(\uparrow)$$

$$\sum M_B(F) = 0, \quad 20 \times 6 \times 3 - F_{Ay} \times 6 - 30 \times 4 = 0$$

$$F_{Ay} = \frac{20 \times 6 \times 3 - 30 \times 4}{6} \text{ kN} = 40 \text{ kN}(\uparrow)$$

$$\sum F_x = 0, \quad 30 - F_{Bx} = 0$$

$$F_{Bx} = 30 \text{ kN}(\leftarrow)$$

(2) 作弯矩图。

以支座 A、荷载作用点 C、刚结点 D、刚结点 E、支座 B 为分段点，将结构分成 AC、CD、DE、EB，共四段。

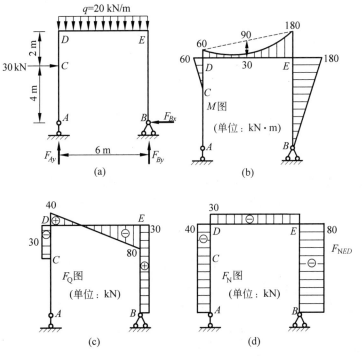

图 7-23 例 7-4 图

利用截面法可求得各杆的杆端弯矩值并判断弯矩图的形状。

AC 杆：直线
$$M_{AC} = M_{CA} = 0$$

CD 杆：直线
$$M_{CD} = 0, \quad M_{DC} = -30 \times 2 \text{ kN} \cdot \text{m} = -60 \text{ kN} \cdot \text{m}(左侧受拉)$$

DE 杆：二次抛物线
$$M_{DE} = -60 \text{ kN} \cdot \text{m}(上侧受拉), \quad M_{ED} = -30 \times 6 \text{ kN} \cdot \text{m} = -180 \text{ kN} \cdot \text{m}(上侧受拉)$$

EB 杆：直线
$$M_{EB} = 30 \times 6 \text{ kN} \cdot \text{m} = 180 \text{ kN} \cdot \text{m}(右侧受拉), \quad M_{BE} = 0$$

然后分别作各杆的弯矩图。

AC 杆弯矩为零，无须绘制。

CD 杆上均无荷载作用，弯矩图为直线，故将 CD 杆端弯矩连以直线。

DE 杆受均布荷载作用，弯矩图为二次抛物线，方向下凸，故将 DE 杆端弯矩以下凸的二次抛物线连接，其凸向与均布荷载方向一致。DE 杆的跨中弯矩采用叠加法计算：

$$M_{DE中} = \frac{1}{8}ql^2 - \frac{M_{DE} + M_{ED}}{2} = \left(\frac{1}{8} \times 20 \times 6^2 - \frac{60 + 180}{2}\right) \text{ kN} \cdot \text{m}$$
$$= 90 - 120 \text{ kN} \cdot \text{m} = -30 \text{ kN} \cdot \text{m}(上侧受拉)$$

EB 杆上无荷载作用，弯矩图均为直线，故将 EB 杆端弯矩连以直线。

最后将杆件弯矩图拼合在一起即得到整个刚架的弯矩图，如图 7-23(b)所示。

(3) 作剪力图。

先用截面法求各杆端剪力并判断剪力图的形状。

AC 杆：平行线
$$F_{QAC} = F_{QCA} = 0$$

CD 杆：平行线
$$F_{QCD} = F_{QDC} = 30 \text{kN}$$

DE 杆：斜直线
$$F_{QDE} = F_{Ay} = 40 \text{ kN}, \quad F_{QED} = -F_{By} = -80 \text{ kN}$$

EB 杆：平行线
$$F_{QEB} = F_{QBE} = 30 \text{ kN}$$

然后绘制各杆的剪力图。AC 杆剪力为零，无须绘制；CD 杆中间无分布荷载，平行线连接；DE 杆有均布荷载，斜直线连接；EB 杆中间无分布荷载，平行线连接。最后得到结构的剪力图，如图 7-23(c)所示。

(4) 作轴力图。

用截面法求各杆轴力。因一般情况下各杆轴力均为常数，故每根杆件只需求出一个截面的轴力值即可作出轴力图。

AC 杆：平行线
$$F_{NAC} = F_{NCA} = -40 \text{ kN}$$

CD 杆：平行线
$$F_{NCD} = F_{NDC} = -40 \text{ kN}$$

由于 AD 杆之间无与杆轴线相切的外荷载,因此 AC 杆和 CD 杆的轴力相同,可以合并计算。

AD 杆:
$$F_{NAD} = F_{NDA} = -40 \text{ kN}$$

DE 杆:平行线
$$F_{NDE} = F_{NED} = -30 \text{ kN}$$

EB 杆:平行线
$$F_{NEB} = F_{NBE} = -80 \text{ kN}$$

作出结构的轴力图,如图 7-23(d)所示。

【例 7-5】 作图 7-24(a)所示三铰刚架的弯矩图。

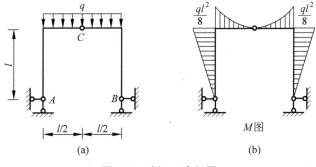

图 7-24 例 7-5 弯矩图

解:(1)求支座反力。

三铰刚架是典型的三刚片结构,仍然利用整体平衡和局部平衡联立求解。

① 整体平衡。根据支座约束布置特点,通过整体平衡可以直接求得 F_{Ay} 和 F_{By},并建立其余两个未知支座反力的关系,如图 7-25(a)所示。

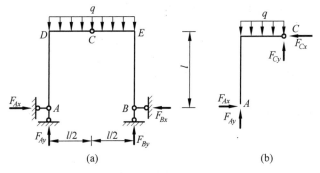

图 7-25 例 7-5 支座反力

$$\sum M_A = 0, \quad F_{By} \cdot l - \frac{1}{2}ql^2 = 0$$

得

$$F_{By} = \frac{1}{2}ql(\uparrow)$$

$$\sum M_B = 0, \quad \frac{1}{2}ql^2 - F_{Ay} \cdot l = 0$$

得

$$F_{Ay} = \frac{1}{2}ql (\uparrow)$$

$$\sum F_x = 0, \quad F_{Ax} - F_{Bx} = 0$$

② 局部平衡。在整体分析基础上，再选择 AC（或 BC）为隔离体，研究局部平衡，如图 7-25(b) 所示。因为要计算的是支座反力，应对铰结点 C 处取矩。

对于 AC 部分：

$$\sum M_C = 0, \quad F_{Ax} \cdot l + q \cdot \frac{l}{2} \cdot \frac{l}{4} - F_{Ay} \cdot \frac{l}{2} = 0$$

得

$$F_{Ax} = \frac{1}{8}ql (\rightarrow)$$

将 F_{Ax} 代入式 $F_{Ax} - F_{Bx} = 0$，得

$$F_{Bx} = \frac{1}{8}ql (\leftarrow)$$

(2) 作弯矩图。

因为刚架的结构和荷载都是对称的，故其弯矩图也是对称的，因此只需要计算左半个刚架，然后利用弯矩图的对称性画出右半个刚架的弯矩图。

AD 杆：$M_{AD} = 0, M_{DA} = -F_{Ax} \cdot l = -\frac{1}{8}ql \cdot l = -\frac{1}{8}ql^2$（左侧受拉）；由于 AD 杆无分布荷载，其弯矩图为一斜直线。

DC 杆：$M_{DC} = -F_{Ax} \cdot l = -\frac{1}{8}ql \cdot l = -\frac{1}{8}ql^2$（上侧受拉），$M_{CD} = 0$；由于 DC 杆有向下分布荷载作用，其弯矩图为下凸的二次抛物线。

根据各段杆件的杆端弯矩和弯矩图线类型，绘制其弯矩图如图 7-24(b) 所示。

静定梁内力计算以及绘图方法和技巧都可以用于刚架。另外，也可以利用这些关系不经计算而直观检查内力图特别是弯矩图的正误。一般的错误经常出现在以下几个方面，初学者应注意绘图后仔细检查。

(1) 弯矩图形状是否与荷载情况相符。

无荷载作用的区段弯矩图为直线；有均布荷载作用的区段，弯矩图为抛物线，凸出方向与荷载指向相同。

集中力（包括荷载和支座反力）作用处，弯矩图应出现尖角，尖角指向应与集中力指向相同。力偶矩作用处弯矩图应发生突变，力偶矩作用处左右两段直线弯矩图应平行。

(2) 铰结点不能传递弯矩，为此，凡是铰结点、铰支座或自由端，若此处无集中力偶矩作用，则该截面处弯矩必为零；若此处有外力偶矩作用，则该截面的弯矩就等于该外力偶矩。

(3) 刚结点能传递剪力和弯矩，并且作用于结点处应满足力矩平衡。单刚结点（两杆汇交的刚结点）无结点外力偶矩作用时，两个杆端弯矩应呈现"大小相等，同侧受拉"的特点，俗称"同侧传递弯矩"。有结点外力偶矩作用的单刚结点或复刚结点（无论是否作用有结点集

中力偶矩)则必须满足结点平衡条件。

(4)画隔离体的受力图时,应包括所有的外力和内力,其中内力和外力应按实际方向画出,计算时不加正负号。

如果能熟练地运用上述几条结论,就可以大大加快绘制内力图的速度。另外,静定刚架的内力计算是建筑力学重要的基本内容,它不仅是静定刚架强度计算的依据,而且是超静定刚架内力分析和位移计算的基础。尤其是弯矩图的绘制以后将用得很多。

7.2.6 静定桁架

1. 桁架的特点

桁架是指由若干直杆在两端用铰连接组成的结构。与梁相比,当荷载只作用在结点上时,各杆的内力主要是轴力,横截面上的应力基本上是均匀分布的,这样可充分发挥材料的潜力,因此桁架可用更少的材料,跨越更大的跨度。这种结构在土木工程中有着广泛的应用,尤其是在大跨度结构中,桁架更是一种重要的结构形式。如图7-26(a)所示的房屋中的钢屋架就属于桁架结构,桥梁、电视塔也常采用桁架结构。

桁架组成如图7-26(b)所示,桁架中几根杆互相结合的地方称为结点,各杆件所处的位置不同有不同的名称。如图7-26(b)所示,在上边的各杆件称为上弦杆,在下边的各杆件称为下弦杆,在中间的各杆件称为腹杆,腹杆又可分为竖杆和斜杆。两支座之间的距离称跨度,桁架最高点到两支座连线的距离叫桁高。弦杆上相邻两结点的区间称为节间。

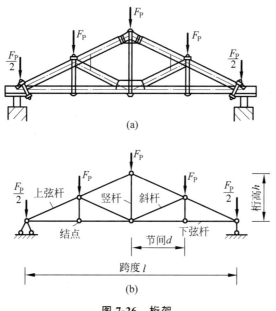

图 7-26 桁架

工程实际中的桁架,其受力和结构都比较复杂。实践表明,在结点荷载作用下,桁架各杆主要承受轴力,而弯矩和剪力都很小。在选取桁架的计算简图时,必须选取既能反映桁架受力本质又便于计算的简图,对平面桁架通常假设如下:

(1) 桁架结点都是无摩擦的理想铰;
(2) 不考虑桁架本身的自重;
(3) 各杆的轴线是在同一平面内的直线,且通过铰的中心;
(4) 所有的外力(包括荷载和支座反力)都作用在结点上,且位于桁架所在的平面内。

符合上述假定的桁架称为理想桁架。其各杆只在两端受力,是只受轴力的二力杆件。因此理想桁架承受的内力只有轴力。在一般情况下,按桁架计算简图得到计算的结果,即可满足工程使用要求。

2. 桁架的分类

静定平面桁架可以根据不同的特征进行分类。

1) 根据外形分类

根据外形,桁架可以分为平行弦桁架、三角形桁架、梯形桁架、折弦形桁架等,分别如图 7-27(a)~(d)所示。

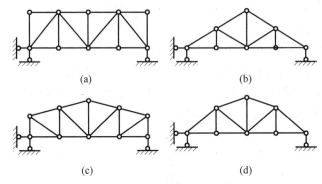

图 7-27 桁架按外形分类

2) 根据几何组成方式分类

根据桁架的几何组成方式,桁架可以分为以下两种。

(1) 简单桁架:由一个最基本的几何不变体系——铰结三角形开始,逐渐增加二元体所组成的桁架,如图 7-28(a)所示。

(2) 联合桁架:由两个或几个简单桁架按照两刚片或三刚片规则联合组成的桁架,如图 7-28(b)所示。

桁架的几何组成方式与内力计算所使用的方法密切相关。

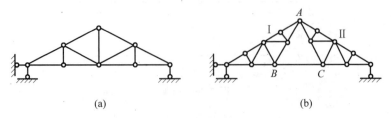

图 7-28 桁架按几何组成方式分类

3. 桁架内力分析

桁架杆件只受轴力。计算时规定轴力以拉力为正,压力为负。用箭头表示时,拉力背离杆件截面或结点,压力则指向杆件截面或结点。

下面介绍求桁架内力的方法。

1) 结点法

所谓结点法就是按一定的顺序截取桁架的结点为隔离体的计算杆件内力的方法。桁架的每一根杆都是二力杆,它们的内力只有轴力,每一个结点上的荷载、反力和内力的作用线都汇交于一点,即任何一结点上所作用的力都组成了一个平面汇交力系,因此可以建立两个平衡方程 $\sum F_x = 0$ 和 $\sum F_y = 0$,可以求解两个未知力。在画结点隔离体图时:对已知的力(包括荷载、支座反力和已求出的杆件轴力)要按实际方向画出,不用标正负号;对未知的杆件内力,假设受拉力,这样的假设计算出的正负表示内力的性质——计算结果为正号是拉力;计算结果为负号是压力。

利用结点法计算杆件内力时应注意以下几个问题。

(1) 选取的结点其未知力最好不超过两个,以避免求解方程组。

(2) 利用结点平衡的特殊情况,注意先判断零杆,简化计算。

桁架中内力为零的杆件称为零杆。零杆在下述三种情况下可以直接判别。

① 如图 7-29(a)所示,两根不共线杆件汇交的结点上无荷载作用时,这两根杆件的内力都是零。这种结点类型常称为 L 形结点。

② 如图 7-29(b)所示,三根杆件汇交的结点上无荷载作用时,若其中两根在一条直线上,则这两根杆件内力相等,第三杆内力为零。这种结点类型常称为 T 形结点。

③ 如图 7-29(c)所示,两根不共线的杆件汇交的结点,当荷载沿一杆轴线作用时,这根杆件的轴力与荷载相等,另一杆件的内力为零。这种结点类型本质上与 T 形结点一致,只不过将其中的一根杆件替换为荷载。

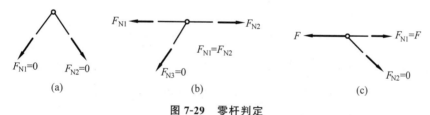

图 7-29 零杆判定

需要说明的是,零杆是桁架在特定荷载作用下出现的,当作用的荷载发生变化时,其内力可能不再为零。

对如图 7-30 所示的桁架,利用上述零杆的判断方法可知:杆件 CA、CH、HA、HE、HK、KF、DB、DJ、JB、JG、JK 均为零杆。计算桁架内力之前,尽可能多地找出零杆,可以给计算带来便利。

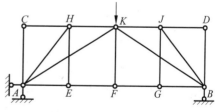

图 7-30 零杆判定举例

【例 7-6】 用结点法求图 7-31(a)所示桁架各杆的内力。

解:(1) 求支座反力。取整个桁架为研究对象,画受力图,如图 7-31(a)所示。利用平衡方程求解。

由 $\sum M_A(F) = 0$,$F_{Bx} \times 3 - 20 \times 6 = 0$ 得

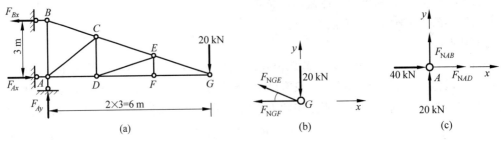

图 7-31 例 7-6 图

$$F_{Bx} = -40 \text{ kN}(\leftarrow)$$

由 $\sum F_x = 0, F_{Ax} - F_{Bx} = 0$ 得

$$F_{Ax} = 40 \text{ kN}(\rightarrow)$$

由 $\sum F_y = 0, F_{Ay} - 20 = 0$ 得

$$F_{Ay} = 20 \text{ kN}(\uparrow)$$

(2) 先判断零杆,再进行计算。

先分析结点 F,符合 T 形结点类型,EF 为零杆;同理再依次分析 E 结点中的 DE 杆、D 结点中的 CD 杆、C 结点中的 AC 杆均为零杆。即

$$F_{NEF} = F_{NDE} = F_{NCD} = F_{NAC} = 0$$

(3) 利用各结点的平衡条件计算各杆的内力时,先假定各杆内力均为拉力,计算如下:
先取结点 G 为研究对象,如图 7-31(b) 所示。

由 $\sum F_y = 0, F_{NGE} \times \dfrac{3}{\sqrt{45}} - 20 = 0$ 得

$$F_{NGE} = 44.7 \text{ kN}(拉力)$$

由 $\sum F_x = 0, -F_{NGE} \times \dfrac{6}{\sqrt{45}} - F_{NGF} = 0$ 得

$$F_{NGF} = -40 \text{ kN}(压力)$$

再取结点 A 为研究对象,如图 7-31(c) 所示。

由 $\sum F_x = 0, 40 + F_{NAD} = 0$ 得

$$F_{NAD} = -40 \text{ kN}(压力)$$

由 $\sum F_y = 0, 20 + F_{NAB} = 0$ 得

$$F_{NAB} = -20 \text{ kN}(压力)$$

再取结点 E、C、F、D 为研究对象,不难得出

$$F_{NEC} = F_{NCB} = F_{NGE} = 44.7 \text{ kN}(拉力)$$
$$F_{NDA} = F_{NFD} = F_{NGF} = -40 \text{ kN}(压力)$$

2) 截面法

截面法是截取桁架两个结点以上部分为隔离体计算杆件内力的方法。由于隔离体上的荷载、反力和杆件内力组成一个平面一般力系,可以建立 3 个平衡方程,求解 3 个未知力。使用截面法时,为避免解联立方程组,一般多采用两矩式方程组或三矩式方程组,并注意力

矩方程矩心的选择技巧。当只需要计算桁架指定杆件内力时,用截面法比较方便。

【例 7-7】 用截面法求图 7-32(a)所示桁架指定杆件 1、2、3 杆的内力。

解：(1) 求支座反力。

由于桁架的结构和荷载都是对称的,可得桁架的支座反力

$$F_{Ay} = F_{By} = \frac{20+20+20}{2} \text{ kN} = 30 \text{ kN}(\uparrow)$$

(2) 设想用截面 $m-m$ 截断杆件 1、2、3,将桁架截成两部分,以左边部分为研究对象,画其隔离体受力图如图 7-32(b)所示。在利用平面一般力系的平衡方程求解 3 个未知力时,应根据 3 个未知力的方向,选择适当的平衡方程,使得每一个方程只包含一个未知力,从而避免方程的联立求解。

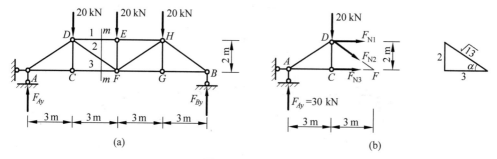

图 7-32 例 7-7 图

被截开的杆件除杆 2 外,其他两个杆件 1 和 3 相互平行,此时采用垂直于杆件 1 和杆件 3 方向的投影方程求解比较方便,这种方法称为投影法。

由 $\sum F_y = 0$, $F_{Ay} - 20 - F_{N2} \times \frac{2}{\sqrt{13}} = 0$ 得

$$F_{N2} = (30-20) \times \frac{\sqrt{13}}{2} \text{ kN} = 18 \text{ kN}(拉力)$$

求解杆件 1 的内力时,则采取对杆件 2 和杆件 3 的交点 F 为矩心求力矩的方法,可以避免联立求解,这种方法称为力矩法。

由 $\sum M_F(F) = 0$ 得

$$20 \times 3 - 30 \times 6 - F_{N1} \times 2 = 0$$

$$F_{N1} = \frac{20 \times 3 - 30 \times 6}{2} \text{ kN} = -60 \text{ kN}(压力)$$

同理,求解杆件 3 的内力时,则采取对杆件 1 和杆件 2 的交点 D 为矩心求力矩。

由 $\sum M_D(F) = 0$ 得

$$F_{N3} \times 2 - F_{Ay} \times 3 = 0$$

解得

$$F_{N3} = \frac{30 \times 3}{2} \text{ kN} = 45 \text{ kN}(拉力)$$

4. 桁架的力学性能与工程应用

在一般工程中常用的桁架,由于其外形不同,因此内力的特点不同,使用场合也不同。下面对各桁架在结点集中力(由均布荷载简化得到)作用下的内力特性进行比较,为了便于比较,以跨度相同、高度相同、结点间距相同、荷载相同的桁架内力分布进行分析,如图 7-33(a)～(c)所示。

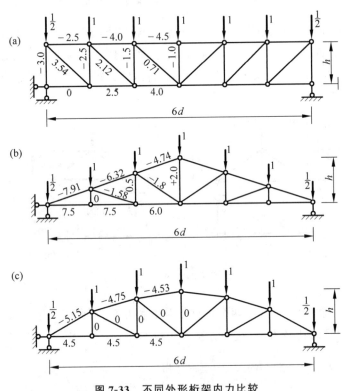

图 7-33 不同外形桁架内力比较

(1) 平行弦桁架如图 7-33(a)所示,其轴力分布不均匀,弦杆轴力中间大、两端小,腹杆轴力两端大,向中间逐渐减小。如果按内力大小选择各杆截面,结点处的构造较为复杂,给装配带来不便。如果构件采用相同的截面,则浪费材料。但是由于平行弦桁架有结点整齐划一、腹杆标准化等优点,所以仍得到广泛应用。比如厂房中的较大的吊车梁、铁路桥梁等常用这种桁架。

(2) 三角形桁架如图 7-33(b)所示,其轴力分布也是不均匀的,端弦杆轴力最大,向跨中减小较快。端结点处上下弦杆夹角很小,制作困难。由于三角形桁架的外形符合排水要求,因此常应用于跨度小、坡度大的屋盖结构中。

(3) 折线桁架如图 7-33(c)所示,各杆轴力分布较均匀,材料使用上最为经济。但结点结构复杂,施工不方便,在大跨度屋架和桥梁常采用这种桁架,节约用料意义较大。

7.2.7 三铰拱简介

1. 拱结构的特点及组成

拱是轴线为曲线并且在竖向荷载作用下能够产生水平反力的结构。拱结构是一种能够跨越较大跨度的结构形式,在桥梁、房屋建筑、水工结构等工程中有着广泛的应用。拱结构常用的形式有无铰拱、两铰拱和三铰拱等,分别如图 7-34(a)～(c)所示。其中,三铰拱是静定的,两铰拱和无铰拱是超静定的。本节主要介绍三铰拱的计算。

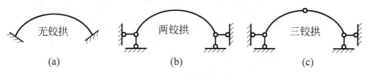

图 7-34 拱的分类

区别拱和曲梁的根本标志是拱结构在竖向荷载作用下会产生水平反力,也称为水平推力。例如,如图 7-35 所示的两个结构,虽然它们的杆轴都是曲线,但如图 7-35(a)所示结构在竖向荷载作用下不产生水平推力,其弯矩与相应简支梁(同跨度、同荷载的梁)的弯矩相同,所以这种结构不是拱结构而是一根曲梁。如图 7-35(b)所示结构,由于其两端都有水平支座链杆,在竖向荷载作用下将产生水平推力,所以属于拱结构。水平推力作用下拱内产生的弯矩使得拱结构外缘受拉,而竖向荷载作用下的弯矩使得拱结构内缘受拉,两者叠加使得拱的弯矩比跨度、荷载相同的梁的弯矩小得多,从而改善了拱结构的受力性能。拱结构上截面应力分布比较均匀,能够充分发挥材料的性能,并可使用抗压能力好而抗拉能力相对较差的廉价建筑材料比如砖、石材、混凝土等来建造。

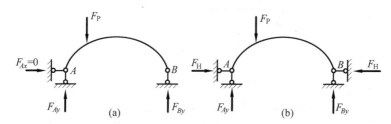

图 7-35 曲梁和三铰拱

拱的组成如图 7-36 所示。拱身各个横截面形心的连线称为拱轴线;拱的支座称为拱趾;两拱趾之间的水平距离称为拱的跨度;拱轴上离起拱线距离最远的一点称为拱顶;拱顶到起拱线之间的垂直距离称为拱高;拱高与跨度的比值 f/l 称为高跨比。

2. 三铰拱的内力分析

1) 支座反力

三铰拱是静定结构,因此用静力平衡方程即可确定其支座反力。如图 7-37(a)所示的三铰拱,铰 A、铰 B 处共 4 个支座反力,需要列出 4 个平衡方程。其计算方法与三铰刚架支座反力的计算方法一致(见例 7-5),除以全拱为隔离体的三个平衡方程外,取左半拱(或右半拱)为隔离体,

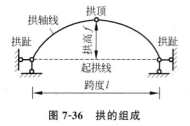

图 7-36 拱的组成

利用中间铰 C 处不能承受弯矩的特点建立一个补充方程 $M_C=0$。图 7-37(b)中画出了与拱相应的简支梁(其跨度、荷载与拱相同),如用 F_{Ay}^0、F_{By}^0、M_C^0 分别表示简支梁 A、B 处的竖向支座反力和中点 C 截面的弯矩,则不难得出三铰拱的支座反力

$$F_{Ay} = F_{Ay}^0, \quad F_{By} = F_{By}^0, \quad F_{Ax} = F_{Bx} = \frac{M_C^0}{f} \tag{7-1}$$

即三铰拱的竖向支座反力与相应简支梁的支座反力相等,水平支座反力(水平推力)等于简支梁截面 C 的弯矩除以拱高。由此可知水平推力 F_x 与拱高 f 成反比,越扁平的拱则水平推力 F_x 越大。在实际工程中,拱结构的高跨比一般在 $0.1 \sim 1$。

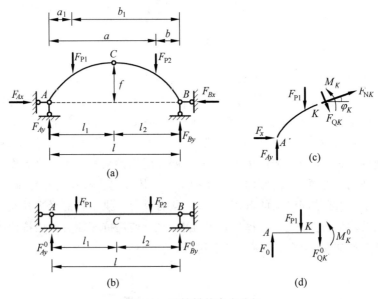

图 7-37 三铰拱的内力分析

2) 竖向荷载作用下三铰拱任意截面的内力

在求出支座反力后,利用截面法不难求出任意截面的内力。拱轴为曲线,横截面与轴线正交,任意截面 K 的形心坐标为 (x_K, y_K),倾角为 φ_K,如图 7-37(c)所示。其内力有弯矩 M_K、与截面 K 处拱轴垂直的剪力 F_{QK} 和与拱轴相切的轴力 F_{NK}。其内力正、负号规定同前所述。K 截面内力计算公式为

$$\begin{cases} M_K = M_K^0 - F_x \cdot y_K \\ F_{QK} = F_{QK}^0 \cdot \cos\varphi_K - F_x \cdot \sin\varphi_K \\ F_{NK} = -F_{QK}^0 \cdot \sin\varphi_K - F_x \cdot \cos\varphi_K (压力) \end{cases} \tag{7-2}$$

式中,M_K^0、F_{QK}^0——分别表示相应简支梁对应截面的弯矩和剪力,如图 7-37(d)所示。

由式(7-2)可知:

(1) 在相同竖向荷载、相同跨度情况下,由于水平推力的存在,三铰拱的弯矩比相应简支梁的弯矩小。因此,拱与简支梁相比,它的优点是用料比梁节省而自重较轻,故能跨越较大空间。

(2) 三铰拱中的轴力为压力,故建造时可以充分利用砖、石、混凝土等抗压能力强而抗拉能力弱的材料;水平推力的存在增大了轴向压力,故三铰拱的基础比梁的基础要大。

(3) 三铰拱内力的大小与拱轴线形状有关,通过适当改变轴线形状,可以调整三铰拱的内力状态,使其更加合理。

3. 三铰拱的合理轴线

在工程实际中,拱式结构大多数是用砖、石、混凝土等抗压而不抗拉的材料,在设计拱时应尽量避免拱的各个截面上出现拉应力,而引起截面拉应力的内力主要是截面上的弯矩,弯矩与拱轴形状有关。如果在一定荷载作用下,选择一拱轴线能够使拱内所有截面的弯矩都为零,我们把这样的拱轴叫"合理拱轴线"。此时,拱各截面内拉应力为零,即横截面上的压应力均匀分布,材料的力学性能得以最充分的发挥,抗压材料得到最充分的利用。

合理拱轴的形状与上面作用的荷载有关。对应不同形式的荷载就有不同形式的合理拱轴线。

(1) 在全跨竖向均布荷载作用下,拱的合理轴线是一条二次抛物线。因此,房屋建筑中拱的轴线常常采用抛物线。

(2) 在径向均布荷载(如水压力)作用下的合理拱轴线是圆弧线。因此渡槽的断面形状常采用圆弧形。

7.2.8 静定组合结构简介

在工程结构中,常会碰到这样一种结构:一部分杆件是桁架杆件,即只承受轴力作用;另一部分杆件是受弯杆件,即除了轴力,还有弯矩和剪力。这种在同一结构中由两类杆件组成的结构,称为组合结构,如图 7-38 所示。组合结构中的链杆可以改善受弯杆件的受力状态,减小弯矩、增大刚度。

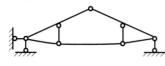

图 7-38 静定组合结构

应用截面法计算组合结构的内力时,要注意桁架杆件和受弯杆件(梁式杆件)的受力性质。对于桁架杆,截面上只有轴力作用,而被截的受弯杆件,截面上一般有弯矩、剪力和轴力。由于受弯杆件的截面上有三种内力,为了防止使隔离体上的未知力过多,应尽量地避免截断受弯杆件。

组合结构的内力计算的一般步骤是:首先计算出结构的支座约束力,然后计算桁架杆的轴力,最后再计算受弯杆的弯矩、剪力和轴力,并绘制结构的内力图。

【例 7-8】 作图 7-39(a)所示组合结构的弯矩图,并求链杆内力。

解: 图示组合结构属于三刚片结构,在进行内力计算时,需事先利用整体平衡再联立局部平衡求得支座反力。

(1) 求支座反力。

$$F_{Ax} = -F_P(\leftarrow), \quad F_{Ay} = 0, \quad F_{By} = -2F_P(\downarrow), \quad F_{Cy} = 2F_P(\uparrow)$$

(2) 求杆件内力。

根据结构的几何组成方式,需切断两刚片 ADF、$CBEG$ 之间的两个约束,因此作截面 Ⅰ—Ⅰ,将结构分为两部分,取左侧为隔离体如图 7-39(c)所示,计算两根链杆的轴力。也可以取右侧为隔离体如图 7-39(d)所示,计算两根链杆的轴力。

$$\sum M_D(F) = 0, \quad F_{NFG} = -2F_P(压力)$$

$$\sum F_x = 0, \quad F_{NDE} = 2F_P(拉力)$$

(3) 作内力图。

根据上述计算结果,作出结构的弯矩图,如图 7-39(b)所示。

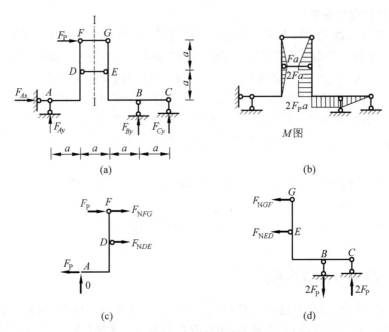

图 7-39 例 7-8 图

7.3 静定结构的位移

7.3.1 概述

1. 结构位移的概念

工程结构在荷载作用下会产生变形，于是结构上各点的位置也将随之改变，这种位置的改变称为位移。结构的位移有两种，即截面移动和截面转动。截面形心处的移动称为线位移。截面的转动称为角位移。如图 7-40(a)所示刚架，在荷载作用下，产生的变形如图中虚线所示。截面 C 的形心由 C 移动到 C'，线段 CC' 即为 C 点的线位移，记为 Δ_C，它又可以用水平线位移 Δ_{Cx} 和竖向线位移 Δ_{Cy} 两个分量来表示。同时，截面 C 还转动了一角度 φ_C，称为截面 C 的角位移。

除作用在结构上的荷载外，由于其他原因如温度改变、支座移动、制造误差等影响，均可使结构产生位移。例如图 7-40(b)所示简支梁在支座沉陷影响下，虽然梁本身不发生变形，

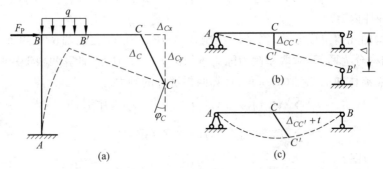

图 7-40 结构位移

但其原有的几何位置都发生了变化,因而梁上任一点 C 也发生了位移。而图 7-40(c)所示简支梁由于温度变化,梁内虽不产生内力,但却有变形,从而使梁上任一截面 C 发生了位移。

2. 计算结构位移的目的

(1) 校核结构的刚度。即验算结构的位移是否超过允许限值,控制结构不致发生过大变形,以保证结构的正常使用。例如,在普通房屋结构中,梁的最大竖向位移(最大挠度)不应超过跨度的 1/200,否则梁下的灰顶将发生裂痕或剥落。桥梁结构的过大变形将影响行车的安全,应控制其不能超过梁跨度的 1/600。

(2) 为超静定结构的内力分析打下基础。因为在超静定结构的反力及内力计算中,除需考虑静力平衡条件外,还必须考虑结构的位移条件,建立补充方程,而建立位移条件就需要计算静定结构的位移。

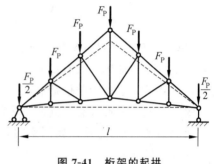

(3) 为生产使用提供条件。在结构的制作架设过程中,有时必须计算结构的位移,以便施工中采取相应措施。例如,为避免大跨度桁架在使用状态下产生明显下挠,在制作跨度较大的桁架时,有意识地将下弦杆的一些结点向上提起一些,叫作起拱。在荷载作用下,桁架上各结点将发生向下的位移,结果使下弦杆成为一条水平直线,如图 7-41 所示。

图 7-41 桁架的起拱

7.3.2 单位荷载法计算桁架的位移

现讨论结构在荷载作用下,其位移计算的基本方法——单位荷载法。

1. 单位荷载法

图 7-42(a)所示结构在荷载 q 作用下,发生了如图中虚线所示的变形。现求结构在任一截面沿任一方向的广义位移(既可以是线位移,也可以是角位移)。如刚架 ABC 上 K 点的水平线位移 Δ_K。

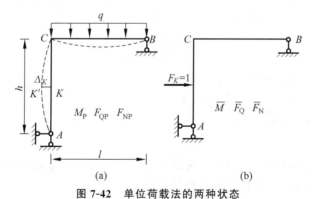

图 7-42 单位荷载法的两种状态

(a) 实际状态;(b) 虚拟状态

1) 实际状态和虚拟状态

由于刚架在实际荷载 q 作用下所引起的结构位移是实际存在的。为方便起见,我们把这个实际存在的位移状态称为实际状态,如图 7-42(a)所示。另外,为利用单位荷载法求指定截面的位移,还需设置一虚拟状态。虚拟状态是根据位移计算的需要而假设的,因而虚拟状态与实际状态除结构形式与支座情况需完全相同外,其他方面二者完全无关。如需计算 K 点的水平线位移,则必须在刚架上 K 点的水平方向加一虚设的单位力 $F_K=1$,作用在所求位移的位置和方向上,如图 7-42(b)所示。

2) 单位荷载法的位移计算公式

根据虚功原理分析可知,假设实际状态下横截面的弯矩、剪力、轴力分别用 M_P、F_{QP}、F_{NP} 来表示,而虚设状态下横截面的弯矩、剪力、轴力分别用 $\overline{M}$、$\overline{F}_Q$、$\overline{F}_N$ 来表示,则可导出静定结构在荷载作用下位移计算公式为

$$\Delta_K = \sum \int \frac{M_P \overline{M}}{EI} ds + \sum \int \frac{K F_{QP} \overline{F}_Q}{GA} ds + \sum \int \frac{F_{NP} \overline{F}_N}{EA} ds \tag{7-3}$$

式中,第一项是弯矩对位移的贡献;第二项是剪力对位移的贡献;第三项是轴力对位移的贡献。上式为变形体在只有荷载作用下的位移计算一般公式,这种采用虚设单位荷载来计算结构位移的方法称为单位荷载法。该公式可用于静定结构或超静定结构。

由于不同结构形式有不同的受力特点,其承受的主要内力也不同。位移计算时可以保留主要因素的影响,忽略次要因素的影响,得到不同结构的位移计算公式。

(1) 梁和刚架。

在梁和刚架中,位移主要是由弯矩引起的,轴力和剪力的影响很小,一般可以忽略不计。梁和刚架的位移计算公式为

$$\Delta = \sum \int \frac{M_P \overline{M}}{EI} ds \tag{7-4}$$

式中,M_P——实际荷载作用下杆件的弯矩;

$\overline{M}$——虚设单位力作用下杆件的弯矩;

EI——对应杆件的抗弯刚度。

(2) 桁架。

在桁架中,各杆只受轴力,而且一般情况下,每根杆件的抗拉刚度 EA、轴力 F_{NP} 和 $\overline{F}_N$ 沿杆长都是常数。所以桁架的位移计算公式为

$$\Delta = \sum \frac{F_{NP} \overline{F}_N}{EA} l \tag{7-5}$$

式中,F_{NP}——实际荷载作用下杆件的轴力;

$\overline{F}_N$——虚设单位力作用下杆件的轴力;

EA——对应杆件的抗拉刚度。

(3) 组合结构。

在组合结构中,杆件可分为梁式杆和链杆两类。梁式杆只考虑弯矩的影响,而链杆则只考虑轴力的影响。因此,组合结构的位移计算公式为

$$\Delta_K = \sum \int \frac{M_P \overline{M}}{EI} ds + \sum \frac{F_{NP} \overline{F}_N l}{EA} \tag{7-6}$$

(4) 拱结构。

拱结构中主要承受轴力的作用,同时弯矩对位移的影响也比较大,需要考虑弯矩和轴力对拱位移的共同影响。因此,拱结构的位移计算公式为

$$\Delta_K = \sum\int \frac{M_P \overline{M}}{EI}ds + \sum\int \frac{F_{NP}\overline{F}_N}{EA}ds \tag{7-7}$$

3）虚拟状态的确定

应用单位荷载法求位移时，正确地建立虚拟状态是很关键的一步。以下对虚设单位力的设置作几点说明。

(1) 虚设单位荷载必须根据所求位移而假设。

这就是说虚设单位力必须与所求位移的性质相适应。例如图 7-43(a)所示悬臂刚架，作用竖向荷载，当求此荷载作用下的不同位移时，其虚设单位力也不同。

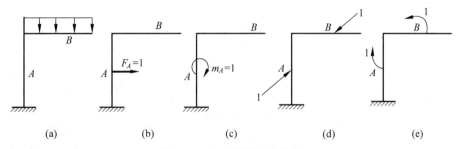

图 7-43　虚设单位力的确定

① 欲求 A 点沿水平方向的线位移，应在 A 点沿着水平方向加一个单位力，如图 7-43(b)所示。

② 欲求 A 截面的角位移，应在 A 截面处加一单位力偶，如图 7-43(c)所示。

③ 欲求 A、B 两点的相对线位移（即 A、B 两点间相互靠拢或拉开的距离），应在 A、B 两点的连线方向上加一对反向的单位力，如图 7-43(d)所示。

④ 欲求 A、B 两截面的相对角位移，应在 A、B 两截面处加一对反向单位力偶，如图 7-43(e)所示。

(2) 虚设单位力的指向可以任意假设（因为所求位移的指向是未知的）。如果求得位移为正时，说明实际位移的方向与虚设单位力的指向相同；为负时则相反。

(3) 每建立一个虚拟状态，只能求出一个未知量。

2. 单位荷载法计算桁架的位移举例

【例 7-9】　求图 7-44(a)所示桁架下弦结点 D 的竖向线位移 Δ_{Dy}。已知 $E = 2\times 10^4 \text{ kN/cm}^2$。各杆横截面面积列于表 7-1 内。

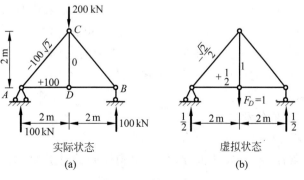

图 7-44　例 7-9 图

解：(1) 结构的实际状态如图 7-44(a)所示。

(2) 在 D 点加一竖向单位力 $F_D=1$，建立虚拟状态如图 7-44(b)所示。

(3) 计算出两种状态下各杆的轴力 F_{NP} 和 $\overline{F}_N$。由于此桁架为对称结构，只需计算半个桁架的杆件，并将各杆轴力值填入图 7-44(a)、(b)左半部。

(4) 应用桁架位移计算公式计算 D 点的竖向位移 Δ_{Dy}。可把计算列成表格进行，最后计算时，注意对称杆件的值乘 2，由于 CD 杆只有一根故不乘 2，详见表 7-1。于是 D 点的竖向位移为

$$\Delta_{Dy} = \sum \frac{F_{NP}\overline{F}_N \cdot l}{EA} = \frac{1}{E}\sum \frac{F_{NP}\overline{F}_N}{A}l$$

$$= \left[\frac{1}{2\times 10^4}\times(1+\sqrt{2})\times 1000\times 2\right] \text{cm}$$

$$= 0.24 \text{ cm}(\downarrow)$$

计算结果为正，表示实际的线位移与所设的单位力方向相同，方向竖直向下。

表 7-1 桁架位移的计算

杆件	杆长 l/cm	截面面积 A/cm²	F_{NP}/kN	$\overline{F}_N$	$\dfrac{F_{NP}\overline{F}_N}{A}\cdot l$/(kN/cm)
AC	$200\sqrt{2}$	20	$-100\sqrt{2}$	$-\dfrac{\sqrt{2}}{2}$	$1000\sqrt{2}$
AD	200	10	$+100$	$+\dfrac{1}{2}$	1000
CD	200	10	0	1	0
				$\sum\dfrac{F_{NP}\overline{F}_N}{A}l=$	$(1+\sqrt{2})\times 1000\times 2$

7.3.3 图乘法计算梁和刚架的位移

1. 图乘法的计算公式

由前述可知，计算梁和刚架在只有荷载作用下的位移时，首先分段列出 M_P 和 $\overline{M}$ 的方程式，然后代入式(7-4)，即

$$\Delta = \sum \int \frac{M_P \overline{M}}{EI} ds$$

分段积分再求和即得到所求位移。然而，在杆件数目较多、荷载较复杂的情况下，上述积分的计算工作是比较麻烦的。但是，在一定条件下，这个积分可用 M_P 和 $\overline{M}$ 两个弯矩图相乘的方法来代替从而简化计算工作，这种由两个弯矩图相乘进行位移计算的方法称为图乘法。利用图乘法计算梁和刚架的位移必须满足下述条件：

(1) 杆轴为直线；
(2) 各杆段的 EI 值分别等于常数；
(3) M_P 图和 $\overline{M}$ 图中至少有一个为直线图形。

利用上述三个条件，进行数学推导，可以得到图乘法计算梁和刚架位移的计算公式如下：

$$\Delta = \sum \frac{\omega y_C}{EI} \tag{7-8}$$

式中，ω——实际荷载作用下弯矩图 M_P 的面积；

y_C——M_P 图形心所对应的虚设单位弯矩图 $\overline{M}$ 的纵坐标，如图 7-45 所示；

EI——杆件横截面的抗弯刚度。

对于等截面直杆所组成的梁和刚架，在位移计算中，均可采用图乘法来计算。

2. 图乘法的注意事项

应用图乘法求结构位移时，应注意下列各点：

（1）必须符合前面的三个条件。

（2）纵坐标 y_C 只能由直线弯矩图中取值。如果 M_P 和 $\overline{M}$ 图形都是直线，则可取自任何一个图形。

（3）当面积 ω 与纵坐标 y_C 在杆件的同一侧时，乘积取正值；不在同一侧时，乘积取负值。

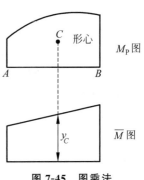

图 7-45 图乘法

应用图乘法时，必须知道图形的面积 ω 及其形心 C 相对应另一个图形的纵坐标。现将图乘时经常用到的几种弯矩图的面积和形心位置列入图 7-46 中以备查用。应注意在各抛物线图形中，顶点是指其切线平行于底边的点。凡顶点在中点或端点的抛物线称为标准抛物线。查用时必须注意顶点的位置。

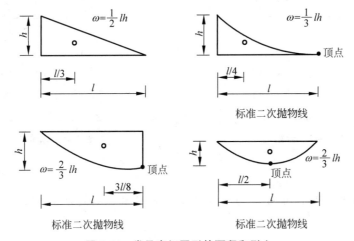

图 7-46 常见弯矩图形的面积和形心

3. 图乘法中几种常见类型的处理方法

应用图乘法时，当弯矩图面积和形心位置不易直接确定时，可将复杂的图形先分解为几个容易确定面积和形心的简单图形，然后将这些简单图形分别与另一个图形相乘，最后把所得结果叠加。

1）分割法

若 M_P 和 $\overline{M}$ 图是两个梯形，图乘时梯形的形心位置较难确定，如图 7-47 所示。因而把 M_P 分割成两个三角形（有时亦可以分割成一个矩形和一个三角形），分别与 $\overline{M}$ 图乘后再叠加。故：

$$\Delta = \frac{1}{EI}(\omega_1 y_1 + \omega_2 y_2) \tag{7-9}$$

式中

$$\omega_1 = \frac{1}{2}la, \quad \omega_2 = \frac{1}{2}lb$$

$$y_1 = \frac{2}{3}c + \frac{1}{3}b, \quad y_2 = \frac{1}{3}c + \frac{2}{3}d$$

2) 填充法

若 M_P、$\overline{M}$ 图为直线图形,纵坐标不在杆件的同侧时(图 7-48),仍可将 M_P 图分解成两个三角形。其中三角形 ABC 在基线上侧;三角形 ABD 在基线下侧。将这两个三角形的面积分别乘以 $\overline{M}$ 图上相应的纵坐标,最后叠加(注意正负号)。故:

$$\Delta = \frac{1}{EI}(\omega_1 y_1 + \omega_2 y_2) \tag{7-10}$$

式中

$$\omega_1 = \frac{1}{2}al, \quad \omega_2 = \frac{1}{2}bl$$

$$y_1 = \frac{2}{3}c - \frac{1}{3}d, \quad y_2 = \frac{2}{3}d - \frac{1}{3}c$$

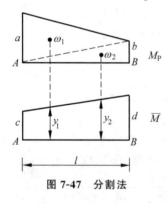

图 7-47 分割法

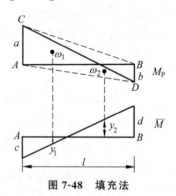

图 7-48 填充法

3) 分段法

当 M_P 图为曲线图形而 $\overline{M}$ 图为折线图形时(图 7-49),则应分段图乘,然后取其代数和。即有

$$\Delta = \frac{1}{EI}(\omega_1 y_1 + \omega_2 y_2 + \omega_3 y_3) \tag{7-11}$$

4) 叠加法

如图 7-50(a)所示,一段直杆 AB 上有均布荷载作用,其弯矩图形状如图 7-50(b)或图(e)所示,为非标准抛物线。我们将非标准抛物线分解成一个梯形图形与一个标准抛物线图形。即图(b)分解成(c)、(d)两图,均位于基线下侧;图(e)分解成(f)、(g)两图,图(f)位于基线上侧,图(g)位于基线下侧。这样我们可将 M_P 分解后的图形 M_{P1}、M_{P2} 分别与 $\overline{M}$ 图形进行图乘(注意图乘时的正负号)计算,然后将图乘结果叠加,即得 M_P 与 $\overline{M}$ 的图乘结果。

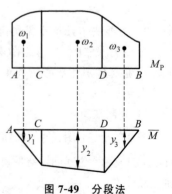

图 7-49 分段法

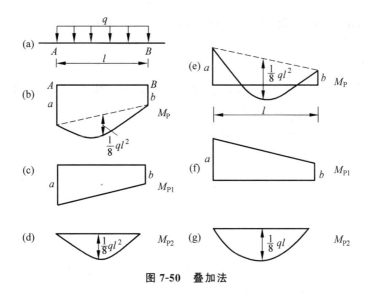

图 7-50 叠加法

4. 图乘法举例

图乘法的解题步骤：

（1）画出结构在实际荷载作用下的弯矩图 M_P。

（2）在欲求位移处沿所求位移的方向虚设相应的广义单位力，并画出单位荷载弯矩图 $\overline{M}$。

（3）分段计算荷载弯矩图 M_P 的面积 ω 及其形心所对应的单位荷载弯矩图 $\overline{M}$ 的纵坐标 y_C。

（4）将 ω、y_C 代入图乘公式计算所求的位移，并标出位移的实际方向。

以下举例说明。

【**例 7-10**】 简支梁 AB 上作用有均布荷载如图 7-51(a)所示，梁的抗弯刚度 EI 为常数，求 A 端的角位移 φ_A 及跨中 C 点的竖向线位移 Δ_{Cy}。

解：(1) 求 φ_A。

① 画出实际荷载作用下的弯矩图 M_P 如图 7-51(b)所示，这是一个标准抛物线，顶点在跨中。

② 在 A 端加虚设单位力偶 $M=1$（虚拟状态），并作出荷载弯矩图 $\overline{M}_1$，如图 7-51(c)所示。

③ 计算 M_P 图的面积 ω 及其形心对应 $\overline{M}_1$ 图的纵坐标 y_C，分别为

$$\omega = \frac{2}{3} \times \frac{1}{8}ql^2 \times l = \frac{ql^3}{12}, \quad y_C = \frac{1}{2}$$

④ 计算 φ_A

$$\varphi_A = \frac{1}{EI}\omega y_C = \frac{1}{EI} \times \frac{ql^3}{12} \times \frac{1}{2} = \frac{ql^3}{24EI}(\curvearrowleft)$$

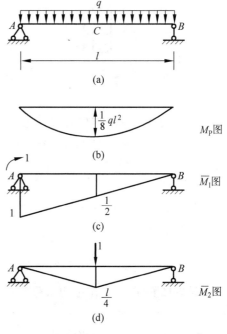

图 7-51 例 7-10 图

计算结果为正，表明实际的角位移与所虚设的单位力偶方向相同。

(2) 求 Δ_{Cy}。

① M_P 图仍如图 7-51(b) 所示。

② 在 C 点加虚设单位力 $F=1$（虚拟状态），并作单位弯矩图 $\overline{M}_2$，如图 7-51(d) 所示。

③ 计算 ω、y_C 时，由于弯矩图 $\overline{M}_2$ 为折线图形，故应分段计算，但由于 M_P 图、$\overline{M}_2$ 图的对称性，故只需计算半个结构，取 2 倍即可。

$$\omega = \frac{2}{3} \times \frac{1}{8}ql^2 \times \frac{l}{2} = \frac{ql^3}{24}$$

$$y_C = \frac{5}{8} \times \frac{l}{4} = \frac{5l}{32}$$

④ 计算 Δ_{Cy}

$$\Delta_{Cy} = 2\left(\frac{\omega \cdot y_C}{EI}\right) = 2 \times \frac{1}{EI} \times \frac{ql^3}{24} \times \frac{5l}{32} = \frac{5ql^4}{384EI}(\downarrow)$$

计算结果为正，表示 C 点的实际线位移与所假设的单位力方向一致，铅垂向下。

【例 7-11】 用图乘法计算图 7-52(a) 所示刚架 C 截面的角位移 φ_C。

解：(1) 画出实际荷载作用下的弯矩图 M_P 如图 7-52(a) 所示。

(2) 在 C 端加虚设单位力偶 $M=1$（虚拟状态），并作出单位弯矩图 $\overline{M}$，如图 7-52(b) 所示。

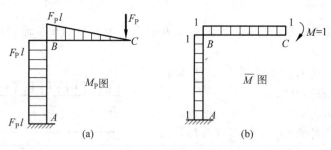

图 7-52 例 7-11 图

(3) 计算 M_P 图的面积 ω 及其形心对应 $\overline{M}$ 图的纵坐标 y_C。

图乘时需分 AB、BC 两段进行。

BC 段：$\omega_1 = \frac{1}{2} \cdot F_P l \cdot l = \frac{F_P l^2}{2}$，$y_1 = 1$

AB 段：$\omega_2 = F_P l \cdot l = F_P l^2$，$y_2 = 1$

(4) 计算 φ_C。

$$\varphi_C = \frac{1}{EI}(\omega_1 y_1 + \omega_2 y_2) = \frac{1}{EI}\left(\frac{F_P l^2}{2} \times 1 + F_P l^2 \times 1\right) = \frac{3F_P l^2}{2EI}(\downarrow)$$

【例 7-12】 刚架上作用均布荷载 q，如图 7-53(a) 所示，求刚架上 B 截面的水平线位移 Δ_{Bx}，设各杆 EI 为常数。

解：(1) 画出实际荷载作用下的弯矩图 M_P。

先利用整体平衡条件求支座反力；再画弯矩图 M_P，如图 7-53(b) 所示。

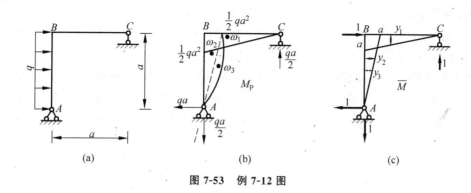

图 7-53 例 7-12 图

(2) 建立虚拟状态,并画出虚拟状态下的弯矩图 $\overline{M}$。

先在 B 点加一水平的虚设单位力 $F_B=1$,建立虚拟状态;然后再由整体平衡条件求其支座反力;最后画虚拟状态下 $\overline{M}$ 图如图 7-53(c)所示。

(3) 计算 M_P 图的面积 ω 及其形心对应 $\overline{M}$ 图的纵坐标 y_C。

图乘时应分 BC、AB 两段进行。

BC 段:$\omega_1 = \dfrac{1}{2} \times \dfrac{qa^2}{2} \times a = \dfrac{qa^3}{4}$,$y_1 = \dfrac{2}{3}a$

AB 段:M_P 图为非标准抛物线,$\overline{M}$ 图为一个三角形。为此可将 AB 段的 M_P 图分解为一个三角形和一个顶点在 AB 跨中的标准二次抛物线图形。这样其弯矩图形的面积和形心位置均易确定。计算如下:

$$\omega_2 = \dfrac{1}{2} \times \dfrac{qa^2}{2} \times a = \dfrac{qa^3}{4}, \quad y_2 = \dfrac{2}{3}a$$

$$\omega_3 = \dfrac{2}{3} \times \dfrac{qa^2}{8} \times a = \dfrac{qa^3}{12}, \quad y_3 = \dfrac{a}{2}$$

(4) 计算 Δ_{Bx}。

$$\Delta_{Bx} = \dfrac{1}{EI}(\omega_1 y_1 + \omega_2 y_2 + \omega_3 y_3)$$
$$= \dfrac{1}{EI}\left(\dfrac{qa^3}{4} \times \dfrac{2}{3}a + \dfrac{qa^3}{4} \times \dfrac{2}{3}a + \dfrac{qa^3}{12} \times \dfrac{a}{2}\right)$$
$$= \dfrac{3qa^4}{8EI}(\rightarrow)$$

7.4 静定结构的特性

7.4.1 静定结构的一般性质

静定结构的一般性质如下:

(1) 静定结构的反力和内力仅由静力平衡方程完全确定,且解答是唯一的。

结构静定的充要条件是该体系几何不变且无多余约束,因此静定结构独立平衡方程的个数恰好等于未知约束反力的个数,静定结构的全部反力和内力仅利用静力平衡方程即可确定,且解答是唯一的确定值。这是静定结构最基本的性质。

(2) 静定结构的反力和内力与构件的材料性质、截面形状尺寸无关,而静定结构的位移与杆件的刚度是密切相关的。

静定结构的全部反力和内力仅利用静力平衡方程即可确定。因此,反力和内力只与荷载以及结构的几何形状和尺寸有关,而与构件所使用的材料(E,G)及其截面形状和尺寸(I,A)无关。根据上述性质,对于图 7-54 所示梁,改变杆件的弯曲刚度 EI_1 或 EI_2,均不能起到改变结构内力分布的效果。需要注意的是,结构的位移与杆件的刚度是密切相关的,同样是图 7-54 所示梁,改变杆件的弯曲刚度 EI_1 或 EI_2,都会对结构的相关位移产生影响。

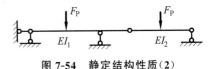

图 7-54　静定结构性质(2)

(3) 非荷载因素不引起静定结构的反力和内力,而引起静定结构的位移。

非荷载因素如温度变化、支座移动和制造误差等只能使静定结构产生位移,而不能产生反力和内力。如图 7-55(a)所示,支座移动虽然没有使杆件发生变形,但使杆件的几何位置发生改变,从而也产生了结构的位移。如图 7-55(b)所示,三铰拱中杆 AC 因施工误差短了一点,拼装后结构形状如虚线所示,但三铰拱内不会产生内力。如图 7-55(c)所示,由于温度变化使杆件发生变形,从而产生了结构的位移。

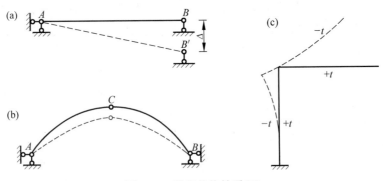

图 7-55　静定结构性质(3)

(4) 静定结构的局部平衡特性。

荷载作用下,如果静定结构中的某一局部(几何不变部分)就可以与荷载维持平衡,则只有该部分受力,其余部分不受力。如图 7-56 所示静定梁,梁 AB 是几何不变部分即基本部分,当荷载 F_P 作用在基本部分 AB 时,它自身即可与荷载 F_P 维持平衡,因此梁 BC 即附属部分不受力。

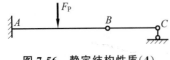

图 7-56　静定结构性质(4)

(5) 静定结构的荷载等效替代特性。

当静定结构中某一几何不变部分上的荷载作静力等效变换时,仅使该几何不变部分的内力发生变化,其余部分内力不变。图 7-57(a)、(c)所示同一静定梁,在静力等效的两组荷载分别作用下,弯矩图如图 7-57(b)、(d)所示,可见当荷载在 BC 部分作等效变换之后,该部分的弯矩图形状和数值发生变化,而 AB 部分的弯矩图没有任何改变。

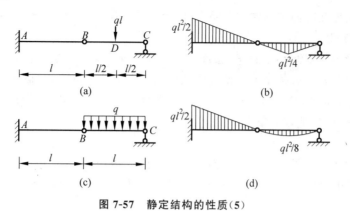

图 7-57 静定结构的性质(5)

（6）静定结构的构造变化特性。

静定结构中的某一几何不变部分作构造等效变换时，其余部分的反力和内力不发生变化。图 7-58(a)所示静定梁，将其中的构件 BC 改为一个小桁架，如图 7-58(c)所示，绘制两个结构的弯矩图如图 7-58(b)、(d)所示。比较两个弯矩图可知，BC 部分发生构造变化时，只有自身部分的内力发生改变，而结构中其余部分的内力不变。

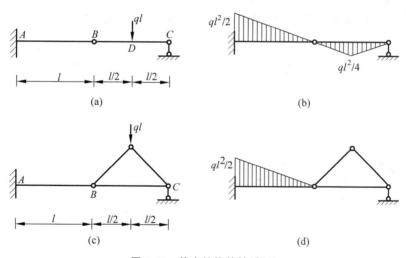

图 7-58 静定结构的性质(6)

7.4.2 几种静定结构的受力性能比较

结构截面上的内力一般有弯矩、剪力和轴力，下面从内力方面考虑讨论结构的合理形式。

（1）杆件应力（内力分布集度）在横截面上均匀分布，材料可以充分利用。轴力产生的正应力均匀分布，弯矩产生的正应力呈线性分布；在弯矩的作用下，截面上中性轴附近的材料不能充分发挥作用。因此合理的结构应该是无弯矩或小弯矩结构。

（2）杆件的内力值分布比较均匀，避免出现较大内力截面。因此采用合理结构形式减小内力峰值。

下面对常见的几种静定结构在同跨度、同荷载的情况下进行力学性能的比较。

1. 多跨静定梁

多跨梁的受力特点减小了简支梁的跨度,在多跨静定梁中,由于伸臂的设置,作用在外伸梁段的荷载及附属部分传来的力使支座处截面产生了反向弯矩,调整外伸部分的长度,可使弯矩峰值减小,如图 7-59(b)所示。所以多跨静定梁可应用于较大跨度的结构,较相应的简支梁节省材料,但构造较为复杂。

2. 刚架

三铰刚架由于水平推力形成反弯而减小弯矩值,同时刚架利用刚结点能够承受和传递弯矩的特点来减小弯矩。调节梁和柱的相对尺寸,可以使弯矩的峰值降到最低,如图 7-59(d)所示。

3. 拱结构

由于在竖向荷载下存在水平推力,弯矩比相应简支梁小,以压力为主,分布内力在截面上的分布比较均匀。特别是按主荷载设计为合理拱轴时,结构中弯矩很小,截面主要承受压缩的轴力,从而可使脆性材料很好地发挥抗压作用。由于推力对支座的要求提高,可改用拉杆承受推力,如图 7-59(e)所示。

悬索结构因索柔软,索的抗弯刚度可以忽略,弯矩和剪力为零,只有轴力且为拉力。悬索结构相当合理,越来越多地应用于大跨度桥梁和建筑。悬索的平衡形式与三铰拱的合理

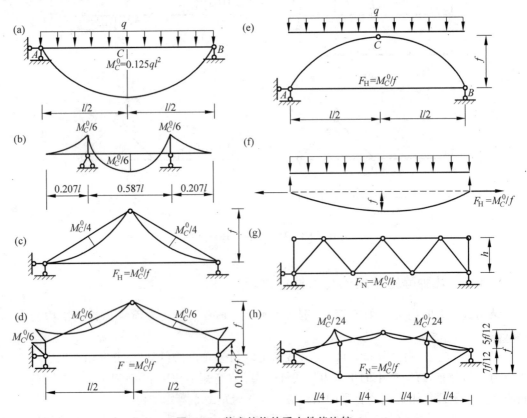

图 7-59 静定结构的受力性能比较

拱轴线相同。在竖向荷载作用下,拱的水平反力是向内的推力,悬索的水平反力是向外的拉力,如图 7-59(f)所示。

4. 桁架结构

当静定结构跨度较大时,一般不采用梁作为承重结构,而采用桁架结构。桁架中的杆件都是二力杆,在结点荷载作用下,各杆都只产生轴力,正应力在横截面上均匀分布,材料能充分发挥作用,因而是合理的结构形式。平行弦桁架作为典型的梁式桁架,弯矩完全由上下弦杆承受,剪力由腹杆承受,因此桁架比梁能跨越更大的空间,对于大跨度的结构常用桁架来代替梁式结构,如图 7-59(g)所示。

5. 组合结构

组合结构是由梁式杆和链杆组成,梁式杆由于链杆的支撑力产生反弯,降低了弯矩的峰值,比较合理。如图 7-59(c)所示带拉杆的三铰屋架,其拉力为 $F_H = \dfrac{M_C^0}{f}$,由于拉力的作用,上弦杆的弯矩峰值减少为 $\dfrac{M_C^0}{4}$。如图 7-59(h)所示的组合结构,弯矩峰值减小为 $\dfrac{M_C^0}{24}$。

总之,多跨静定梁和外伸梁利用支座处的负弯矩可以减小跨中的正弯矩;在有推力的结构中,例如三铰拱、三铰刚架,利用水平推力来减小弯矩峰值;刚架则利用刚结点能承受弯矩来减小跨中弯矩;在桁架中,利用杆端的铰接及结点荷载,使桁架各杆处于无弯矩状态;三铰拱采用合理拱轴,可使拱在给定荷载作用下处于无弯矩状态。以上静定结构形式都是利用自身的力学性能减小弯矩峰值,来达到合理受力情况。

从以上的比较中可以看出,简支梁的弯矩最大,外伸梁、三铰刚架、组合结构次之,而桁架和具有合理拱轴的三铰拱则弯矩为零。基于这些受力特点,在实际工程中,简支梁多用于小跨度结构;外伸梁、三铰刚架、组合结构可用于跨度较大的结构;当跨度更大时,可采用桁架或拱结构。各种结构都有自己适用的跨度范围。

从另一方面看,简支梁虽然弯矩较大,但施工简单、制作方便,所以在工程实际中简支梁仍被广泛采用。其他结构形式虽有优越的力学特性,但构造复杂、施工不便,所以在选择结构形式时,不能只从力学特性一面来考虑,还必须进行全面的经济分析和比较。

拓展阅读

结构与荷载的对称性

在实际工程中,无论是静定结构还是超静定结构,大部分民用建筑、公共建筑均依照我国讲究的对称为美的特征进行设计、建造。那么对称结构从力学角度有什么特点呢?

一、结构的对称性

我国的建筑结构,从古代的宫殿到近代的一般住房,出于受力及美观考虑,绝大部分是对称的。如图 7-60 所示的天安门城楼,由城台和城楼两部分组成,位于北京中轴线上,左右对称、造型威严庄重,气势宏大。如图 7-61 所示的常见钢筋混凝土框架房屋结构的计算简图,也是左右对称的。

图 7-60 天安门城楼

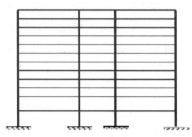
图 7-61 钢筋混凝土框架结构

二、荷载的对称性

如图 7-62 所示,对称结构在正对称荷载的作用下,其内力和变形是正对称的。对称结构在反对称荷载的作用下,其内力和变形是反对称的。

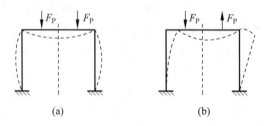

图 7-62 对称荷载与反对称荷载

三、对称性的应用

结构受力分析时,可以有效利用内力对称性的特点,定性地判断杆件的受力情况。如桁架计算中,经常需要判断零杆,也就是哪个杆件的受力为零。

如图 7-63(a)所示的对称桁架,在正对称荷载的作用下,由桁架对称受力特点可知,CD 杆件和 CE 杆件是正对称的,因此二者轴力应该相等,即 $F_{NCD}=F_{NCE}$;然而,C 结点为 K 形结点,如图 7-63(c)所示,由结点 C 的平衡条件可知,CD 杆件和 CE 杆件的轴力是大小相等,方向相反的,即 $F_{NCD}=-F_{NCE}$。所以可以得到如下结论:对称桁架在正对称荷载作用下,对称轴通过的 K 形结点上,位于直杆同侧的倾斜的两个杆件轴力为零,即 $F_{NCD}=F_{NCE}=0$。

如图 7-63(b)所示的对称桁架,在反对称荷载的作用下,由桁架对称受力特点可知,桁架轴力呈现反对称分布,杆件 DE 一端受压另一端受拉,如图 7-63(d)所示;然而杆件 DE 为二力杆件,内力为常数不变。因此可以得到以下结论:对称桁架在反对称荷载作用下,对称轴上的杆件轴力为零,即 $F_{NDE}=0$。

结构位移计算解开"悬空寺"力学之谜

山西省浑源县的悬空寺如图 7-64(a)所示,给人以"悬险"的印象。楼体大部分悬空,在所有悬空寺的楼阁和栈道下都埋有横梁,这些直径 50 cm 左右的横梁好像是从岩石中长出

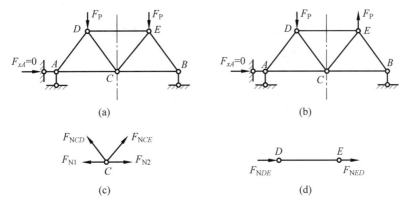

图 7-63 对应性应用

来的一样,露在外面的部分有 1 m 左右,它的上面正好用木板铺成走廊,如图 7-64(b)所示。走廊和整个楼阁的底座直接压在这些横梁上,在横梁的下面有木柱支撑,木柱下端牢牢地压在岩石上,长十几米的柱子不及碗口粗。悬空寺给人以岌岌可危的感觉,仿佛撤掉了木柱,悬空寺就会掉下来。

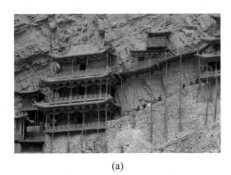

图 7-64 悬空寺

我们对悬空寺的横梁进行力学建模和位移分析计算,发现了"悬而不险"的力学奥秘。如图 7-65 所示,L 为横梁的长度,a 为横梁压在基岩面的长度。要保证阁楼不倾斜,底层楼板应保持水平,也就是 C 处不可下沉,产生支撑力 F_C。而且临界状态下,横梁 AB 段只有 B 点接触岩石面而产生支撑力 F_B。

如图 7-66 所示,保证阁楼水平的位移条件是 B 点和 C 点的竖向位移等于零,利用叠加原理得到以下两个几何变形条件。

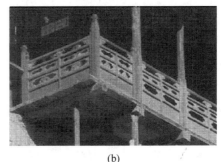

图 7-65 悬空寺横梁力学建模

$$\delta_B = \delta_{B1} + \delta_{B2} + \delta_{B3} = 0$$
$$\delta_C = \delta_{C1} + \delta_{C2} + \delta_{C3} = 0$$

运用图乘法计算出横梁在均布荷载 q,集中力 F_B 和 F_C 单独作用下的产生的 B 处和 C 处的位移。

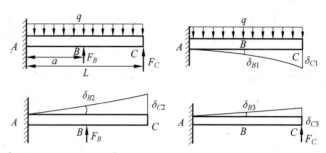

图 7-66 悬空寺横梁位移计算

$$\delta_{B1} = \frac{qa^2}{24EI}(4La - 6L^2 - a^2)$$

$$\delta_{B2} = \frac{F_B a^3}{3EI}$$

$$\delta_{B3} = \frac{F_C a^2}{6EI}(3L - a)$$

$$\delta_{C1} = -\frac{qL^4}{8EI}$$

$$\delta_{C2} = \frac{F_B a^2}{6EI}(3L - a)$$

$$\delta_{C3} = \frac{F_C L^3}{3EI}$$

利用 B 点和 C 点的位移条件,计算可以得到 B 点和 C 点的支撑力。

$$F_B = \frac{qL^3}{4a}(3L - 2a)(L - a)$$

$$F_C = \frac{q(L-a)[6L(L-a)^2 - a^3]}{4[(3L-a)a^2 + 4L^3]}$$

分析 C 点的受力情况可知,当 $a = 0.74L$ 时,$F_C = 0$,立柱 DC 不受力,仅仅起到给人视觉上的安全作用,实际上并不承受压力。这时横梁悬空的最佳长度应为 $0.26L$。为了满足这个要求,古代设计师经过精心设计调整立柱的支撑点,如图 7-64(b)所示,保证立柱到岩石面 B 点的距离是立柱到固定端 A 点的距离的 1/4 左右。这就验证了"悬空寺横梁下面有 3 m 长的岩石基座,只有 1 m 是悬空的"的说法。所以,悬空寺的立柱不是用来承受重量的,而是用于调节阁楼的水平。

悬空寺从力学角度进行结构位移计算,发现了"悬而不险"的力学奥秘,证明了悬空寺是力学、美学的结合体,也是我国古代能工巧匠的精准设计的智慧结晶。

小结

静定结构受力分析和位移分析是本章的两个主题,是超静定结构分析的基础。因此本章内容是建筑力学的一个重要的基础性内容,应当熟练掌握。

静定杆件结构根据其受力特点分为五种常见型式:梁、拱、刚架、桁架、组合结构。

1. 静定结构的受力分析

(1) 静定结构的受力分析方法

静定结构受力分析的基本方法是隔离体平衡法，即通过选取隔离体，建立平衡方程，求解方程从而得到相应的支座反力和内力。

静定结构受力分析的关键是通过结构的几何组成方式确定其受力分析的顺序（一般是按照几何组成的相反顺序求解）并确定支座反力，再利用截面法通过平衡条件计算各杆件内力。

计算静定结构的支座反力时，从几何组成角度将静定结构分为两刚片结构（包括简支式和悬臂式）、三刚片结构和基本附属型结构等类型，利用静力平衡条件即可求解支座反力。其中，两刚片结构可以直接求解；三刚片结构应通过整体平衡和局部平衡联立求解；基本附属型结构应按照"先附属，后基本"的顺序求解。

计算杆件内力时，应先明确不同类型静定结构中内力及其正负号规定。利用截面法求解，取隔离体时应注意：宜选取外力较少的部分作为隔离体，且不能遗漏任何荷载和支座反力。

绘制静定结构的内力图时，应充分考虑荷载与内力之间的微分关系，掌握内力图形的特征。作静定结构的内力图，尤其是绘弯矩图，是学习本课程的一项基本训练。速画结构在单一荷载作用下的弯矩图，是顺利学习后续课程的基础。

分段法作弯矩图的一般步骤是：①计算结构支座反力。②选定若干控制截面，将结构离散成单个杆件。③利用截面法的简捷步骤求得控制截面（杆件的两端）弯矩值。④在有均布荷载作用区段，用二次抛物线连接各杆的杆端弯矩纵坐标顶点；无均布荷载作用的区段，用直线连接各杆的杆端弯矩纵坐标顶点。⑤将各杆的弯矩图拼装在一起，得到弯矩图。

(2) 各种结构形式的分析要点。

① 梁和刚架的受力分析要点。

梁和刚架中的杆件都是受弯直杆（梁式杆），弯矩是主要内力。对于结构的受力分析通常要画出结构的弯矩图、剪力图和轴力图。

② 桁架和组合结构的受力分析要点。

桁架由只有轴力的链杆组成，组合结构由链杆和梁式杆组成。桁架的内力计算可先判别零杆，再选择结点法或截面法计算。结点法和截面法是计算桁架轴力的基本方法，要熟练掌握。分析组合结构时，正确识别出链杆和梁式杆后，一般先求出链杆的轴力，然后画出梁式杆的内力图。

③ 三铰拱的受力分析要点。

三铰拱的轴线为曲线，在竖向荷载作用下有水平推力，内力以轴力为主，且为压力。求解三铰拱的反力和内力主要利用数解法，即通过截面法列出静力平衡方程求出任一截面的内力。

2. 静定结构在荷载作用下的位移计算

求结构位移计算的方法是单位荷载法，即利用实际状态和虚拟状态的内力来确定某截面的位移。

(1) 虚拟状态的建立。虚设单位荷载是为了计算位移，因此，应根据所求位移而假设单位荷载，即在所求位移处沿所求位移方向加一虚设单位力从而建立起一虚拟状态。

(2) 桁架的位移主要是由轴力引起的，其位移计算公式为

$$\Delta = \sum \frac{F_{NP}\overline{F}_N}{EA}l$$

(3)梁和刚架的位移主要是由弯矩引起的,采用图乘法计算:

$$\Delta = \sum \frac{\omega y_C}{EI}$$

应用图乘法时应注意:杆轴为直线;各段的 EI 分别等于常数;在 M_P 和 $\overline{M}$ 两图中,至少有一个是直线图形;若面积 ω 与纵坐标 y_C 在杆件同一侧时,乘积取正值,否则取负值;若 M_P 和 $\overline{M}$ 都是直线图形,则纵坐标 y_C 可取自其中任一个图形。

课后练习

思考题

思 7-1 如何区分多跨静定梁的基本部分和附属部分?

思 7-2 为什么说多跨静定梁的弯矩比一系列简支梁的弯矩要小?

思 7-3 刚架刚结点处的弯矩图有什么特点?

思 7-4 简述刚结点和铰结点在变形、受力方面的区别。

思 7-5 计算桁架内力的方法有哪些?

思 7-6 判断桁架零杆有哪些方法?

思 7-7 拱和曲梁有何区别?

思 7-8 什么是三铰拱的合理拱轴线?

思 7-9 组合结构在构造上有什么特点?

思 7-10 计算结构位移的目的是什么?

思 7-11 用单位荷载法求结构位移时,如何确定结构虚拟状态的单位力?

思 7-12 图乘法的应用条件是什么?

习题

习 7-1 作图示的多跨静定梁的弯矩图。

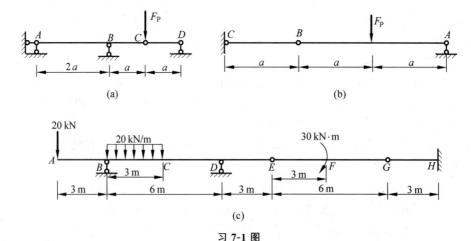

习 7-1 图

习 7-2　作图示的多跨静定梁的弯矩图,并比较二者的特点。

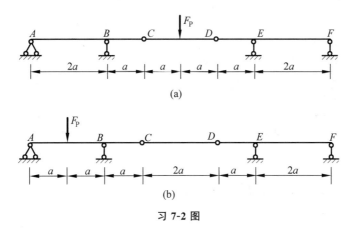

习 7-2 图

习 7-3　作图示的悬臂刚架的内力图。

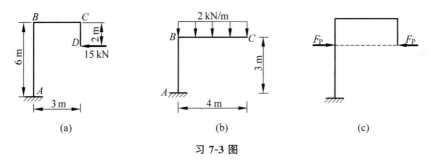

习 7-3 图

习 7-4　作图示的简支刚架的内力图。

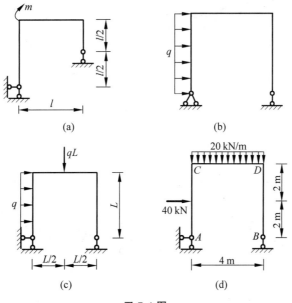

习 7-4 图

习 7-5 作图示的三铰刚架的弯矩图。

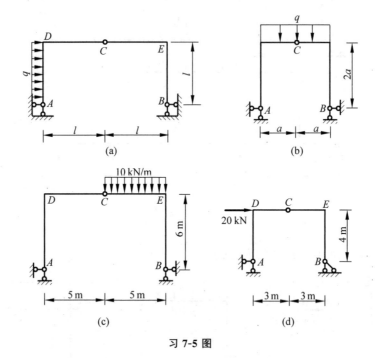

习 7-5 图

习 7-6 分析图示桁架的类型,并指出零杆。

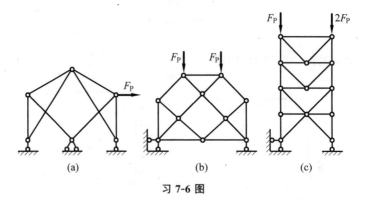

习 7-6 图

习 7-7 计算图示的桁架各杆的轴力。

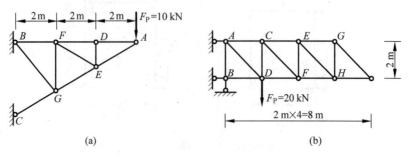

习 7-7 图

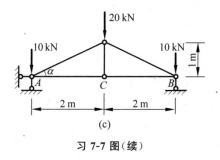

习 7-7 图（续）

习 7-8　计算图示的桁架各指定杆的轴力。

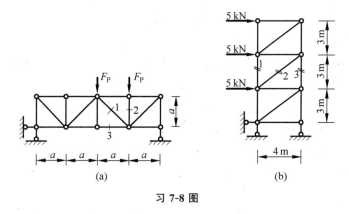

习 7-8 图

习 7-9　分别计算图示 M_P 与 $\overline{M}$ 两个弯矩图的图乘结果。（各小题中上图为 M_P，下图为 $\overline{M}$，EI 为常数）

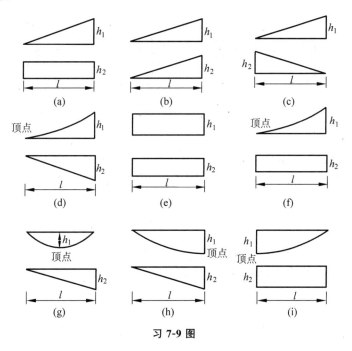

习 7-9 图

习 7-10　用单位荷载法求图示静定梁桁架指定截面的位移。（各杆 EA 均为常数）

(1) 图(a)中 A 点的竖向线位移 Δ_{Ay}；

(2) 图(b)中 C 点的竖向线位移 Δ_{Cy}。

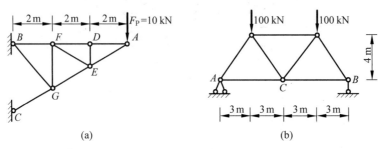

习 **7-10** 图

习 7-11　用图乘法求图示静定梁指定截面的位移。（图中未注明者，各杆 EI 均为常数）

(1) 图(a)中 C 截面的竖向线位移 Δ_{Cy} 和 B 截面的转角 φ_B；

(2) 图(b)中 C 截面的竖向位移 Δ_{Cy}；

(3) 图(c)中 B 截面的竖向位移 Δ_{By} 和 B 截面的转角 φ_B；

(4) 图(d)中 D 截面的竖向线位移 Δ_{Dy}。

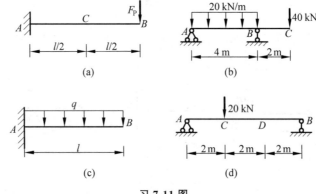

习 **7-11** 图

习 7-12　用图乘法求图示刚架指定截面的位移。（图中未注明者，各杆 EI 均为常数）

(1) 图(a)中 C 截面的竖向位移 Δ_{Cy}；

(2) 图(b)中 C 截面的水平位移 Δ_{Cx}；

(3) 图(c)中 B 截面的转角 φ_B；

(4) 图(d)中 AD 两截面的相对转角 φ_{AD}；

(5) 图(e)中 AB 两截面的相对线位移 Δ_{AB}；

(6) 图(f)中 C 点左右两截面的相对角位移 φ_{C-C}。

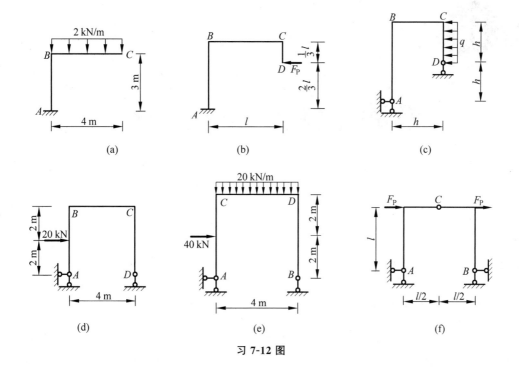

习 7-12 图

客观题

第 7 章

第 8 章

超静定结构的受力分析

8.1 超静定结构概述

8.1.1 超静定结构的概念

在第 7 章中,我们讨论了静定结构的计算。静定结构支座反力和内力仅用静力平衡条件即可求得,如图 8-1(a)所示的简支梁为静定结构。但在工程实际中还有另一类结构,它们的反力和内力只凭静力平衡条件不能确定或不能全部确定,这类结构称为超静定结构。例如,图 8-1(b)所示的连续梁共有 4 个支座反力,只凭 3 个静力平衡方程是无法全部求出其 4 个支座反力的,更无法进一步确定其内力,因此是超静定结构。又如图 8-3(a)所示的桁架,虽然它的反力和部分杆件的内力可以由静力平衡条件求得,但却不能确定全部杆件的内力。所以,这两个结构都是超静定结构。

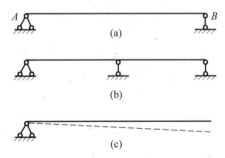

图 8-1 超静定结构的特征

从几何组成分析的角度看,静定结构是没有多余约束的几何不变体系。若去掉其中任何一个约束,静定结构将变成几何可变体系。例如,图 8-1(a)所示的简支梁,若去掉支座 B 处的链杆,就变成图 8-1(c)所示的几何可变体系。也就是说静定结构的任何一个约束对维持其几何不变性都是必要的,称为必要约束。而超静定结构就其几何构造来说,若去掉其某一个或某几个联系后,则仍然可能是一个几何不变体系。例如图 8-2(a)所示的连续梁,若去掉支座 B 处的链杆,就得到图 8-2(b)所示的简支梁,它是几何不变的。又如图 8-3(a)所示的超静定桁架,若去掉其中不在同一结点的两根腹杆 1、2,得到图 8-3(b)所示的静定桁架,它也是几何不变的。由此可以看出,仅就保持结构的几何不变性来说,超静定结构具有多余约束。多余约束可以是外部的,如图 8-2(a)所示连续梁支座处的竖向链杆,也可以是内部的,如图 8-3(a)所示桁架的腹杆 1、2。多余约束中产生的力称为多余约束力。如图 8-2(b)中支座 B 处的反力 F_{By} 以及图 8-3(b)中腹杆 1、2 中的内力 F_{N1}、F_{N2},都称为多余约束力。

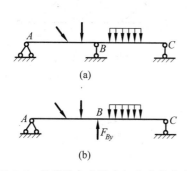
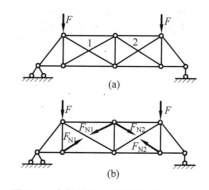

图 8-2 外部的多余约束与多余约束力　　图 8-3 内部的多余约束与多余约束力

由于多余约束的存在,超静定结构相对静定结构可提高结构的强度、刚度及稳定性,因而在建筑工程中,超静定结构有广泛的应用。超静定结构的内力计算基本的方法分为两种:一是力法,二是位移法。由于超静定结构的计算量很大,因此还有其他实用计算方法,包括电算方法、力矩分配的方法等,但都是建立在这两种基本方法的基础上。

8.1.2 超静定结构类型

在建筑结构中,有大量的超静定结构。根据其形式和受力的特点,分为如下几类。

1. 超静定梁

在房屋和桥梁建筑中,钢筋混凝土的主梁和次梁可做成连续梁如图 8-4(a)所示,常作为承重结构,还有单跨超静定梁,如图 8-4(b)、(c)所示。

2. 超静定刚架

刚架的应用甚为广泛,单层或多层工业厂房(图 8-5)、高层及大型公共建筑,都常采用刚架作为承重结构。在设计与施工部门常称刚架为框架。

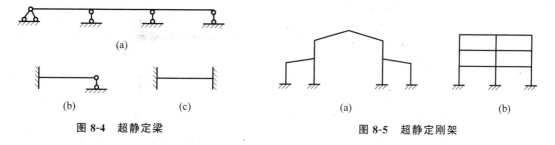

图 8-4 超静定梁　　　　　　　　图 8-5 超静定刚架

3. 超静定桁架

在大型工业与民用建筑和大跨度的桥梁中,有时采用超静定桁架。武汉长江大桥、南京长江大桥的正桥采用米式腹系的超静定桁架,如图 8-6(a)所示。如图 8-6(b)所示的交叉腹系桁架,常作为屋盖中桁架结构的支撑系统。

4. 超静定拱

超静定拱可用在大跨度房屋建筑和桥梁中。如图 8-7(a)所示有拉杆的两铰拱,常作为屋盖结构;如图 8-7(b)所示无铰拱,多用在桥梁结构中。

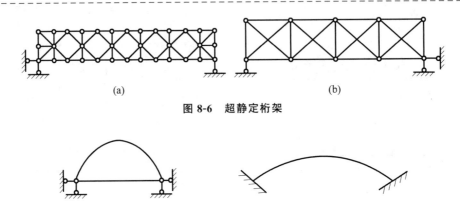

图 8-6 超静定桁架

图 8-7 超静定拱

5. 超静定组合结构

如图 8-8(a)所示的结构,当荷载作用在 AB 梁上时,AB 梁是弯曲变形为主的杆件,而杆件 1、2、3 均为二力杆,因此称为组合结构。如图 8-8(b)所示的结构,当水平荷载作用在结点上时,除三根立柱为压弯杆件外,其余各杆均为二力杆,也称为组合结构。这种结构用在厂房建筑中,又称为厂房排架。

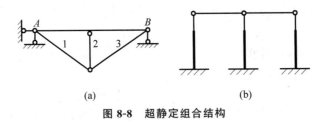

图 8-8 超静定组合结构

8.1.3 超静定次数的确定

超静定结构多余约束的数目,或者多余约束力的数目,称为结构的超静定次数。有多少个多余约束,相应地便有多少个多余约束力。确定结构超静定次数的方法是:去掉超静定结构的多余约束,使之变为静定结构,则去掉多余约束的个数,即为结构的超静定次数。结构去掉多余约束的方式有以下几种。

(1) 去掉一根支座链杆或切断一根链杆,等于去掉一个约束。

图 8-9(a)所示连续梁,去掉支座 B 处链杆,变成图 8-9(b)所示简支梁。可见如图 8-9(a)所示的连续梁为一次超静定梁。同理,如图 8-9(c)所示结构,切断链杆 CD,变成图 8-9(d)所示静定结构。所以,如图 8-9(c)所示结构为一次超静定结构。

(2) 去掉一个固定铰支座或拆去一个单铰,等于去掉两个约束。

如图 8-10(a)所示刚架,去掉 C 铰得图 8-10(b)所示两个静定悬臂刚架,所以图 8-10(a)所示为二次超静定刚架。

(3) 去掉一个固定端支座或把刚性连接切开,等于去掉三个约束。

如图 8-11(a)所示刚架,将固定端支座 B 去掉,得到如图 8-11(b)所示的静定悬臂结构,所以图 8-11(a)所示为三次超静定刚架。同样也可以用在 C 截面切断刚性连接的方法,判断其超静定次数,如图 8-11(c)所示。

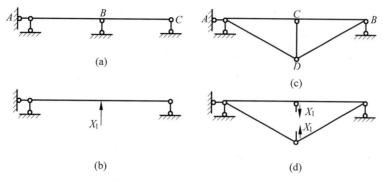

图 8-9 去掉多余约束方式(一)

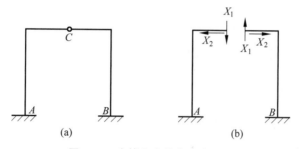

图 8-10 去掉多余约束方式(二)

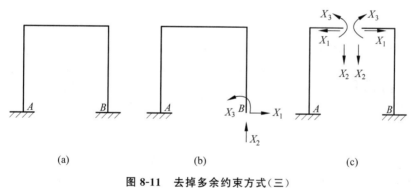

图 8-11 去掉多余约束方式(三)

(4) 将刚性连接改为单铰连接,相当于去掉一个多余约束。

如图 8-12(a)所示刚架,在横杆 C 截面上增加一个单铰,使结构成为如图 8-12(b)所示的三铰刚架。所以图 8-12(a)所示为一次超静定刚架。

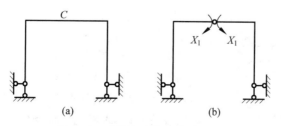

图 8-12 去掉多余约束方式(四)

另外,去掉多余约束的方法并不唯一。必须注意的是:①去掉多余约束后的结构必须是静定结构;②去掉多余约束的结构必须是几何不变体系。

例如:图8-9(a)所示连续梁,还可以将支座C链杆看成多余约束而去掉,变成图8-13(a)所示外伸梁;也可以把梁的某一截面变成单铰,形成图8-13(b)所示多跨静定梁。不能去掉维持结构几何不变性的必要约束,否则将成为几何可变体系。如图8-9(a)所示连续梁,一旦把A支座处的水平链杆去掉,该结构就变成几何可变体系(图8-13(c)),显然这是不允许的。由此可知A支座处的水平链杆不是多余约束,而是必要约束。

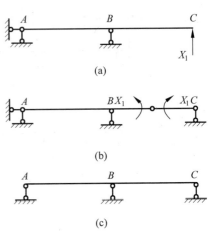

图 8-13　去掉多余约束的注意事项

8.2　力法计算超静定梁和超静定刚架

8.2.1　力法原理

力法是计算各种类型超静定结构内力的最基本方法,其基本思路是把超静定结构的计算问题转化成静定结构的计算问题。下面通过一个简单的例子说明力法的基本原理。

例如图8-14(a)所示单跨超静定梁,跨度为l,梁上均布荷载为q,梁的抗弯刚度EI为常数。此梁为一次超静定结构,可以将链杆支承B视为多余约束,撤除多余约束以多余约束力X_1代替,这时的约束力是未知的,称为多余约束力。这样原来的超静定结构转化成静定结构,这个静定结构称为基本结构,如图8-14(b)所示;原来的超静定结构称为原结构。

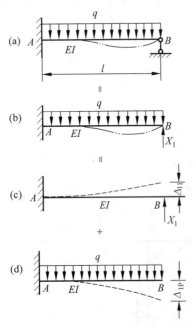

图 8-14　力法原理(一)

1) 原结构与基本结构完全等效

图8-14(a)、(b)所示的梁,二者的内力和位移完全相同,所以基本结构的多余约束力X_1就是原结构B处的支座反力。只要计算出基本结构图8-14(b)的多余约束力X_1,就可以用静力平衡的条件计算出其支座反力、内力和位移。这样就将超静定结构的计算问题转化为静定结构的计算问题。

2) 变形协调条件

因支承B的限制,原结构在多余约束处的变形或位移受到限制,这个限制称为变形协调条件。图8-14(a)、(b)所示的梁,B点的竖向位移为零,即

$$\Delta_1 = 0 \tag{8-1}$$

这就是求解多余约束力X_1的位移协调条件。由于基本结构上有向下的均布荷载q和向上的多余约束力X_1作用,根据叠加原理,分别求得它们在基本结构上B点的竖向线位移,代入以上位移条件可以得到

$$\Delta_1 = \Delta_{11} + \Delta_{1P} = 0 \tag{8-2}$$

式中,Δ_{1P} 和 Δ_{11} 分别表示荷载 q 和多余未知力 X_1 分别单独作用在基本结构上时,沿 X_1 方向的位移,如图 8-14(c)、(d)所示。Δ_{1P} 和 Δ_{11} 都用两个下标,第一个下标表示位移的位置和方向;第二个下标表示位移产生的原因。

3）力法基本方程

根据叠加原理,图 8-14(b)可以分解为图 8-14(c)、(d)两种情况的叠加,其中图 8-14(c)又等价于 $X_1 = 1$ 时变形的 X_1 倍,如图 8-15(a)所示,即

$$\Delta_{11} = \delta_{11} X_1 \tag{8-3}$$

其中 δ_{11} 表示 $X_1 = 1$ 作用时,基本结构沿 X_1 方向上产生的位移。式(8-3)表明由单位力 $X_1 = 1$ 所引起的 X_1 方向的位移 δ_{11} 可以求出,然后扩大 X_1 倍得到 Δ_{11}。

将式(8-3)代入式(8-2)得

$$\delta_{11} X_1 + \Delta_{1P} = 0 \tag{8-4}$$

根据变形协调条件建立的求解多余约束力 X_1 的方程称为力法基本方程;力法基本方程中 δ_{11}、Δ_{1P} 分别称为系数和自由项。

为了计算系数 δ_{11} 和自由项 Δ_{1P},分别作基本结构在荷载作用下的荷载弯矩图 M_P（图 8-15(d)）和在单位力 $X_1 = 1$ 作用下的单位弯矩图 $\overline{M}_1$（图 8-15(b)）。应用位移的计算方法——图乘法,即 M_P 和 $\overline{M}_1$ 图互乘,可得自由项 Δ_{1P}：

$$\Delta_{1P} = -\frac{1}{EI} \times \frac{1}{3} \cdot l \cdot \frac{ql^2}{2} \times \frac{3}{4} \cdot l = -\frac{ql^4}{8EI}$$

$\overline{M}_1$ 图自乘,可求得系数 δ_{11}：

$$\delta_{11} = \frac{1}{EI} \times \frac{1}{2} \cdot l \cdot l \times \frac{2}{3} \cdot l = \frac{l^3}{3EI}$$

代入力法方程,求得多余约束力 X_1：

$$X_1 = \frac{-\Delta_{1P}}{\delta_{11}} = -\left(-\frac{ql^4}{8EI}\right) \bigg/ \left(\frac{l^3}{3EI}\right) = \frac{3}{8}ql$$

求得的未知力是正号,表示 X_1 的实际方向与原来假设方向相同。

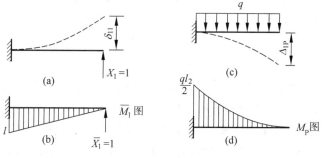

图 8-15 力法原理(二)

求出多余约束力以后,基本结构的反力和内力可以按静定结构求解。即：将多余约束力标注在原结构上,如图 8-16(a)所示,然后利用平衡条件求得其内力,作内力图,计算结果如图 8-16(b)、(c)所示。

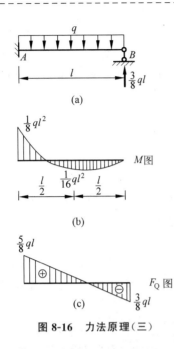

图 8-16 力法原理（三）

原结构的弯矩图也可以利用叠加原理画出：

$$M = \overline{M}_1 X_1 + M_P \quad (8-5)$$

上式含义为：结构中任意截面的弯矩 M 等于 $\overline{M}_1$ 图中的对应截面纵坐标的 X_1 倍和 M_P 图中对应截面纵坐标的代数和。

比如：在本例中，固定端支座相邻截面的弯矩为

$$M_A = \overline{M}_{A1} X_1 + M_{AP}$$
$$= l \times \frac{3}{8}ql - \frac{1}{2}ql^2$$
$$= -\frac{1}{8}ql^2$$

综上所述，用力法计算超静定结构的基本思路就是把超静定结构用带有多余约束力的基本结构来代替，利用变形条件的协调性列出力法方程，求出多余约束力，再利用平衡条件求解超静定结构的全部外力和内力。

因此，取多余约束力作为基本未知量，通过基本结构利用计算静定结构的位移达到求解超静定结构的方法叫作力法。

8.2.2 力法典型方程

8.2.1 节以一次超静定梁为例介绍了力法原理。从中可以看出用力法计算超静定结构是以多余约束力作为基本未知量，再由位移条件建立力法方程，解方程求出未知量后，再利用叠加原理或平衡条件即可求出结构的内力。这里的关键是建立力法方程，对于多次超静定结构也可以按照同样的思路得出力法的典型方程。下面以二次超静定结构为例说明怎样建立多次超静定结构的力法典型方程。

如图 8-17(a)所示的二次超静定刚架，如果将 C 处的固定铰支座去掉，用 X_1 和 X_2 约束力来代替，便得到如图 8-17(b)所示的静定结构。

由于图 8-17(b)与(a)中二者受力和变形完全等效，因此图 8-17(b)所示结构中 C 处 X_1 和 X_2 方向的位移都等于零，即

$$\begin{cases} \Delta_1 = \Delta_{Cx} = 0 \\ \Delta_2 = \Delta_{Cy} = 0 \end{cases} \quad (8-6)$$

上式为求解多余约束力 X_1 和 X_2 的位移协调条件。其中 Δ_1、Δ_2 分别表示荷载、X_1、X_2 共同作用下 C 点的水平位移和竖向位移。

对于图 8-17(b)，利用叠加原理，可以将其视为图 8-17(c)、(d)、(e)三种情况的叠加。而图 8-17(c)又可视为 $X_1 = 1$ 作用后再乘以 X_1 倍，如图 8-17(f)所示。同理，图 8-17(d)又视为 $X_2 = 1$ 作用后再乘以 X_2 倍，如图 8-17(g)所示。

用图形形象地表示它们之间的等价关系：

$$(b) = (c) + (d) + (e) = (f) + (g) + (e)$$

从图 8-17(c)、(d)、(e)分别考虑未知力 X_1、X_2 与原荷载单独作用于基本结构时在 C 点沿两个未知力方向的位移。根据位移协调条件得

$$\begin{cases} \Delta_1 = \Delta_{11} + \Delta_{12} + \Delta_{1P} = 0 \\ \Delta_2 = \Delta_{21} + \Delta_{22} + \Delta_{2P} = 0 \end{cases} \tag{8-7}$$

其中 Δ_{11}、Δ_{12}、Δ_{1P} 分别表示 X_1、X_2、荷载单独作用在基本结构上 X_1 方向产生的位移；Δ_{21}、Δ_{22}、Δ_{2P} 分别表示 X_1、X_2、荷载单独作用在基本结构上 X_2 方向产生的位移。

从图 8-17(f)、(g)、(e)可以看出，沿 X_1 方向的位移应为 $\delta_{11}X_1$、$\delta_{12}X_2$、Δ_{1P}；沿 X_2 方向的位移应为 $\delta_{21}X_1$、$\delta_{22}X_2$、Δ_{2P}。考虑位移协调条件式(8-7)，列出下列方程：

$$\begin{cases} \delta_{11}X_1 + \delta_{12}X_2 + \Delta_{1P} = 0 \\ \delta_{21}X_1 + \delta_{22}X_2 + \Delta_{2P} = 0 \end{cases} \tag{8-8}$$

该方程称为二次超静定结构的力法典型方程。其中 δ_{11}、δ_{12}、Δ_{1P} 分别表示 $X_1=1$、$X_2=1$、荷载单独作用在基本结构上沿 X_1 方向产生的位移。δ_{21}、δ_{22}、Δ_{2P} 分别表示 $X_1=1$、$X_2=1$、荷载单独作用在基本结构上沿 X_2 方向产生的位移。

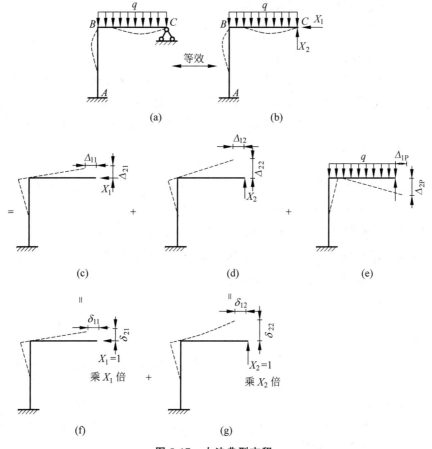

图 8-17 力法典型方程

用同样的分析方法，我们可以建立 n 次超静定结构的力法典型方程。对于 n 次超静定结构，撤去 n 个多余约束后可得到静定的基本结构，在去掉的 n 个多余约束处代以相应的多余未知力。当原结构在去掉的多余约束处的位移为零时，相应地也就有 n 个已知的位移协调条件：$\Delta_i = 0 (i=1,2,\cdots,n)$。由此可以建立 n 次超静定结构在荷载作用下的力法典型方程：

$$\begin{cases} \delta_{11}X_1 + \delta_{12}X_2 + \cdots + \delta_{1n}X_n + \Delta_{1P} = 0 \\ \delta_{21}X_1 + \delta_{22}X_2 + \cdots + \delta_{2n}X_n + \Delta_{2P} = 0 \\ \quad\quad\quad\quad\quad\quad \vdots \\ \delta_{n1}X_1 + \delta_{n2}X_2 + \cdots + \delta_{nn}X_n + \Delta_{nP} = 0 \end{cases} \quad (8\text{-}9)$$

一共有 n 个方程。其中，δ_{11}，δ_{22}，$\cdots$，δ_{nn} 位于方程的一条对角线上，称为主系数。主系数 δ_{ii} 表示基本结构在 $X_i = 1$ 单独作用下引起 X_i 方向所产生的位移，恒为正值。在对角线两侧的系数称为副系数。副系数 δ_{ij} 表示基本结构在 $X_j = 1$ 单独作用下，引起 X_i 方向所产生的位移，其值可能为正、为负或为零。根据位移的计算可知，$\delta_{ij} = \delta_{ji}$。因此，副系数只需要求计算其中一半即可。$\Delta_{iP}$ 表示基本结构在荷载作用下，引起 X_i 方向所产生的位移，其值可能为正、为负或为零，称为自由项。

力法典型方程中所有的系数和自由项均可利用上一章讲述过的静定结构位移公式求得。

8.2.3 力法的计算步骤及举例

综前所述，力法的计算步骤归纳如下：

(1) 选择基本结构和基本未知量。

确定结构的超静定次数，撤去多余约束，在多余约束处沿多余约束方向加多余约束力，使原来的超静定结构转化为静定结构。静定结构就是基本结构，多余约束力就是基本未知量。

要注意的是：虽然基本结构可以选择不同的形式，但力法的大量计算都在基本结构上进行，选择合适的基本结构可以减少计算的工作量。

(2) 建立力法典型方程。

根据超静定次数和多余约束处的变形协调条件建立力法典型方程，也就是根据多余约束处沿多余约束方向的已知的位移条件建立力法方程。

(3) 计算力法典型方程中的系数 δ_{ij} 和自由项 Δ_{iP}。

首先作基本结构在荷载和各单位未知力分别单独作用时的弯矩图 M_P，$\overline{M}_1$，$\overline{M}_2$，$\cdots$，$\overline{M}_n$，然后用图乘法分别计算系数和自由项。

(4) 求多余约束力。

将所计算的系数和自由项代入力法方程后，解出多余约束力。

(5) 作内力图。

对基本结构(静定结构)进行受力分析。用静力平衡条件或叠加法计算基本结构内力，画内力图。

上述各步中，第(3)步是重点和难点，必须加强练习，才能熟练掌握。

8-2

【例 8-1】 用力法计算图 8-18(a)所示的超静定刚架，并画内力图，已知 $EI =$ 常数。

解：(1) 选择基本结构和基本未知量。

此刚架具有一个多余约束，是一次超静定结构。把支座 A 的水平支座链杆撤去，并用多余约束力 X_1 代替，得到基本结构，如图 8-18(b)所示。其中多余约束力 X_1 为力法的基本未知量。

(2) 建立力法典型方程。

由一次超静定结构的力法典型方程可得

$$\delta_{11}X_1 + \Delta_{1P} = 0$$

(3) 计算力法典型方程的系数 δ_{11} 和自由项 Δ_{1P}。

作 $X_1=1$ 作用在基本结构上的弯矩图——单位弯矩图 $\overline{M}_1$，如图 8-18(c)所示；再作荷载单独作用在基本结构上的弯矩图——荷载弯矩图 M_P，如图 8-18(d)所示。然后由图乘法计算系数 δ_{11} 和自由项 Δ_{1P} 得到以下结果。

$\overline{M}_1$ 图自乘：

$$\delta_{11} = \frac{2}{EI}\left(\frac{1}{2}\times 6\times 6\times \frac{2}{3}\times 6\right) + \frac{1}{2EI}(6\times 6\times 6)$$

$$= \frac{144}{EI} + \frac{108}{EI} = \frac{252}{EI}$$

$\overline{M}_1$、M_P 互乘：

$$\Delta_{1P} = -\frac{1}{EI}\left[\left(\frac{1}{3}\times 180\times 6\times \frac{3}{4}\times 6\right) + \left(\frac{1}{2}\times 360\times 6\times \frac{2}{3}\times 6\right)\right] -$$

$$\frac{1}{2EI}\left[\frac{1}{2}(180+360)\times 6\times 6\right]$$

$$= -\frac{5940}{EI} - \frac{4860}{EI} = -\frac{10800}{EI}$$

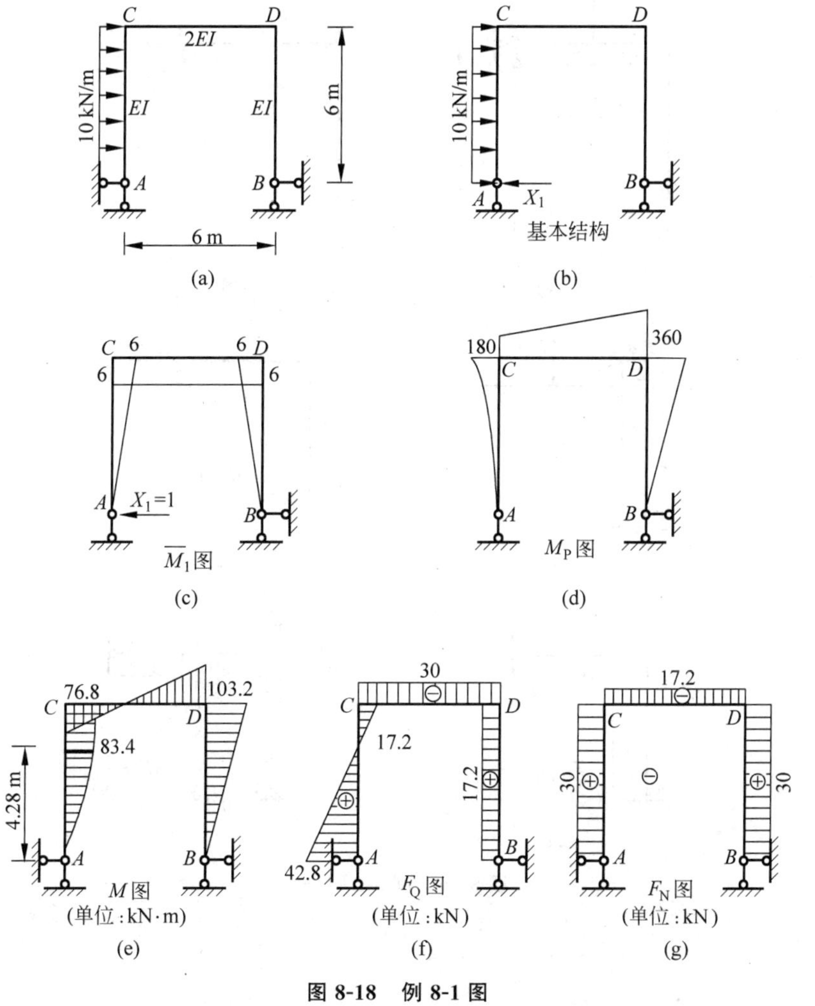

图 8-18 例 8-1 图

(4) 求多余约束力 X_1。

将系数和自由项代入力法典型方程

$$\frac{252}{EI}X_1 - \frac{10800}{EI} = 0$$

求得

$$X_1 = -\frac{\Delta_{1P}}{\delta_{11}} = -\frac{-\dfrac{10800}{EI}}{\dfrac{252}{EI}} = 42.9 \text{ kN}(\uparrow)$$

计算结果为正，表示 X_1 的实际方向和其在基本结构上的假设方向相同。

(5) 作内力图。

各杆端弯矩可按 $M = \overline{M}_1 X_1 + M_P$ 计算，弯矩图如图 8-18(e) 所示。

通过上式计算结果发现，超静定结构的弯矩图的大小与抗弯刚度 EI 的绝对值的大小无关，但与抗弯刚度 EI 的相对数值有关。

最后，剪力图和轴力图可以直接按静定结构的方法作出，如图 8-18(f)、(g) 所示。

【例 8-2】 用力法计算图 8-19(a) 所示的超静定刚架，并画弯矩图，已知 $EI_1 =$ 常数。

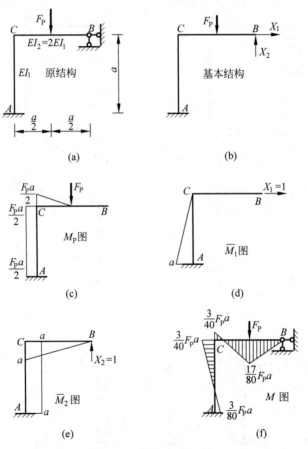

图 8-19 例 8-2 图（一）

解:(1)选择基本结构和基本未知量。

此刚架具有两个多余约束,是二次超静定结构。把支座 B 的水平支座链杆和铅垂支座链杆撤去,并用多余约束力 X_1、X_2 代替,得到基本结构,如图 8-19(b)所示。其中多余约束力 X_1、X_2 为力法的基本未知量。

(2)建立力法典型方程。

由二次超静定结构的力法典型方程可得

$$\delta_{11}X_1 + \delta_{12}X_2 + \Delta_{1P} = 0$$
$$\delta_{21}X_1 + \delta_{22}X_2 + \Delta_{2P} = 0$$

(3)计算力法典型方程的系数和自由项。

作荷载单独作用在基本结构上的弯矩图——荷载弯矩图 M_P,如图 8-19(c)所示;再作 $X_1=1$ 作用在基本结构上的弯矩图——单位弯矩图 $\overline{M}_1$,如图 8-19(d)所示;然后作 $X_2=1$ 作用在基本结构上的弯矩图——单位弯矩图 $\overline{M}_2$,如图 8-18(e)所示。最后由图乘法计算系数和自由项。

$\overline{M}_1$ 自乘:$\delta_{11} = \dfrac{1}{EI_1}\left(\dfrac{a^2}{2} \cdot \dfrac{2a}{3}\right) = \dfrac{a^3}{3EI_1}$

$\overline{M}_2$ 自乘:$\delta_{22} = \dfrac{1}{2EI_1}\left(\dfrac{a^2}{2} \cdot \dfrac{2a}{3}\right) + \dfrac{1}{EI_1}(a^2 \cdot a) = \dfrac{7a^3}{6EI_1}$

$\overline{M}_1$、$\overline{M}_2$ 互乘:$\delta_{12} = \delta_{21} = -\dfrac{1}{EI_1}\left(\dfrac{a^2}{2} \cdot a\right) = -\dfrac{a^3}{2EI_1}$

M_P、$\overline{M}_1$ 互乘:$\Delta_{1P} = \dfrac{1}{EI_1}\left(\dfrac{a^2}{2} \cdot \dfrac{F_P a}{2}\right) = \dfrac{F_P a^3}{4EI_1}$

M_P、$\overline{M}_2$ 互乘:$\Delta_{2P} = -\dfrac{1}{2EI_1}\left(\dfrac{1}{2} \cdot \dfrac{F_P a}{2} \cdot \dfrac{a}{2} \cdot \dfrac{5a}{6}\right) - \dfrac{1}{EI_1}\left(\dfrac{F_P a^2}{2} \cdot a\right) = -\dfrac{53 F_P a^3}{96 EI_1}$

(4)求多余约束力 X_1、X_2。

将系数和自由项代入力法典型方程

$$\dfrac{a^3}{3EI_1}X_1 - \dfrac{a^3}{2EI_1}X_2 + \dfrac{F_P a^3}{4EI_1} = 0$$

$$-\dfrac{a^3}{2EI_1}X_1 + \dfrac{7a^3}{6EI_1}X_2 - \dfrac{53 F_P a^3}{96 EI_1} = 0$$

约去同类项,得

$$\dfrac{1}{3}X_1 - \dfrac{1}{2}X_2 + \dfrac{F_P}{4} = 0$$

$$-\dfrac{1}{2}X_1 + \dfrac{7}{6}X_2 - \dfrac{53 F_P}{96} = 0$$

解联立方程,得

$$X_1 = -\dfrac{9}{80}F_P(\leftarrow), \quad X_2 = \dfrac{17}{40}F_P(\uparrow)$$

其中 X_1 为负值,说明 B 支座水平反力的实际方向应与假设方向相反,即应向左。

（5）作弯矩图。

根据叠加原理，计算得到各杆端弯矩，弯矩图如图 8-19(f)所示。弯矩为
$$M = X_1 \overline{M}_1 + X_2 \overline{M}_2 + M_P$$

值得注意的是：该超静定结构可以选择多种形式的基本结构，采用力法的基本计算步骤计算出最终的弯矩图。虽然计算过程中基本结构、基本未知量、荷载弯矩图、单位弯矩图、系数和自由项的数值均发生了变化，但该超静定结构的最终弯矩图是不变的。

如果该超静定结构采用另外一种基本结构进行力法的超静定结构计算，其计算结果如下：

（1）选择基本结构和基本未知量。

此刚架具有两个多余约束，是二次超静定结构。把支座 B 的水平支座链杆撤去，用多余约束力 X_2 代替；把固定端支座 A 改变为铰支座，用多余约束力 X_1 代替，得到基本结构如图 8-20(b)所示。其中多余约束力 X_1、X_2 为力法的基本未知量。

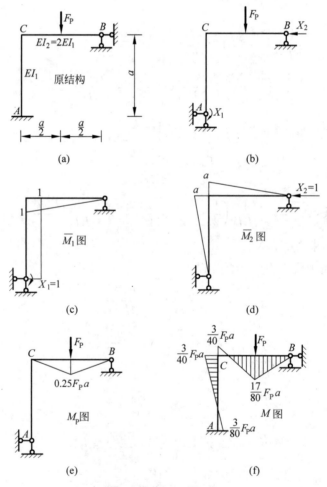

图 8-20　例 8-2 图（二）

(2) 建立力法典型方程。

由二次超静定结构的力法典型方程可得

$$\delta_{11}X_1 + \delta_{12}X_2 + \Delta_{1P} = 0$$
$$\delta_{21}X_1 + \delta_{22}X_2 + \Delta_{2P} = 0$$

(3) 计算力法典型方程的系数和自由项。

作 $X_1=1$ 作用在基本结构上的弯矩图——单位弯矩图 $\overline{M}_1$,如图 8-20(c)所示；然后作 $X_2=1$ 作用在基本结构上的弯矩图——单位弯矩图 $\overline{M}_2$,如图 8-20(d)所示；再作荷载单独作用在基本结构上的弯矩图——荷载弯矩图 M_P,如图 8-20(e)所示。最后由图乘法计算系数和自由项。

$\overline{M}_1$ 自乘：$\delta_{11} = \dfrac{1}{2EI_1}\left(\dfrac{a}{2} \cdot \dfrac{2}{3}\right) + \dfrac{1}{EI_1}(a \cdot 1) = \dfrac{7a}{6EI_1}$

$\overline{M}_2$ 自乘：$\delta_{22} = \dfrac{1}{2EI_1}\left(\dfrac{a^2}{2} \cdot \dfrac{2}{3}a\right) + \dfrac{1}{EI_1}\left(\dfrac{a^2}{2} \cdot \dfrac{2a}{3}\right) = \dfrac{a^3}{2EI_1}$

$\overline{M}_1$、$\overline{M}_2$ 互乘：$\delta_{12} = \delta_{21} = -\dfrac{1}{2EI_1}\left(\dfrac{a}{2} \cdot \dfrac{2a}{3}\right) - \dfrac{1}{EI_1}\left(\dfrac{a}{2} \cdot a\right) = -\dfrac{2a^2}{3EI_1}$

$\overline{M}_1$、M_P 互乘：$\Delta_{1P} = \dfrac{1}{2EI_1}\left(\dfrac{F_P a^2}{8} \cdot \dfrac{1}{2}\right) = \dfrac{F_P a^2}{32EI_1}$

$\overline{M}_2$、M_P 互乘：$\Delta_{2P} = -\dfrac{1}{2EI_1}\left(\dfrac{F_P a^2}{8} \cdot \dfrac{a}{2}\right) = -\dfrac{F_P a^3}{32EI_1}$

(4) 求多余约束力 X_1、X_2。

将系数和自由项代入力法典型方程

$$\dfrac{7a}{6EI_1}X_1 - \dfrac{2a^2}{3EI_1}X_2 + \dfrac{F_P a^2}{32EI_1} = 0$$

$$-\dfrac{2a^2}{3EI_1}X_1 + \dfrac{a^3}{2EI_1}X_2 - \dfrac{F_P a^3}{32EI_1} = 0$$

约去同类项,得

$$\dfrac{7}{6}X_1 - \dfrac{2a}{3}X_2 + \dfrac{F_P a}{32} = 0$$

$$-\dfrac{2}{3}X_1 + \dfrac{a}{2}X_2 - \dfrac{F_P a}{32} = 0$$

解联立方程,得

$$X_1 = \dfrac{3}{80}F_P a\ (\frown)$$

$$X_2 = \dfrac{9}{80}F_P\ (\leftarrow)$$

(5) 作弯矩图。

根据叠加原理,计算得到各杆端弯矩,弯矩图如图 8-20(f)所示。弯矩为

$$M = X_1\overline{M}_1 + X_2\overline{M}_2 + M_P$$

8.2.4 力法计算支座移动引起超静定结构的内力

超静定结构有一个重要的特点,就是无荷载作用时,也可以产生内力。如图 8-21 所示的超静定梁,虽然没有荷载作用,但当支座 B 处发生竖向线位移时,由于多余约束的存在,杆件会产生图中虚线所示的弹性变形,因而产生支座反力和杆件内力。对此仍可用力法计算,其基本原理和解题步骤均与前述荷载作用时的计算相同。只是应特别注意的是:

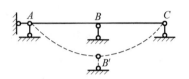

图 8-21 支座移动引起超静定结构的内力

(1) 力法方程中的自由项是由支座移动时产生的;

(2) 力法方程中等号右侧的位移不一定等于零,应该等于原结构上与多余约束力方向相应的位移。

8-3

【例 8-3】 如图 8-22(a)所示单跨静定梁,由于支座 A 发生转角 θ,作梁的弯矩图。已知梁的 EI 为常数。

解:(1) 选取基本结构。

图 8-22(a)所示为一次超静定结构,去掉 B 处链杆支座,用约束力 X_1 代替,得到图 8-22(c)所示悬臂梁为基本结构。

(2) 建立力法典型方程。

根据原结构在 B 处无竖向位移的条件,得力法方程为

$$\delta_{11}X_1 + \Delta_{1B} = 0$$

(3) 计算系数 δ_{11} 和自由项 Δ_{1B}。

系数 δ_{11} 的计算与荷载作用时一样,先画单位弯矩图 $\overline{M}_1$ 如图 8-22(b)所示,然后利用图乘法求得

$$\delta_{11} = \frac{1}{EI}\left(\frac{1}{2} \times l \times l \times \frac{2}{3}l\right) = \frac{l^3}{3EI}$$

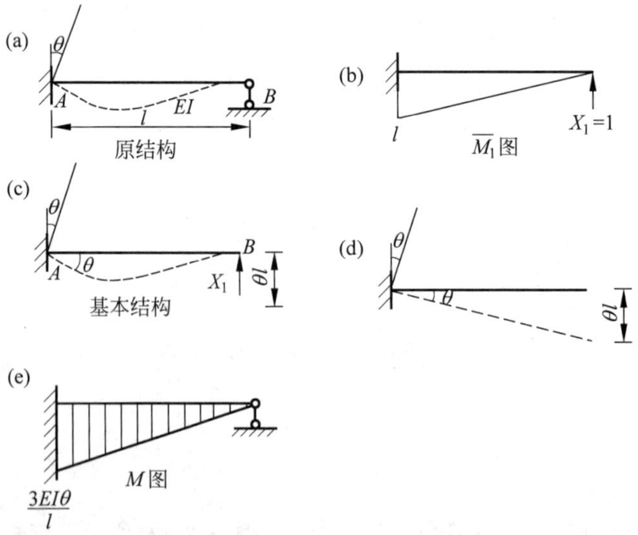

图 8-22 例 8-3 图

自由项 Δ_{1B} 是由于支座 A 的转角位移 θ 在基本结构上沿 X_1 方向引起的位移。由图 8-22(d)可见，利用几何条件，当 θ 很小时，$\Delta_{1B} = -\theta l$。负号表示 Δ_{1B} 的方向与 X_1 的方向相反。

（4）求多余未知力。

将 δ_{11}、Δ_{1B} 代入力法方程得

$$\frac{l^3}{3EI}X_1 - \theta l = 0$$

解得

$$X_1 = \frac{3EI\theta}{l^2}(\uparrow)$$

（5）作弯矩图。

由于基本结构为静定的，支座移动时不产生内力，因此原结构的内力全部是由多余未知力产生。所以只要将 $\overline{M}_1$ 图乘以 X_1 的值即可：

$$M = \overline{M}_1 \cdot X_1$$

$$M_{AB} = l \cdot \left(\frac{3EI\theta}{l^2}\right) = \frac{3EI\theta}{l}$$

$$M_{BA} = 0$$

作弯矩图如图 8-22(e)所示。

【例 8-4】 如图 8-23(a)所示单跨静定梁，由于 B 端支座向下位移 Δ，作梁的弯矩图。已知梁的 EI 为常数。

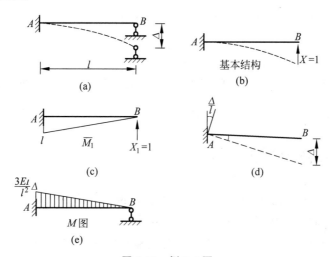

图 8-23 例 8-4 图

解：（1）选取基本结构。

图 8-23(a)所示为一次超静定结构，去掉 B 处链杆支座，用多余约束力 X_1 代替，得到图 8-23(b)所示悬臂梁为基本结构。

（2）建立力法典型方程。

根据原结构在 B 处竖向位移的条件，如图 8-23(d)所示，得力法方程为

$$\delta_{11}X_1 = -\Delta$$

其中负号表示位移的方向与多余约束力 X_1 方向相反。

(3) 计算系数 δ_{11}。

系数 δ_{11} 的计算与荷载作用时一样,先画单位弯矩图 $\overline{M}_1$ 如图 8-23(c)所示,然后利用图乘法求得

$$\delta_{11} = \frac{1}{EI}\left(\frac{1}{2} \times l \times l \times \frac{2}{3}l\right) = \frac{l^3}{3EI}$$

(4) 求多余未知力。

将 δ_{11} 代入力法方程,解得

$$X_1 = -\frac{3EI\Delta}{l^3}$$

(5) 作弯矩图。

由于基本结构为静定的,支座移动时不产生内力,因此原结构的内力全部是由多余未知力产生。所以只要将 M_1 图乘以 X_1 的值即可:

$$M = \overline{M}_1 \cdot X_1$$

$$M_{AB} = l \cdot \left(-\frac{3EI}{l^3}\Delta\right) = -\frac{3EI}{l^2}\Delta$$

$$M_{BA} = 0$$

作弯矩图如图 8-23(e)所示。

由图 8-22(e)、图 8-23(e)的弯矩图可见,超静定结构由于支座位移会产生内力,内力的大小与杆件的刚度 EI 成正比,与杆长 l 成反比。或者说,其内力的大小与杆的 $\frac{EI}{l}$ 成正比。

为方便起见,$\frac{EI}{l}$ 常用 i 表示,称为杆的线刚度。其物理意义是单位长度杆的抗弯刚度。因此由支座移动引起的杆件内力与杆的线刚度 i 成正比。

8.3 利用对称性的简化计算

在工程中有很多对称结构,所谓对称结构需满足两个方面:

(1) 结构的几何形状、支承情况对某轴对称;

(2) 杆件截面形状和尺寸及材料性质也对该轴对称,即在对称位置的杆件,其 EI、EA 值均相同。

这类结构称为对称结构。工程中有很多结构是对称的,如图 8-24(a)、(b)所示。还有如图 8-24(c)、(d)所示的连续梁和桁架,其两端支座虽然不同,但在竖向荷载作用下,左端支座的水平支座反力等于零,仍可看作对称结构。平分对称结构的中线称为对称轴。

作为对称结构上的荷载,有两种特殊的情况。如图 8-25(a)、(b)所示对称刚架,若将左部分绕对称轴旋转180°,与右部分结构重合,如果左右两部分上所受的荷载也重合,即大小和方向都相同,则这种荷载叫作正对称荷载;如果左右两部分上所受的荷载的作用线相重

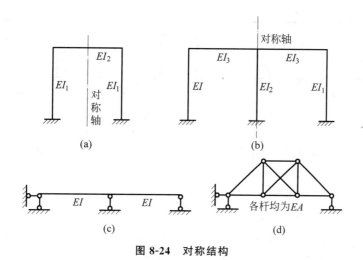

图 8-24 对称结构

合且有相同的大小,但方向恰好相反,如图 8-25(c)、(d)所示对称刚架,则这种荷载叫作反对称荷载。

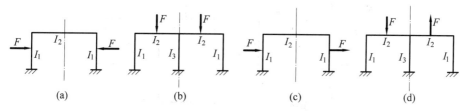

图 8-25 正对称荷载与反对称荷载

对称结构的内力、变形与荷载之间存在以下特征:当对称结构承受正对称荷载作用时,结构的变形以及轴力图、弯矩图为正对称的,剪力图为反对称,如图 8-26 所示;当对称结构承受反对称荷载作用时,结构的变形以及轴力图、弯矩图为反对称,剪力图为正对称,如图 8-27 所示。

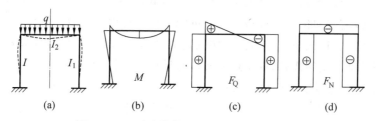

图 8-26 正对称荷载作用下的内力图和变形

正是基于上述基本特征,才可以利用结构的对称性,采用半结构的方法,对较复杂的对称结构进行简化计算。下面分对称结构承受正对称荷载和对称结构承受反对称荷载两种情况进行讨论。

1. 正对称荷载作用下的奇数跨对称结构

如图 8-28(a)所示单跨对称刚架,在对称轴上的截面 C 处不发生转角和水平位移,只有

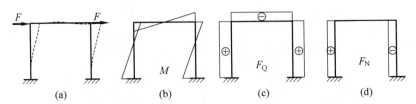

图 8-27 反对称荷载作用下的内力图和变形

竖向移动,该截面上只可能存在对称的内力(弯矩和轴力),反对称的内力(剪力)为零。因此,可将结构从对称轴 C 处截开,并在截面 C 处用两根平行链杆(即滑动支座或定向支座)代替原有联系,取其中的半刚架进行计算,如图 8-28(b)所示。

2. 正对称荷载作用下的偶数跨对称结构

如图 8-28(c)所示两跨对称刚架,在对称荷载作用下对称截面 C 处不可能产生转角和水平线位移,同时由于 CD 柱的约束作用,C 截面也不可能产生竖向移动。这样,C 截面就不可能发生任何移动。这相当于固定端支座的约束情况。因此,半刚架的计算简图如图 8-28(d)所示。同时可以判定,CD 立柱只有轴力而没有弯矩和剪力。

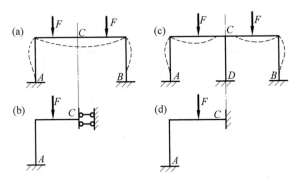

图 8-28 正对称荷载作用下结构简化

3. 反对称荷载作用下的奇数跨对称结构

如图 8-29(a)所示单跨对称刚架承受反对称荷载作用,在对称轴上的截面 K 处有水平位移和转角,但没有竖向位移。该截面上只可能存在反对称的内力(剪力),而正对称的内力(轴力和弯矩)为零。这相当于活动铰支座的约束情况。因此,可将刚架在 K 截面处截开,并将切口处用活动铰支座代替,取半边刚架进行计算,如图 8-29(b)所示。

4. 反对称荷载作用下的偶数跨对称结构

如图 8-29(c)所示两跨对称刚架在反对称荷载作用下,可将其中间柱设想为由两根竖柱组成,它们分别在对称轴的两侧与横梁刚接,其截面二次矩(惯性矩)均为 $\dfrac{I}{2}$,这样半结构可取如图 8-29(d)所示。此时,对称轴上的立柱取为 $\dfrac{I}{2}$。

按上述方法取出半边结构后,即可按解超静定结构的方法作出其内力图,然后再按对称关系画出另外半边结构的内力图。这种用半个刚架的计算简图来代替原刚架进行分析的方法就称为半刚架法。

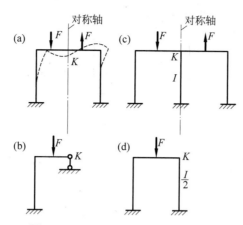

图 8-29 反对称荷载作用下结构简化

若对称刚架上作用着任意荷载,则可先将其分解为正对称荷载和反对称荷载两组;然后利用上述方法分别取半刚架计算;再将两个计算结果叠加,即得原结构的内力。

【例 8-5】 作图 8-30(a)所示三次超静定刚架的弯矩图。已知刚架各杆的 EI 均为常数。

8-5

解:(1) 利用对称性取基本结构。

① 分解荷载。

为简化计算,首先将图 8-30(a)所示荷载分解为正对称荷载和反对称荷载,分别如图 8-30(b)、(c)所示。其中图 8-30(b)所示正对称荷载作用下,由于荷载通过 CD 杆轴线,因而只 CD 杆有轴力,各杆均无弯矩和剪力,因而只作反对称荷载作用下的弯矩图即可。

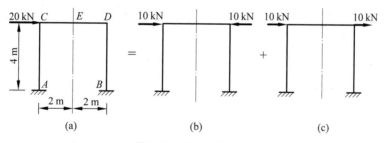

图 8-30 例 8-5 图(一)

② 取半刚架。

由于图 8-30(c)是单跨对称结构作用反对称荷载,所以在对称轴截面切开,加活动铰支座取半结构如图 8-31(a)所示,该结构为一次超静定结构。

③ 取基本结构。

去掉图 8-31(a)中链杆支座并以支座反力 X_1 代替得如图 8-31(b)所示悬臂刚架作为基本结构。

(2) 建立力法典型方程。

由一次超静定结构的力法方程可得

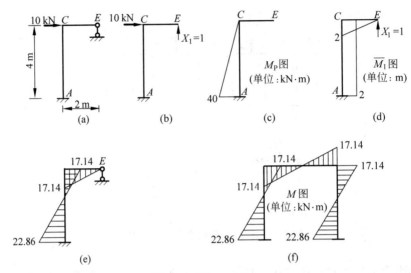

图 8-31 例 8-5 图(二)

$$\delta_{11}X_1 + \Delta_{1P} = 0$$

(3) 计算系数和自由项。

首先画基本结构的荷载弯矩图 M_P 和单位弯矩图 $\overline{M}_1$，分别如图 8-31(c)、(d)所示。然后用图乘法计算系数 δ_{11} 和自由项 Δ_{1P}：

$$\delta_{11} = \frac{1}{EI}\left(\frac{1}{2} \times 2 \times 2 \times \frac{2 \times 2}{3} + 2 \times 4 \times 2\right) = \frac{56}{3EI}$$

$$\Delta_{1P} = -\frac{1}{EI}\left(\frac{1}{2} \times 4 \times 40 \times 2\right) = -\frac{160}{EI}$$

(4) 求多余约束力。

将 δ_{11} 和 Δ_{1P} 代入力法方程得

$$\frac{56}{3EI}X_1 - \frac{160}{EI} = 0$$

解得

$$X_1 = 8.57 \text{ kN}(\uparrow)$$

(5) 作弯矩图。

根据叠加原理作 ACE 半刚架弯矩图，如图 8-31(e)所示。BDE 半刚架弯矩图应根据反对称荷载作用下弯矩图是反对称的关系画出，如图 8-31(f)所示。

表 8-1 给出了荷载、支座移动、温度变化作用下的杆件弯矩和剪力，表中 $i = \frac{EI}{l}$，称为单位杆件长度的抗弯刚度，也称为线刚度。从表中可以看出，荷载作用下的内力值仅与荷载作用的形式有关，支座移动和温度变化作用下的内力值与杆件的线刚度成正比。利用表 8-1 可以查找并绘制单跨超静定梁的弯矩图和剪力图。

表 8-1 荷载、支座移动和温度变化引起的单跨超静定梁的内力

序号	简图	弯矩图	杆端弯矩 M_{AB}	杆端弯矩 M_{BA}	杆端剪力 F_{QAB}	杆端剪力 F_{QBA}
1			$4i_{AB}$	$2i_{AB}$	$-\dfrac{6i_{AB}}{l}$	$-\dfrac{6i_{AB}}{l}$
2			$-\dfrac{6i_{AB}}{l}$	$-\dfrac{6i_{AB}}{l}$	$\dfrac{12i_{AB}}{l^2}$	$\dfrac{12i_{AB}}{l^2}$
3			$3i_{AB}$	0	$-\dfrac{3i_{AB}}{l}$	$-\dfrac{3i_{AB}}{l}$
4			$-\dfrac{3i_{AB}}{l}$	0	$\dfrac{3i_{AB}}{l^2}$	$\dfrac{3i_{AB}}{l^2}$
5			i_{AB}	i_{AB}	0	0

续表

序号	简图	弯矩图	M_{AB}	M_{BA}	F_{QAB}	F_{QBA}
6	(集中力 F_P，距A为a，距B为b，长l)		$\dfrac{F_P ab^2}{l^2}$ $a=b$ $\dfrac{F_P l}{8}$	$\dfrac{F_P a^2 b}{l^2}$ $a=b$ $\dfrac{F_P l}{8}$	$F_P \dfrac{b^2}{l^2}\left(1+\dfrac{2a}{l}\right)$ $a=b$ $\dfrac{F_P}{2}$	$-\dfrac{F_P a^2}{l^2}\left(1+\dfrac{2b}{l}\right)$ $a=b$ $-\dfrac{F_P}{2}$
7	(均布荷载 q，长 l)		$\dfrac{ql^2}{12}$	$\dfrac{ql^2}{12}$	$\dfrac{ql}{2}$	$-\dfrac{ql}{2}$
8	(三角形荷载 q_0，长 l)		$\dfrac{q_0 l^2}{30}$	$\dfrac{q_0 l^2}{20}$	$\dfrac{3q_0 l}{20}$	$-\dfrac{7q_0 l}{20}$
9	(温差 t_1, t_2，$t_1-t_2=t'$)		$\dfrac{\alpha t' EI}{h}$	$\dfrac{\alpha t' EI}{h}$	0	0
10	(集中力偶 m，距A为a，距B为b)		$\dfrac{mb}{l^2}(2l-3b)$	$\dfrac{ma}{l^2}(2l-3a)$	$-\dfrac{6ab}{l^3}m$	$-\dfrac{6ab}{l^3}m$

续表

序号	简图	弯矩图	杆端弯矩 M_{AB}	杆端弯矩 M_{BA}	杆端剪力 F_{QAB}	杆端剪力 F_{QBA}
11			$\dfrac{F_P b(l^2-b^2)}{2l}$ $a=b$ $\dfrac{3F_P l}{16}$	0	$\dfrac{F_P b(3l^2-b^2)}{2l^3}$ $a=b$ $\dfrac{11F_P}{16}$	$-\dfrac{F_P a^2(3l-a)}{2l^3}$ $a=b$ $-\dfrac{5F_P}{16}$
12			$\dfrac{ql^2}{8}$	0	$\dfrac{5ql}{8}$	$-\dfrac{3ql}{8}$
13			$\dfrac{q_0 l^2}{15}$	0	$\dfrac{2q_0 l}{5}$	$-\dfrac{q_0 l}{10}$
14			$\dfrac{7q_0 l^2}{120}$	0	$\dfrac{9q_0 l}{40}$	$-\dfrac{11q_0 l}{40}$
15			$\dfrac{m(l^2-3b^2)}{2l^2}$	0	$-\dfrac{3m(l^2-b^2)}{2l^3}$	$-\dfrac{3m(l^2-b^2)}{2l^3}$
16			$\dfrac{3at'EI}{2h}$	0	$\dfrac{3at'EI}{2hl}$	$\dfrac{3at'EI}{2hl}$

续表

序号	简图	弯矩图	杆端弯矩 M_{AB}	杆端弯矩 M_{BA}	杆端剪力 F_{QAB}	杆端剪力 F_{QBA}
17			$\dfrac{F_P a(l+b)}{2l}$	$\dfrac{F_P a^2}{2l}$	F_P	0
18			$\dfrac{ql^2}{3}$	$\dfrac{ql^2}{6}$	ql	0
19			$-\dfrac{EI\alpha t'}{h}$	$\dfrac{EI\alpha t'}{h}$	0	0

注：h——横截面高度；α——线膨胀系数。

8.4 超静定结构的特性

几何不变体系中是否具有多余约束,是超静定结构与静定结构之间的根本区别。正是由于多余约束的存在,才使超静定结构具有以下重要特性。

(1) 超静定结构在失去多余约束后,仍然可以维持几何不变性。

从几何组成分析来看,超静定结构是有多余约束的几何不变体系。例如图 8-32(a)所示超静定桁架,它若失去全部或部分多余约束后(如 AB 杆被破坏),仍为几何不变体系,因而还有一定的承载能力。故从抵抗突然破坏的防护能力来看,超静定结构比静定结构具有较大的安全保证,这就为提供维修、加固赢得了宝贵时间,这一特性在军事及抗震方面显得尤为重要。

静定结构是无多余约束的几何不变体系,如图 8-32(b)的静定桁架,它若失去任何一个约束(如 AB 杆被破坏),就成为几何可变体系,将导致整个结构的突然破坏,丧失了承载能力。

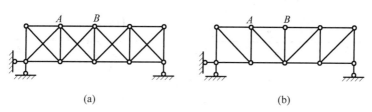

图 8-32 多余约束对超静定结构几何不变性的影响

(2) 超静定结构内力分析方法与静定结构不同。

对静定结构而言,利用静力平衡条件就可以求出全部支座约束力和内力。而超静定结构单靠静力平衡条件不能完全确定其全部的内力和反力,要想求出其全部的内力和反力,还要利用变形条件(或称位移条件),这是超静定结构计算的基本方法——力法。另外,为适应当前高次超静定结构、大型复杂结构的受力分析,促使人们不得不去寻找其他一系列计算方法,例如,位移法、渐进法及越来越普及的电算法等。这些超静定结构的分析方法又对新型的复杂结构设计和施工起了促进作用。

(3) 超静定结构的最大内力和位移小于静定结构。

在同荷载、同跨度、同结构类型情况下,超静定结构的最大内力和位移一般小于静定结构的最大内力和位移。例如图 8-33(a)所示的等截面固端梁,当全跨长 l 受均布荷载 q 作用时,最大弯矩为 $\dfrac{ql^2}{12}$,最大挠度为 $\dfrac{ql^4}{384EI}$。但同跨度、同荷载、同结构的简支梁如图 8-33(b)所示,其最大弯矩为 $\dfrac{ql^2}{8}$,最大挠度为 $\dfrac{5ql^4}{384EI}$。可见超静定梁的弯矩和挠度峰值比同情况下的简支梁要小。因此多余约束的存在,可以大大提高结构的强度和刚度。而且如果根据同样的容许应力和容许位移进行结构设计,超静定结构比静定结构的截面要小,节约材料,这是具有经济意义的。

在局部荷载作用时,超静定结构内力影响范围比较大,内力分布比较均匀,内力峰值也

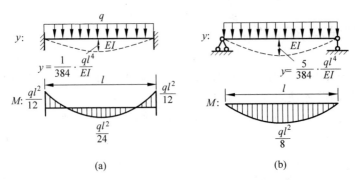

图 8-33 超静定结构对内力和位移峰值的影响

较小。如图 8-34(a) 所示连续梁由于支撑处刚结点 B 传递弯矩的作用, 所产生的弯矩值和变形比较均匀; 而如图 8-34(c) 所示的多跨静定梁铰结点 B 不能传递弯矩, 所产生的弯矩集中在局部荷载作用的范围, 弯矩和变形的峰值较大。因此, 超静定结构中弯矩分布较静定结构均匀, 弯矩峰值较静定结构小。这种特性从结构设计角度来说是有利的。

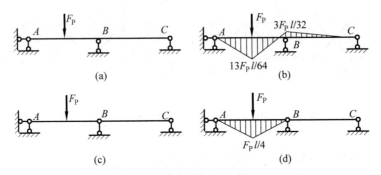

图 8-34 局部荷载对超静定结构内力的影响

(a) 连续梁; (b) M 图(一); (c) 静定多跨梁; (d) M 图(二)

(4) 超静定结构的反力和内力与杆件材料的弹性模量和截面尺寸有关。

静定结构的反力和内力决定于结构的平衡条件, 与杆件材料的弹性模量和截面尺寸无关, 故进行静定结构内力计算时, 不需要标明各杆件的相应刚度。在超静定结构计算中, 要用到平衡条件和位移条件, 而位移又与杆件材料的弹性模量和截面尺寸有关, 因此超静定结构的内力与杆件材料的弹性模量和截面尺寸有关。所以, 进行超静定结构内力计算时, 必须标明各杆件的相应刚度值。

在荷载作用下, 超静定结构的内力与各杆刚度之间的相对比值有关, 而与各杆刚度的绝对值无关。因此在分析荷载作用下超静定结构内力时, 有时不必改变杆件的布置, 只要调整各杆截面的大小, 改变各杆刚度的相对比值, 就会使结构的内力重新分布。

(5) 超静定结构在温度变化、支座位移和制造误差等非荷载的作用下会产生内力, 且内力与各杆刚度的绝对值有关。

对于静定结构, 除荷载外, 其他因素如温度变化、支座位移、制造误差等均不引起内力。但是对于超静定结构, 由于存在着多余约束, 当结构受到温度改变、支座移动、制造误差等因素影响而发生位移时, 一定会受到多余约束的限制, 因而相应产生内力, 而且这种内力的大小与各杆刚度的绝对值有关。一般来说,各杆刚度绝对值增大,内力也随之增大。

超静定结构的这一特性,在一定条件下会带来不利影响,例如连续梁可能由于地基不均匀沉陷而产生过大的附加内力,为了防止超静定结构不均匀沉降产生内力而引起结构破坏,工程中常设置沉降缝。

但是,超静定结构的这一特性在另外的情况下又可能成为有利的方面,例如,可以通过改变支座的高度来调整连续梁的内力,以得到更合理的内力分布。超静定结构的这一特性也说明,为了提高结构对温度变化和支座位移的抵抗能力,靠增大截面的尺寸并不是有效的措施。

综上所述,超静定结构与静定结构相比较,性质上有较大区别,在众多因素同等的条件下,采用超静定结构形式,一方面可以采用多种方法调整杆件的内力,另一方面能够提高结构的强度、刚度和稳定性。因此,在工业、民用及国防工程中广泛采用超静定结构。

拓展阅读

超静定结构的计算方法

超静定结构是目前工程中用得比较广泛的一种结构形式,其内力分析的方法很多,现依据超静定结构发展的历程,将超静定结构的计算方法进行分析和对比。

19 世纪初,由于工业的发展,人们开始设计各种大规模的工程结构,对于这些结构的设计,要做较精确的分析和计算。19 世纪中期出现了许多结构力学的计算理论和方法。

一、力法与位移法

法国的纳维于 1826 年提出了求解超静定结构问题的一般方法。1864 年,英国的麦克斯韦创立单位荷载法和位移互等定理,并用单位荷载法求出桁架的位移,由此学者们终于得到了求解超静定结构的方法。

1. 力法

对于多余约束数目较少的超静定结构,如图 8-35 所示,图(a)为超静定结构,图(b)为基本结构,其计算方法是将多余约束去掉,用多余约束力 X_1 代替,超静定结构等效转换为静定结构,然后利用多余约束处的位移变形条件,也就是 X_1 方向的位移等于零,计算多余约束力,最后运用静定结构的计算方法确定超静定结构的受力和变形,这种以多余约束力为基本未知量计算超静定结构内力和变形的方法称为力法。

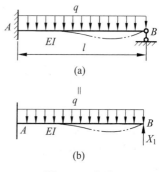

图 8-35 力法

2. 位移法

桥梁和建筑开始大量使用钢筋混凝土材料,这就要求科学家们对钢架结构进行系统的研究。1914 年,德国的本迪克森创立了转角位移法,用以解决刚架和连续梁等问题。

对于多余约束数目较多,而结点位移较少的超静定结构,如图 8-36 所示,图(a)为超静定结构,图(b)为基本结构,其计算方法是在结点位移处附加约束,也就是附加刚臂 B,控制刚结点 B 的转动,可以等效转换为单跨超静定梁 BA 和 BC,利用平衡条件,也就是图 8-36(b)

的刚结点 B 附加刚臂处的力矩平衡条件,计算刚结点的角位移。最后利用位移和内力的关系确定超静定结构的受力和变形,这种以结点位移为基本未知量计算超静定结构内力和变形的方法称为位移法。

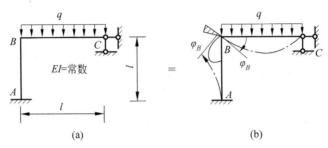

图 8-36 位移法

3. 力法与位移法的思路

力法与位移法的解决问题的基本思路是一致的,都是将不会计算的超静定结构转化为会计算的基本结构来解决内力计算问题,只是途径不同,二者的计算步骤可以概括为:

(1) 确定基本未知量和基本结构。力法的基本未知量为多余约束力,基本结构为去掉多余约束的静定结构。而位移法的基本未知量为结点位移,基本结构为附加约束的单跨超静定梁。在这个过程中,实现了未知问题转化为已知问题。

(2) 利用等效代换原则,列出基本方程并求出基本未知量。力法利用了多余约束处的位移变形条件,列出基本方程计算基本未知量。而位移法利用了附加约束处的平衡条件,列出基本方程计算基本未知量。

(3) 用已知方法确定超静定结构的内力和变形。力法利用静定结构的计算方法,确定超静定结构的内力。而位移法利用位移和内力的关系确定超静定结构的内力。

在对建筑结构进行受力分析时,大家应该开动脑筋,将未知的、复杂的结构受力分析等效转化为简单已知结构进行受力分析,解决工程中的实际问题。

二、渐进法与电算法

随着高层多跨框架结构的出现,力法和位移法由于其基本未知量的增多,计算均不简便,常采用渐进法、电算法等来计算,这两种计算方法均是以位移法为基础的超静定结构计算方法。

1. 渐进法

渐进法是采用逐步修改,逐次渐进真实受力情况的方法,可以直接求出杆端弯矩而无须求解联立方程。如图 8-37 所示,图(a)为超静定结构,图(b)为基本结构,为使得超静定结构与基本结构等效,将图(b)上的附件刚臂处的不平衡力矩 M_B 分配和传递到两个单跨梁 BC 和 BA 上,使得不平衡力矩逐渐接近零,接近原来超静定结构 B 结点的真实受力情况。因此渐进法又称为力矩分配法。

2. 电算法

随着计算机技术发展,从位移法的基本原理出发,引用数学上的矩阵理论,解决超静定结构的受力和变形问题,因此电算法又称为矩阵位移法,该方法计算公式紧凑简洁,适合计算机自动化数值运算。矩阵位移法的基本思路是首先将结构离散成有限个单元杆件;然后

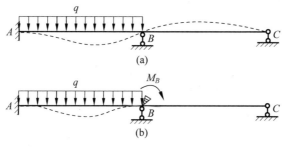

图 8-37　渐进法

进行单元杆件的特性分析,对各个单元杆件建立杆端力与杆端位移的关系,也就是对刚度矩阵的建立进行分析;最后进行结构的整体分析,对整体结构建立以结点位移表示的平衡方程,求得结点位移,进而得到杆端力。

三、有限元法的发展

现代大型建筑结构的屋顶常采用板壳结构、水利混凝土挡水大坝是大型实体结构,这些大型板壳结构和实体结构的受力非常复杂,20 世纪中叶,电子计算机和有限元法的问世使得大型结构的复杂计算成为可能。

中国科学院数学与系统科学研究院梁国平于 1983 年研发的通用有限元软件平台——有限元语言及编译器,是具有国际独创性的有限元计算软件,其核心采用元件化思想来实现有限元计算的基本工序,采用有限元语言来书写程序的代码,为各领域、各类型的有限元问题求解提供了一个极其有力的工具。

小结

超静定结构是有多余约束的几何不变体系,其反力和内力不能由平衡条件直接确定。超静定结构受力分析的基本计算方法是力法。力法是以多余约束力作为基本未知量解超静定结构的方法。它的特点是通过基本结构,利用静定结构的计算方法,解决超静定结构的计算问题。

力法方程是以基本结构与原结构在多余约束处位移相等的条件建立的,力法方程的数目与超静定次数相等。

1. 力法解题的计算步骤

(1) 选取基本结构。

确定超静定次数,去掉多余约束用多余约束力代替,得到在荷载和多余约束力共同作用下的静定结构作为基本结构。应注意的是:基本结构的合理选择是力法计算的关键一步。力法的基本结构不能是几何可变体系或瞬变体系,一定是几何不变体系。对于同一超静定结构,可以选取多种不同的基本结构进行计算,所得的内力图相同,但是计算工作的繁简程度会有所不同。

(2) 建立力法典型方程。

利用基本结构在解除约束处的位移必须与原结构一致的条件建立力法典型方程。力法方程的左端是基本结构在其上各种外因作用下沿某一多余约束力方向的位移,右端是原结构在其相应的位置沿同一方向的位移。

(3) 计算力法方程中的系数和自由项。

首先分别画基本结构在荷载及单位多余约束力单独作用时的弯矩图,然后用图乘法分别计算系数和自由项。因此,力法方程中的系数和自由项都是基本结构的位移,所以本章学习的基础是静定结构的内力和位移计算。

(4) 求多余约束力。

将所计算的系数和自由项代入力法方程后,解出多余约束力。

(5) 超静定结构内力计算和内力图的绘制。

求出多余约束力后,超静定结构计算问题就转变为静定结构的计算问题。可根据静力平衡条件或叠加法,计算各杆控制截面内力,然后画出原结构的内力图。

2. 对称性的利用

只要结构是对称的,就可以通过选取对称的基本结构获取半边结构(当原结构的外部作用具备正对称或反对称的特点时),以使计算得到简化。对于非对称荷载作用在对称基本结构上时,可将非对称荷载分解为正对称荷载和反对称荷载的组合,然后利用结构和荷载的对称性取半结构计算。

3. 超静定结构的基本特性

由于超静定结构是具有多余约束的几何不变体系,与静定结构相比,超静定结构具有以下重要性质:在同荷载、同跨度、同结构类型的条件下超静定结构内力影响范围较广,内力分布比较均匀,内力峰值和最大挠度均小于静定结构;在荷载作用下,超静定结构的内力分布与结构中各杆刚度比值有关,可调整各杆刚度比值,改善结构的内力分布;在温度改变、支座沉陷、材料收缩等非荷载因素影响下,超静定结构将产生内力和变形,这对结构是不利的,可在结构的设计和施工中采取一定的措施,减轻或防止其不利影响。超静定结构一般整体性好,有较大的强度、刚度和稳定性。

课后练习

思考题

思 8-1 什么是超静定结构?超静定结构的超静定次数如何确定?

思 8-2 力法求解超静定结构的基本思路是什么?

思 8-3 什么是力法的基本结构、基本未知量?如何选取基本结构?

思 8-4 力法方程的物理意义是什么?方程中系数和自由项的物理意义是什么?

思 8-5 没有荷载就没有内力,这个结论在什么情况下适用?在什么情况下不适用?

思 8-6 为什么超静定结构的内力状态与 EI 有关?

思 8-7 用力法计算超静定结构时,考虑支座移动的影响与考虑荷载作用的影响,两者有何区别与联系?

思 8-8 什么是对称结构?为什么利用对称性可以使计算得到简化?

思 8-9 利用对称性,把结构对称截面处的简化结果填入表 8-2 中空白处。

表 8-2 对称结构的简化

结构	荷载	跨的性质	对称截面处简化结果
对称结构	正对称	奇数跨	
		偶数跨	
	反对称	奇数跨	
		偶数跨	

思 8-10 如图所示对称刚架上作用着任意荷载,试把荷载分解为正对称和反对称两组,并再取半刚架结构。

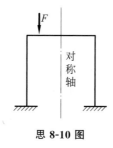

思 8-10 图

习题

习 8-1 确定图示各结构的超静定次数,指出哪些杆件可以作为多余约束,并去掉多余约束以相应的约束反力代替。

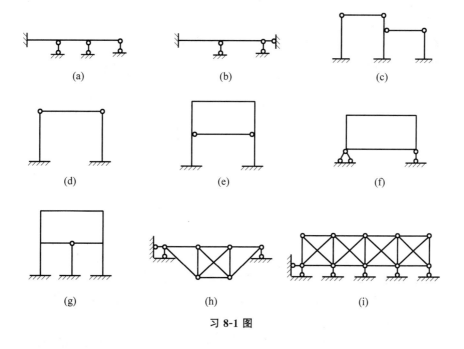

习 8-1 图

习 8-2 用力法作图示超静定梁的弯矩图和剪力图。已知梁的 EI 为常数。

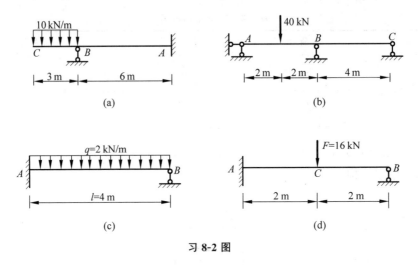

习 8-2 图

习 8-3 用力法作图示一次超静定刚架的弯矩图。已知 EI 为常数。

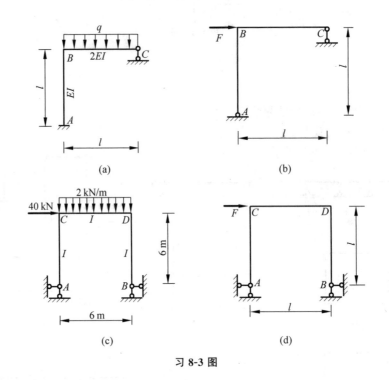

习 8-3 图

习 8-4 用力法作图示二次超静定刚架的弯矩图。已知各杆件的 EI 为常数。

习 8-5 作图示对称结构的弯矩图。已知各杆件的 EI 为常数。

习 8-6 用力法计算图示超静定结构由支座移动引起的弯矩，并作弯矩图。

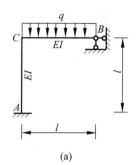 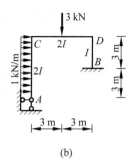

(a)   (b)

习 8-4 图

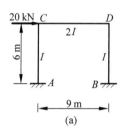 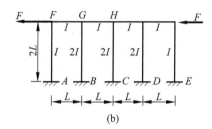

(a)   (b)

习 8-5 图

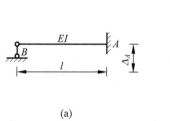 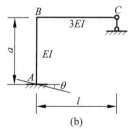

(a)   (b)

习 8-6 图

客观题

第 8 章

参 考 文 献

[1] 吴慧华,宋美君,靳宇.结构力学[M].北京:高等教育出版社,1986.
[2] 贺良.结构力学[M].北京:水利电力出版社,1988.
[3] 李龙堂.工程力学[M].北京:高等教育出版社,1989.
[4] 沈伦序.建筑力学[M].北京:高等教育出版社,1990.
[5] 吴章禄,刘长庆,杨志民.结构力学[M].成都:西南交通大学出版社,1993.
[6] 范继昭.建筑力学[M].北京:高等教育出版社,1993.
[7] 潘书勇.结构力学[M].北京:水利电力出版社,1993.
[8] 范钦珊.工程力学教程[M].北京:高等教育出版社,1998.
[9] 李家宝.结构力学[M].北京:高等教育出版社,1999.
[10] 韩萱.建筑工程力学[M].北京:机械工业出版社,1999.
[11] 武清玺,陆晓敏.静力学基础[M].南京:河海大学出版社,2001.
[12] 张兆.建筑力学[M].北京:清华大学出版社,2001.
[13] 蔡新,孙文俊.结构静力学[M].南京:河海大学出版社,2001.
[14] 徐道远,黄梦生,朱为玄,等.材料力学[M].南京:河海大学出版社,2001.
[15] 曹俊杰,韩萱.土木工程力学[M].北京:高等教育出版社,2001.
[16] 吴绍连.工程力学[M].北京:机械工业出版社,2002.
[17] 韩向东.工程力学[M].北京:机械工业出版社,2002.
[18] 林贤根.土木工程力学[M].北京:机械工业出版社,2002.
[19] 杜建根,陈庭吉.工程力学[M].北京:机械工业出版社,2003.
[20] 薛正庭.土木工程力学[M].北京:机械工业出版社,2003.
[21] 白新理.工程力学[M].北京:中央广播电视大学出版社,2003.
[22] 卢光斌.土木工程力学[M].北京:机械工业出版社,2003.
[23] 吴建生.工程力学[M].北京:机械工业出版社,2003.
[24] 吴国平.建筑力学[M].北京:中央广播电视大学出版社,2006.
[25] 毕继红.土木工程力学[M].2版.天津:天津大学出版社,2003.
[26] 贾影.土木工程力学[M].北京:中央广播电视大学出版社,2008.
[27] 王华强.工程力学与建筑结构基础知识[M].郑州:黄河水利出版社,2002.
[28] 杨云芳.建筑力学[M].杭州:浙江大学出版社,2014.
[29] 高健.工程力学[M].北京:中国水利水电出版社,2017.
[30] 于书凤,尹雪倩.结构力学[M].北京:中国电力出版社,2017.
[31] 王长连.土木工程力学[M].北京:清华大学出版社,2021.
[32] 许月梅.悬空寺"悬而不险"的力学揭秘[J].力学与实践,2011,33(2):112-114.

附录

型钢规格表

附表1 工字钢截面尺寸、截面面积、理论重量及截面特性(GB/T 706—2016)

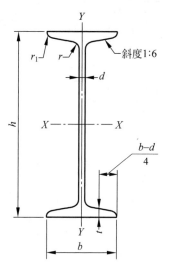

符号意义：
h——高度；
b——腿宽度；
d——腰厚度；
t——腿中间厚度；
r——内圆弧半径；
r_1——腿端圆弧半径；
I——惯性矩；
W——截面模量；
i——惯性半径。

型号	截面尺寸/mm						截面面积/cm^2	理论重量/(kg/m)	外表面积/(m^2/m)	惯性矩/cm^4		惯性半径/cm		截面模数/cm^3	
	h	b	d	t	r	r_1				I_x	I_y	i_x	i_y	W_x	W_y
10	100	68	4.5	7.6	6.5	3.3	14.33	11.3	0.432	245	33.0	4.14	1.52	49.0	9.72
12	120	74	5.0	8.4	7.0	3.5	17.80	14.0	0.493	436	46.9	4.95	1.62	72.7	12.7
12.6	126	74	5.0	8.4	7.0	3.5	18.10	14.2	0.505	488	46.9	5.20	1.61	77.5	12.7
14	140	80	5.5	9.1	7.5	3.8	21.50	16.9	0.553	712	64.4	5.76	1.73	102	16.1
16	160	88	6.0	9.9	8.0	4.0	26.11	20.5	0.621	1130	93.1	6.58	1.89	141	21.2
18	180	94	6.5	10.7	8.5	4.3	30.74	24.1	0.681	1660	122	7.36	2.00	185	26.0
20a	200	100	7.0	11.4	9.0	4.5	35.55	27.9	0.742	2370	158	8.15	2.12	237	31.5
20b	200	102	9.0	11.4	9.0	4.5	39.55	31.1	0.746	2500	169	7.96	2.06	250	33.1
22a	220	110	7.5	12.3	9.5	4.8	42.10	33.1	0.817	3400	225	8.99	2.31	309	40.9
22b	220	112	9.5	12.3	9.5	4.8	46.50	36.5	0.821	3570	239	8.78	2.27	325	42.7

续表

型号	截面尺寸/mm						截面面积/cm²	理论重量/(kg/m)	外表面积/(m²/m)	惯性矩/cm⁴		惯性半径/cm		截面模数/cm³	
	h	b	d	t	r	r_1				I_x	I_y	i_x	i_y	W_x	W_y
24a	240	116	8.0	13.0	10.0	5.0	47.71	37.5	0.878	4570	280	9.77	2.42	381	48.4
24b		118	10.0				52.51	41.2	0.882	4800	297	9.57	2.38	400	50.4
25a	250	116	8.0				48.51	38.1	0.898	5020	280	10.2	2.40	402	48.3
25b		118	10.0				53.51	42.0	0.902	5280	309	9.94	2.40	423	52.4
27a	270	122	8.5	13.7	10.5	5.3	54.52	42.8	0.958	6550	345	10.9	2.51	485	56.6
27b		124	10.5				59.92	47.0	0.962	6870	366	10.7	2.47	509	58.9
28a	280	122	8.5				55.37	43.5	0.978	7110	345	11.3	2.50	508	56.6
28b		124	10.5				60.97	47.9	0.982	7480	379	11.1	2.49	534	61.2
30a	300	126	9.0	14.4	11.0	5.5	61.22	48.1	1.031	8950	400	12.1	2.55	597	63.5
30b		128	11.0				67.22	52.8	1.035	9400	422	11.8	2.50	627	65.9
30c		130	13.0				73.22	57.5	1.039	9850	445	11.6	2.46	657	68.5
32a	320	130	9.5	15.0	11.5	5.8	67.12	52.7	1.084	11 100	460	12.8	2.62	692	70.8
32b		132	11.5				73.52	57.7	1.088	11 600	502	12.6	2.61	726	76.0
32c		134	13.5				79.92	62.7	1.092	12 200	544	12.3	2.61	760	81.2
36a	360	136	10.0	15.8	12.0	6.0	76.44	60.0	1.185	15 800	552	14.4	2.69	875	81.2
36b		138	12.0				83.64	65.7	1.189	16 500	582	14.1	2.64	919	84.3
36c		140	14.0				90.84	71.3	1.193	17 300	612	13.8	2.60	962	87.4
40a	400	142	10.5	16.5	12.5	6.3	86.07	67.6	1.285	21 700	660	15.9	2.77	1090	93.2
40b		144	12.5				94.07	73.8	1.289	22 800	692	15.6	2.71	1140	96.2
40c		146	14.5				102.1	80.1	1.293	23 900	727	15.2	2.65	1190	99.6
45a	450	150	11.5	18.0	13.5	6.8	102.4	80.4	1.411	32 200	855	17.7	2.89	1430	114
45b		152	13.5				111.4	87.4	1.415	33 800	894	17.4	2.84	1500	118
45c		154	15.5				120.4	94.5	1.419	35 300	938	17.1	2.79	1570	122
50a	500	158	12.0	20.0	14.0	7.0	119.2	93.6	1.539	46 500	1120	19.7	3.07	1860	142
50b		160	14.0				129.2	101	1.543	48 600	1170	19.4	3.01	1940	146
50c		162	16.0				139.2	109	1.547	50 600	1220	19.0	2.96	2080	151
55a	550	166	12.5	21.0	14.5	7.3	134.1	105	1.667	62 900	1370	21.6	3.19	2290	164
55b		168	14.5				145.1	114	1.671	65 600	1420	21.2	3.14	2390	170
55c		170	16.5				156.1	123	1.675	68 400	1480	20.9	3.08	2490	175
56a	560	166	12.5				135.4	106	1.687	65 600	1370	22.0	3.18	2340	165
56b		168	14.5				146.6	115	1.691	68 500	1490	21.6	3.16	2450	174
56c		170	16.5				157.8	124	1.695	71 400	1560	21.3	3.16	2550	183
63a	630	176	13.0	22.0	15.0	7.5	154.6	121	1.862	93 900	1700	24.5	3.31	2980	193
63b		178	15.0				167.2	131	1.866	98 100	1810	24.2	3.29	3160	204
63c		180	17.0				179.8	141	1.870	102 000	1920	23.8	3.27	3300	214

注：表中 r、r_1 的数据用于孔型设计，不做交货条件。

附表2 槽钢截面尺寸、截面面积、理论重量及截面特性（GB/T 706—2016）

符号意义：
h ——高度；
b ——腿宽度；
d ——腰厚度；
t ——腿中间厚度；
r ——内圆弧半径；
r_1 ——腿端圆弧半径；
I ——惯性矩；
W ——截面模量；
i ——惯性半径；
z_0 —— y-y 轴与 y_1-y_1 轴间距。

型号	截面尺寸/mm						截面面积/cm²	理论重量/(kg/m)	外表面积/(m²/m)	惯性矩/cm⁴			惯性半径/cm		截面模数/cm³		重心距离/cm
	h	b	d	t	r	r_1				I_x	I_y	I_{y1}	i_x	i_y	W_x	W_y	Z_0
5	50	37	4.5	7.0	7.0	3.5	6.925	5.44	0.226	26.0	8.30	20.9	1.94	1.10	10.4	3.55	1.35
6.3	63	40	4.8	7.5	7.5	3.8	8.446	6.63	0.262	50.8	11.9	28.4	2.45	1.19	16.1	4.50	1.36
6.5	65	40	4.3	7.5	7.5	3.8	8.292	6.51	0.267	55.2	12.0	28.3	2.54	1.19	17.0	4.59	1.38
8	80	43	5.0	8.0	8.0	4.0	10.24	8.04	0.307	101	16.6	37.4	3.15	1.27	25.3	5.79	1.43
10	100	48	5.3	8.5	8.5	4.2	12.74	10.0	0.365	198	25.6	54.9	3.95	1.41	39.7	7.80	1.52
12	120	53	5.5	9.0	9.0	4.5	15.36	12.1	0.423	346	37.4	77.7	4.75	1.56	57.7	10.2	1.62
12.6	126	53	5.5	9.0	9.0	4.5	15.69	12.3	0.435	391	38.0	77.1	4.95	1.57	62.1	10.2	1.59
14a	140	58	6.0	9.5	9.5	4.8	18.51	14.5	0.480	564	53.2	107	5.52	1.70	80.5	13.0	1.71
14b	140	60	8.0	9.5	9.5	4.8	21.31	16.7	0.484	609	61.1	121	5.35	1.69	87.1	14.1	1.67
16a	160	63	6.5	10.0	10.0	5.0	21.95	17.2	0.538	866	73.3	144	6.28	1.83	108	16.3	1.80
16b	160	65	8.5	10.0	10.0	5.0	25.15	19.8	0.542	935	83.4	161	6.10	1.82	117	17.6	1.75
18a	180	68	7.0	10.5	10.5	5.2	25.69	20.2	0.596	1270	98.6	190	7.04	1.96	141	20.0	1.88
18b	180	70	9.0	10.5	10.5	5.2	29.29	23.0	0.600	1370	111	210	6.84	1.95	152	21.5	1.84

续表

型号	截面尺寸/mm						截面面积/cm²	理论重量/(kg/m)	外表面积/(m²/m)	惯性矩/cm⁴			惯性半径/cm		截面模数/cm³		重心距离/cm
	h	b	d	t	r	r_1				I_x	I_y	I_{y1}	i_x	i_y	W_x	W_y	Z_0
20a	200	73	7.0	11.0	11.0	5.5	28.83	22.6	0.654	1780	128	244	7.86	2.11	178	24.2	2.01
20b	200	75	9.0	11.0	11.0	5.5	32.83	25.8	0.658	1910	144	268	7.64	2.09	191	25.9	1.95
22a	220	77	7.0	11.5	11.5	5.8	31.83	25.0	0.709	2390	158	298	8.67	2.23	218	28.2	2.10
22b	220	79	9.0	11.5	11.5	5.8	36.23	28.5	0.713	2570	176	326	8.42	2.21	234	30.1	2.03
24a	240	78	7.0	12.0	12.0	6.0	34.21	26.9	0.752	3050	174	325	9.45	2.25	254	30.5	2.10
24b	240	80	9.0	12.0	12.0	6.0	39.01	30.6	0.756	3280	194	355	9.17	2.23	274	32.5	2.03
24c	240	82	11.0	12.0	12.0	6.0	43.81	34.4	0.760	3510	213	388	8.96	2.21	293	34.4	2.00
25a	250	78	7.0	12.0	12.0	6.0	34.91	27.4	0.722	3370	176	322	9.82	2.24	270	30.6	2.07
25b	250	80	9.0	12.0	12.0	6.0	39.91	31.3	0.776	3530	196	353	9.41	2.22	282	32.7	1.98
25c	250	82	11.0	12.0	12.0	6.0	44.91	35.3	0.780	3690	218	384	9.07	2.21	295	35.9	1.92
27a	270	82	7.5	12.5	12.5	6.2	39.27	30.8	0.826	4360	216	393	10.5	2.34	323	35.5	2.13
27b	270	84	9.5	12.5	12.5	6.2	44.67	35.1	0.830	4690	239	428	10.3	2.31	347	37.7	2.06
27c	270	86	11.5	12.5	12.5	6.2	50.07	39.3	0.834	5020	261	467	10.1	2.28	372	39.8	2.03
28a	280	82	7.5	12.5	12.5	6.2	40.02	31.4	0.836	4760	218	388	10.9	2.33	340	35.7	2.10
28b	280	84	9.5	12.5	12.5	6.2	45.62	35.8	0.850	5130	242	428	10.6	2.30	366	37.9	2.02
28c	280	86	11.5	12.5	12.5	6.2	51.22	40.2	0.854	5500	268	463	10.4	2.29	393	40.3	1.95
30a	300	85	7.5	13.5	13.5	6.8	43.89	34.5	0.897	6050	260	467	11.7	2.43	403	41.1	2.17
30b	300	87	9.5	13.5	13.5	6.8	49.89	39.2	0.901	6500	289	515	11.4	2.41	433	44.0	2.13
30c	300	89	11.5	13.5	13.5	6.8	55.89	43.9	0.905	6950	316	560	11.2	2.38	463	46.4	2.09
32a	320	88	8.0	14.0	14.0	7.0	48.50	38.1	0.947	7600	305	552	12.5	2.50	475	46.5	2.24
32b	320	90	10.0	14.0	14.0	7.0	54.90	43.1	0.951	8140	336	593	12.2	2.47	509	49.2	2.16
32c	320	92	12.0	14.0	14.0	7.0	61.30	48.1	0.955	8690	374	643	11.9	2.47	543	52.6	2.09
36a	360	96	9.0	16.0	16.0	8.0	60.89	47.8	1.053	11 900	455	818	14.0	2.73	660	63.5	2.44
36b	360	98	11.0	16.0	16.0	8.0	68.09	53.5	1.057	12 700	497	880	13.6	2.70	703	66.9	2.37
36c	360	100	13.0	16.0	16.0	8.0	75.29	59.1	1.061	13 400	536	948	13.4	2.67	746	70.0	2.34
40a	400	100	10.5	18.0	18.0	9.0	75.04	58.9	1.144	17 600	592	1070	15.3	2.81	879	78.8	2.49
40b	400	102	12.5	18.0	18.0	9.0	83.04	65.2	1.148	18 600	640	1140	15.0	2.78	932	82.5	2.44
40c	400	104	14.5	18.0	18.0	9.0	91.04	71.5	1.152	19 700	688	1220	14.7	2.75	986	86.2	2.42

注：表中 r、r_1 的数据用于孔型设计，不做交货条件。

附表 3 等边角钢截面尺寸、截面面积、理论重量及截面特性（GB/T 706—2016）

符号意义：
b——边宽度；
d——边厚度；
r——内圆弧半径；
r_1——边端内圆弧半径；
I——惯性矩；
i——惯性半径；
W——截面模数；
z_0——重心距离。

型号	截面尺寸/mm			截面面积/cm²	理论重量/(kg/m)	外表面积/(m²/m)	惯性矩/cm⁴				惯性半径/cm			截面模数/cm³			重心距离/cm
	b	d	r				I_x	I_{x1}	I_{x0}	I_{y0}	i_x	i_{x0}	i_{y0}	W_x	W_{x0}	W_{y0}	Z_0
2	20	3	3.5	1.132	0.89	0.078	0.40	0.81	0.63	0.17	0.59	0.75	0.39	0.29	0.45	0.20	0.60
		4		1.459	1.15	0.077	0.50	1.09	0.78	0.22	0.58	0.73	0.38	0.36	0.55	0.24	0.64
2.5	25	3	3.5	1.432	1.12	0.098	0.82	1.57	1.29	0.34	0.76	0.95	0.49	0.46	0.73	0.33	0.73
		4		1.859	1.46	0.097	1.03	2.11	1.62	0.43	0.74	0.93	0.48	0.59	0.92	0.40	0.76
3.0	30	3	4.5	1.749	1.37	0.117	1.46	2.71	2.31	0.61	0.91	1.15	0.59	0.68	1.09	0.51	0.85
		4		2.276	1.79	0.117	1.84	3.63	2.92	0.77	0.90	1.13	0.58	0.87	1.37	0.62	0.89
3.6	36	3	4.5	2.109	1.66	0.141	2.58	4.68	4.09	1.07	1.11	1.39	0.71	0.99	1.61	0.76	1.00
		4		2.756	2.16	0.141	3.29	6.25	5.22	1.37	1.09	1.38	0.70	1.28	2.05	0.93	1.04
		5		3.382	2.65	0.141	3.95	7.84	6.24	1.65	1.08	1.36	0.70	1.56	2.45	1.00	1.07
4	40	3	5	2.359	1.85	0.157	3.59	6.41	5.69	1.49	1.23	1.55	0.79	1.23	2.01	0.96	1.09
		4		3.086	2.42	0.157	4.60	8.56	7.29	1.91	1.22	1.54	0.79	1.60	2.58	1.19	1.13
		5		3.792	2.98	0.156	5.53	10.7	8.76	2.30	1.21	1.52	0.78	1.96	3.10	1.39	1.17
4.5	45	3	5	2.659	2.09	0.177	5.17	9.12	8.20	2.14	1.40	1.76	0.89	1.58	2.58	1.24	1.22
		4		3.486	2.74	0.177	6.65	12.2	10.6	2.75	1.38	1.74	0.89	2.05	3.32	1.54	1.26
		5		4.292	3.37	0.176	8.04	15.2	12.7	3.33	1.37	1.72	0.88	2.51	4.00	1.81	1.30
		6		5.077	3.99	0.176	9.33	18.4	14.8	3.89	1.36	1.70	0.80	2.95	4.64	2.06	1.33

续表

型号	截面尺寸/mm			截面面积/cm²	理论重量/(kg/m)	外表面积/(m²/m)	惯性矩/cm⁴				惯性半径/cm			截面模数/cm³			重心距离/cm
	b	d	r				I_x	I_{x1}	I_{x0}	I_{y0}	i_x	i_{x0}	i_{y0}	W_x	W_{x0}	W_{y0}	Z_0
5	50	3	5.5	2.971	2.33	0.197	7.18	12.5	11.4	2.98	1.55	1.96	1.00	1.96	3.22	1.57	1.34
		4		3.897	3.06	0.197	9.26	16.7	14.7	3.82	1.54	1.94	0.99	2.56	4.16	1.96	1.38
		5		4.803	3.77	0.196	11.2	20.9	17.8	4.64	1.53	1.92	0.98	3.13	5.03	2.31	1.42
		6		5.688	4.46	0.196	13.1	25.1	20.7	5.42	1.52	1.91	0.98	3.68	5.85	2.63	1.46
5.6	56	3	6	3.343	2.62	0.221	10.2	17.6	16.1	4.24	1.75	2.20	1.13	2.48	4.08	2.02	1.48
		4		4.39	3.45	0.220	13.2	23.4	20.9	5.46	1.73	2.18	1.11	3.24	5.28	2.52	1.53
		5		5.415	4.25	0.220	16.0	29.3	25.4	6.61	1.72	2.17	1.10	3.97	6.42	2.98	1.57
		6		6.42	5.04	0.220	18.7	35.3	29.7	7.73	1.71	2.15	1.10	4.68	7.49	3.40	1.61
		7		7.404	5.81	0.219	21.2	41.2	33.6	8.82	1.69	2.13	1.09	5.36	8.49	3.80	1.64
		8		8.367	6.57	0.219	23.6	47.2	37.4	9.89	1.68	2.11	1.09	6.03	9.44	4.16	1.68
6	60	5	6.5	5.829	4.58	0.236	19.9	36.1	31.6	8.21	1.85	2.33	1.19	4.59	7.44	3.48	1.67
		6		6.914	5.43	0.235	23.1	43.3	36.9	9.60	1.83	2.31	1.18	5.41	8.70	3.98	1.70
		7		7.977	6.26	0.235	26.4	50.7	41.9	11.0	1.82	2.29	1.17	6.21	9.88	4.45	1.74
		8		9.02	7.08	0.235	29.5	58.0	46.7	12.3	1.81	2.27	1.17	6.98	11.0	4.88	1.78
6.3	63	4	7	4.978	3.91	0.248	19.0	33.4	30.2	7.89	1.96	2.46	1.26	4.13	6.78	3.29	1.70
		5		6.143	4.82	0.248	23.2	41.7	36.8	9.57	1.94	2.45	1.25	5.08	8.25	3.90	1.74
		6		7.288	5.72	0.247	27.1	50.1	43.0	11.2	1.93	2.43	1.24	6.00	9.66	4.46	1.78
		7		8.412	6.60	0.247	30.9	58.6	49.0	12.8	1.92	2.41	1.23	6.88	11.0	4.98	1.82
		8		9.515	7.47	0.247	34.5	67.1	54.6	14.3	1.90	2.40	1.23	7.75	12.3	5.47	1.85
		10		11.66	9.15	0.246	41.1	84.3	64.9	17.3	1.88	2.36	1.22	9.39	14.6	6.36	1.93
7	70	4	8	5.570	4.37	0.275	26.4	45.7	41.8	11.0	2.18	2.74	1.40	5.14	8.44	4.17	1.86
		5		6.876	5.40	0.275	32.2	57.2	51.1	13.3	2.16	2.73	1.39	6.32	10.3	4.95	1.91
		6		8.160	6.41	0.275	37.8	68.7	59.9	15.6	2.15	2.71	1.33	7.48	12.1	5.67	1.95
		7		9.424	7.40	0.275	43.1	80.3	68.4	17.8	2.14	2.69	1.33	8.59	13.8	6.34	1.99
		8		10.67	8.37	0.274	48.2	91.9	76.4	20.0	2.12	2.68	1.37	9.68	15.4	6.98	2.03

附录 型钢规格表

续表

型号	截面尺寸/mm				截面面积/cm²	理论重量/(kg/m)	外表面积/(m²/m)	惯性矩/cm⁴				惯性半径/cm			截面模数/cm³			重心距离/cm
	b		d	r				I_x	I_{x1}	I_{x0}	I_{y0}	i_x	i_{x0}	i_{y0}	W_x	W_{x0}	W_{y0}	Z_0
7.5	75		5	9	7.412	5.82	0.295	40.0	70.6	63.3	16.6	2.33	2.92	1.50	7.32	11.9	5.77	2.04
			6		8.797	6.91	0.294	47.0	84.6	74.4	19.5	2.31	2.90	1.49	8.64	14.0	6.67	2.07
			7		10.16	7.98	0.294	53.6	98.7	85.0	22.2	2.30	2.89	1.48	9.93	16.0	7.44	2.11
			8		11.50	9.03	0.294	60.0	113	95.1	24.9	2.28	2.88	1.47	11.2	17.9	8.19	2.15
			9		12.83	10.1	0.294	66.1	127	105	27.5	2.27	2.86	1.46	12.4	19.8	8.89	2.18
			10		14.13	11.1	0.293	72.0	142	114	30.1	2.26	2.84	1.46	13.6	21.5	9.56	2.22
8	80		5	9	7.912	6.21	0.315	48.8	85.4	77.3	20.3	2.48	3.13	1.60	8.34	13.7	6.66	2.15
			6		9.397	7.38	0.314	57.4	103	91.0	23.7	2.47	3.11	1.59	9.87	16.1	7.65	2.19
			7		10.86	8.53	0.314	65.6	120	104	27.1	2.46	3.10	1.58	11.4	18.4	8.58	2.23
			8		12.30	9.66	0.314	73.5	137	117	30.4	2.44	3.08	1.57	12.8	20.6	9.46	2.27
			9		13.73	10.8	0.314	81.1	154	129	33.6	2.43	3.06	1.56	14.3	22.7	10.3	2.31
			10		15.13	11.9	0.313	88.4	172	140	36.8	2.42	3.04	1.56	15.6	24.8	11.1	2.35
9	90		6	10	10.64	8.35	0.354	82.8	146	131	34.3	2.79	3.51	1.80	12.6	20.6	9.95	2.44
			7		12.30	9.66	0.354	94.8	170	150	39.2	2.78	3.50	1.78	14.5	23.6	11.2	2.48
			8		13.94	10.9	0.353	106	195	169	44.0	2.76	3.48	1.78	16.4	26.6	12.4	2.52
			9		15.57	12.2	0.353	118	219	187	48.7	2.75	3.46	1.77	18.3	29.4	13.5	2.56
			10		17.17	13.5	0.353	129	244	204	53.3	2.74	3.45	1.76	20.1	32.0	14.5	2.59
			12		20.31	15.9	0.352	149	294	236	62.2	2.71	3.41	1.75	23.6	37.1	16.5	2.67
10	100		6	12	11.93	9.37	0.393	115	200	182	47.9	3.10	3.90	2.00	15.7	25.7	12.7	2.67
			7		13.80	10.8	0.393	132	234	209	54.7	3.09	3.89	1.99	18.1	29.6	14.3	2.71
			8		15.64	12.3	0.393	148	267	235	61.4	3.08	3.88	1.98	20.5	33.2	15.8	2.76
			9		17.46	13.7	0.392	164	300	260	68.0	3.07	3.86	1.97	22.8	36.8	17.2	2.80
			10		19.26	15.1	0.392	180	334	285	74.4	3.05	3.84	1.96	25.1	40.3	18.5	2.84
			12		22.80	17.9	0.391	209	402	331	86.8	3.03	3.81	1.95	29.5	46.8	21.1	2.91
			14		26.26	20.6	0.391	237	471	374	99.0	3.00	3.77	1.94	33.7	52.9	23.4	2.99
			16		29.63	23.3	0.390	263	540	414	111	2.98	3.74	1.94	37.8	58.6	25.6	3.06

续表

型号	截面尺寸/mm				截面面积/cm²	理论重量/(kg/m)	外表面积/(m²/m)	惯性矩/cm⁴				惯性半径/cm			截面模数/cm³			重心距离/cm
	b	d		r				I_x	I_{x1}	I_{x0}	I_{y0}	i_x	i_{x0}	i_{y0}	W_x	W_{x0}	W_{y0}	Z_0
11	110	7		12	15.20	11.9	0.433	177	311	281	73.4	3.41	4.30	2.20	22.1	36.1	17.5	2.96
		8			17.24	13.5	0.433	199	355	316	82.4	3.40	4.28	2.19	25.0	40.7	19.4	3.01
		10			21.26	16.7	0.432	242	445	384	100	3.38	4.25	2.17	30.6	49.4	22.9	3.09
		12			25.20	19.8	0.431	283	535	448	117	3.35	4.22	2.15	36.1	57.6	26.2	3.16
		14			29.06	22.8	0.431	321	625	508	133	3.32	4.18	2.14	41.3	65.3	29.1	3.24
12.5	125	8			19.75	15.5	0.492	297	521	471	123	3.88	4.88	2.50	32.5	53.3	25.9	3.37
		10			24.37	19.1	0.491	362	652	574	149	3.85	4.85	2.48	40.0	64.9	30.6	3.45
		12			28.91	22.7	0.491	423	783	671	175	3.83	4.82	2.46	41.2	76.0	35.0	3.53
		14			33.37	26.2	0.490	482	916	764	200	3.80	4.78	2.45	54.2	86.4	39.1	3.61
		16		14	37.74	29.6	0.489	537	1050	851	224	3.77	4.75	2.43	60.9	96.3	43.0	3.68
14	140	10			27.37	21.5	0.551	515	915	817	212	4.34	5.46	2.78	50.6	82.6	39.2	3.82
		12			32.51	25.5	0.551	604	1100	959	249	4.31	5.43	2.76	59.8	96.9	45.0	3.90
		14			37.57	29.5	0.550	689	1280	1090	284	4.28	5.40	2.75	68.8	110	50.5	3.98
		16			42.54	33.4	0.549	770	1470	1220	319	4.26	5.36	2.74	77.5	123	55.6	4.06
15	150	8			23.75	18.6	0.592	521	900	827	215	4.69	5.90	3.01	47.4	78.0	38.1	3.99
		10			29.37	23.1	0.591	638	1130	1010	262	4.66	5.87	2.99	58.4	95.5	45.5	4.08
		12			34.91	27.4	0.591	749	1350	1190	308	4.63	5.84	2.97	69.0	112	52.4	4.15
		14			40.37	31.7	0.590	856	1580	1360	352	4.60	5.80	2.95	79.5	128	58.8	4.23
		15			43.06	33.8	0.590	907	1690	1440	374	4.59	5.78	2.95	84.6	136	61.9	4.27
		16			45.74	35.9	0.589	958	1810	1520	395	4.58	5.77	2.94	89.6	143	64.9	4.31
16	160	10			31.50	24.7	0.630	780	1370	1240	322	4.98	6.27	3.20	66.7	109	52.8	4.31
		12			37.44	29.4	0.630	917	1640	1460	377	4.95	6.24	3.18	79.0	129	60.7	4.39
		14			43.30	34.0	0.629	1050	1910	1670	432	4.92	6.20	3.16	91.0	147	68.2	4.47
		16		16	49.07	38.5	0.629	1180	2190	1870	485	4.89	6.17	3.14	103	165	75.3	4.55
18	180	12			42.24	33.2	0.710	1320	2330	2100	543	5.59	7.05	3.58	101	165	78.4	4.89
		14			48.90	38.4	0.709	1510	2720	2410	622	5.56	7.02	3.56	116	189	88.4	4.97
		16			55.47	43.5	0.709	1700	3120	2700	699	5.54	6.98	3.55	131	212	97.8	5.05
		18			61.96	48.6	0.708	1880	3500	2990	762	5.50	6.94	3.51	146	235	105	5.13

续表

型号	截面尺寸/mm			截面面积/cm²	理论重量/(kg/m)	外表面积/(m²/m)	惯性矩/cm⁴				惯性半径/cm			截面模数/cm³			重心距离/cm
	b	d	r				I_x	I_{x1}	I_{x0}	I_{y0}	i_x	i_{x0}	i_{y0}	W_x	W_{x0}	W_{y0}	Z_0
20	200	14	18	54.64	42.9	0.788	2100	3730	3340	864	6.20	7.82	3.98	145	236	112	5.46
		16		62.01	48.7	0.788	2370	4270	3760	971	6.18	7.79	3.96	164	266	124	5.54
		18		69.30	54.4	0.787	2620	4810	4160	1080	6.15	7.75	3.94	182	294	136	5.62
		20		76.51	60.1	0.787	2870	5350	4550	1180	6.12	7.72	3.93	200	322	147	5.69
		24		90.66	71.2	0.785	3340	6460	5290	1380	6.07	7.64	3.90	236	374	167	5.87
22	220	16	21	68.67	53.9	0.866	3190	5680	5060	1310	6.81	8.59	4.37	200	326	154	6.03
		18		76.75	60.3	0.866	3540	6400	5620	1450	6.79	8.55	4.35	223	361	168	6.11
		20		84.76	66.5	0.865	3870	7110	6150	1590	6.76	8.52	4.34	245	395	182	6.18
		22		92.68	72.8	0.865	4200	7830	6670	1730	6.73	8.48	4.32	267	429	195	6.26
		24		100.5	78.9	0.864	4520	8550	7170	1870	6.71	8.45	4.31	289	461	208	6.33
		26		108.3	85.0	0.864	4830	9280	7690	2000	6.68	8.41	4.30	310	492	221	6.41
25	250	18	24	87.84	69.0	0.985	5270	9380	8370	2170	7.75	9.76	4.97	290	473	224	6.84
		20		97.05	76.2	0.984	5780	10400	9180	2380	7.72	9.73	4.95	320	519	243	6.92
		22		106.2	83.3	0.983	6280	11500	9970	2580	7.69	9.69	4.93	349	564	261	7.00
		24		115.2	90.4	0.983	6770	12500	10700	2790	7.67	9.66	4.92	378	608	278	7.07
		26		124.2	97.5	0.982	7240	13600	11500	2980	7.64	9.62	4.90	406	650	295	7.15
		28		133.0	104	0.982	7700	14600	12200	3180	7.61	9.58	4.89	433	691	311	7.22
		30		141.8	111	0.981	8160	15700	12900	3380	7.58	9.55	4.88	461	731	327	7.30
		32		150.5	118	0.981	8600	16800	13600	3570	7.56	9.51	4.87	488	770	342	7.37
		35		163.4	128	0.980	9240	18400	14600	3850	7.52	9.46	4.86	527	827	364	7.48

注：截面图中的 $r_1 = 1/3d$ 及表中 r 的数据用于孔型设计，不做交货条件。

附表 4　不等边角钢截面尺寸、截面积、理论重量及截面特性（GB/T 706—2016）

符号意义：
B —— 长边宽度；
d —— 边厚度；
r_1 —— 边端内圆弧半径；
i —— 惯性半径；
x_0 —— 重心距离；
b —— 短边宽度；
r —— 内圆弧半径；
I —— 惯性矩；
W —— 截面模量；
y_0 —— 重心距离。

型号	截面尺寸/mm				截面面积/cm^2	理论重量/(kg/m)	外表面积/(m^2/m)	惯性矩/cm^4					惯性半径/cm			截面模数/cm^3			$\tan\alpha$	重心距离/cm	
	B	b	d	r				I_x	I_{x1}	I_y	I_{y1}	I_u	i_x	i_y	i_u	W_x	W_y	W_u		X_0	Y_0
2.5/1.6	25	16	3	3.5	1.162	0.91	0.080	0.70	1.56	0.22	0.43	0.14	0.78	0.44	0.34	0.43	0.19	0.16	0.392	0.42	0.86
			4		1.499	1.18	0.079	0.88	2.09	0.27	0.59	0.17	0.77	0.43	0.34	0.55	0.24	0.20	0.381	0.46	0.90
3.2/2	32	20	3		1.492	1.17	0.102	1.53	3.27	0.46	0.82	0.28	1.01	0.55	0.43	0.72	0.30	0.25	0.382	0.49	1.08
			4		1.939	1.52	0.101	1.93	4.37	0.57	1.12	0.35	1.00	0.54	0.42	0.93	0.39	0.32	0.374	0.53	1.12
4/2.5	40	25	3	4	1.890	1.48	0.127	3.08	5.39	0.93	1.59	0.56	1.28	0.70	0.54	1.5	0.49	0.40	0.385	0.59	1.32
			4		2.467	1.94	0.127	3.93	8.53	1.18	2.14	0.71	1.36	0.69	0.54	1.49	0.63	0.52	0.381	0.63	1.37
4.5/2.8	45	28	3	5	2.149	1.69	0.143	4.45	9.10	1.34	2.23	0.80	1.44	0.79	0.61	1.47	0.62	0.51	0.383	0.64	1.47
			4		2.806	2.20	0.143	5.69	12.1	1.70	3.00	1.02	1.42	0.78	0.60	1.91	0.80	0.66	0.380	0.68	1.51
5/3.2	50	32	3	5.5	2.431	1.91	0.161	6.24	12.5	2.02	3.31	1.20	1.60	0.91	0.70	1.84	0.82	0.68	0.404	0.73	1.60
			4		3.177	2.49	0.160	8.02	16.7	2.58	4.45	1.53	1.59	0.90	0.69	2.39	1.06	0.87	0.402	0.77	1.65
5.6/3.6	56	36	3	6	2.743	2.15	0.181	8.88	17.5	2.92	4.7	1.73	1.80	1.03	0.79	2.32	1.05	0.87	0.408	0.80	1.78
			4		3.590	2.82	0.180	11.5	23.4	3.76	6.33	2.23	1.79	1.02	0.79	3.03	1.37	1.13	0.408	0.85	1.82
			5		4.415	3.47	0.180	13.9	29.3	4.49	7.94	2.67	1.77	1.01	0.78	3.71	1.65	1.36	0.404	0.88	1.87

附录 型钢规格表

续表

型号	截面尺寸/mm				截面面积/cm²	理论重量/(kg/m)	外表面积/(m²/m)	惯性矩/cm⁴					惯性半径/cm			截面模数/cm³			tanα	重心距离/cm	
	B	b	d	r				I_x	I_{x1}	I_y	I_{y1}	I_u	i_x	i_y	i_u	W_x	W_y	W_u		X_0	Y_0
6.3/4	63	40	4	7	4.058	3.19	0.202	16.5	33.3	5.23	8.63	3.12	2.02	1.14	0.88	3.87	1.70	1.40	0.398	0.92	2.04
			5		4.993	3.92	0.202	20.0	41.6	6.31	10.9	3.76	2.00	1.12	0.87	4.74	2.07	1.71	0.396	0.95	2.08
			6		5.908	4.64	0.201	23.4	50.0	7.29	13.1	4.34	1.96	1.11	0.86	5.59	2.43	1.99	0.393	0.99	2.12
			7		6.802	5.34	0.201	26.5	58.1	8.24	15.5	4.97	1.98	1.10	0.86	6.40	2.78	2.29	0.389	1.03	2.15
7/4.5	70	45	4	7.5	4.553	3.57	0.226	23.2	45.9	7.55	12.3	4.40	2.26	1.29	0.98	4.86	2.17	1.77	0.410	1.02	2.24
			5		5.609	4.40	0.225	28.0	57.1	9.13	15.4	5.40	2.23	1.28	0.98	5.92	2.65	2.19	0.407	1.06	2.28
			6		6.644	5.22	0.225	32.5	68.4	10.6	18.6	6.35	2.21	1.26	0.98	6.95	3.12	2.59	0.404	1.09	2.32
			7		7.658	6.01	0.225	37.2	80.0	12.0	21.8	7.16	2.20	1.25	0.97	8.03	3.57	2.94	0.402	1.13	2.36
7.5/5	75	50	5	8	6.126	4.81	0.245	34.9	70.0	12.6	21.0	7.41	2.39	1.44	1.10	6.83	3.3	2.74	0.435	1.17	2.40
			6		7.260	5.70	0.245	41.1	84.3	14.7	25.4	8.54	2.38	1.42	1.08	8.12	3.88	3.19	0.435	1.21	2.44
			8		9.467	7.43	0.244	52.4	113	18.5	34.2	10.9	2.35	1.40	1.07	10.5	4.99	4.10	0.429	1.29	2.52
			10		11.59	9.10	0.244	62.7	141	22.0	43.4	13.1	2.33	1.38	1.06	12.8	6.04	4.99	0.423	1.36	2.60
8/5	80	50	5	8	6.376	5.00	0.255	42.0	85.2	12.8	21.1	7.66	2.56	1.42	1.10	7.78	3.32	2.74	0.388	1.14	2.60
			6		7.560	5.93	0.255	49.5	103	15.0	25.4	8.85	2.56	1.41	1.08	9.25	3.91	3.20	0.387	1.18	2.65
			7		8.724	6.85	0.255	56.2	119	17.0	29.8	10.2	2.54	1.39	1.08	10.6	4.48	3.70	0.384	1.21	2.69
			8		9.867	7.75	0.254	62.8	136	18.9	34.3	11.4	2.52	1.38	1.07	11.9	5.03	4.16	0.381	1.25	2.73
9/5.6	90	56	5	9	7.212	5.66	0.287	60.5	121	18.3	29.5	11.0	2.90	1.59	1.23	9.92	4.21	3.49	0.385	1.25	2.91
			6		8.557	6.72	0.286	71.0	146	21.4	35.6	12.9	2.88	1.58	1.23	11.7	4.96	4.13	0.384	1.29	2.95
			7		9.881	7.76	0.286	81.0	170	24.4	41.7	14.7	2.86	1.57	1.22	13.5	5.70	4.72	0.382	1.33	3.00
			8		11.18	8.78	0.286	91.0	194	27.2	47.9	16.3	2.85	1.56	1.21	15.3	6.41	5.29	0.380	1.36	3.04
10/6.3	100	63	6	10	9.618	7.55	0.320	99.1	200	30.9	50.5	18.4	3.21	1.79	1.38	14.6	6.35	5.25	0.394	1.43	3.24
			7		11.11	8.72	0.320	113	233	35.3	59.1	21.0	3.20	1.78	1.38	16.9	7.29	6.02	0.394	1.47	3.28
			8		12.58	9.88	0.319	127	266	39.4	67.9	23.5	3.18	1.77	1.37	19.1	8.21	6.78	0.391	1.50	3.32
			10		15.47	12.1	0.319	154	333	47.1	85.7	28.3	3.15	1.74	1.35	23.3	9.98	8.24	0.387	1.58	3.40

续表

型号	截面尺寸/mm				截面面积/cm²	理论重量/(kg/m)	外表面积/(m²/m)	惯性矩/cm⁴					惯性半径/cm			截面模数/cm³			tanα	重心距离/cm	
	B	b	d	r				I_x	I_{x1}	I_y	I_{y1}	I_u	i_x	i_y	i_u	W_x	W_y	W_u		X_0	Y_0
10/8	100	80	6	10	10.64	8.35	0.354	107	200	61.2	103	31.7	3.17	2.40	1.72	15.2	10.2	8.37	0.627	1.97	2.95
			7		12.30	9.66	0.354	123	233	70.1	120	36.2	3.16	2.39	1.72	17.5	11.7	9.60	0.626	2.01	3.00
			8		13.94	10.9	0.353	138	267	78.6	137	40.6	3.14	2.37	1.71	19.8	13.2	10.8	0.625	2.05	3.04
			10		17.17	13.5	0.353	167	334	94.7	172	49.1	3.12	2.35	1.69	24.2	16.1	13.1	0.622	2.13	3.12
11/7	110	70	6	10	10.64	8.35	0.354	133	266	42.9	69.1	25.4	3.54	2.01	1.54	17.9	7.90	6.53	0.403	1.57	3.53
			7		12.30	9.66	0.354	153	310	49.0	80.8	29.0	3.53	2.00	1.53	20.6	9.09	7.50	0.402	1.61	3.57
			8		13.94	10.9	0.353	172	354	54.9	92.7	32.5	3.51	1.98	1.53	23.3	10.3	8.45	0.401	1.65	3.62
			10		17.17	13.5	0.353	208	443	65.9	117	39.2	3.48	1.96	1.51	28.5	12.5	10.3	0.397	1.72	3.70
12.5/8	125	80	7	11	14.10	11.1	0.403	228	455	74.4	120	43.8	4.02	2.30	1.76	26.9	12.0	9.92	0.408	1.80	4.01
			8		15.99	12.6	0.403	257	520	83.5	138	49.2	4.01	2.28	1.75	30.4	13.6	11.2	0.407	1.84	4.06
			10		19.71	15.5	0.402	312	650	101	173	59.5	3.98	2.26	1.74	37.3	16.6	13.6	0.404	1.92	4.14
			12		23.35	18.3	0.402	364	780	117	210	69.4	3.95	2.24	1.72	44.0	19.4	16.0	0.400	2.00	4.22
14/9	140	90	8	12	18.04	14.2	0.453	366	731	121	196	70.8	4.50	2.59	1.98	38.5	17.3	14.3	0.411	2.04	4.50
			10		22.26	17.5	0.452	446	913	140	246	85.8	4.47	2.56	1.96	47.3	21.2	17.5	0.409	2.12	4.58
			12		26.40	20.7	0.451	522	1100	170	297	100	4.44	2.54	1.95	55.9	25.0	20.5	0.406	2.19	4.66
			14		30.46	23.9	0.451	594	1280	192	349	114	4.42	2.51	1.94	64.2	28.5	23.5	0.403	2.27	4.74
15/9	150	90	8	12	18.84	14.8	0.473	442	898	123	196	74.1	4.84	2.55	1.98	43.9	17.5	14.5	0.364	1.97	4.92
			10		23.26	18.3	0.472	539	1120	149	246	89.9	4.81	2.53	1.97	54.0	21.4	17.7	0.362	2.05	5.01
			12		27.60	21.7	0.471	632	1350	173	297	105	4.79	2.50	1.95	63.8	25.1	20.8	0.359	2.12	5.09
			14		31.86	25.0	0.471	721	1570	196	350	120	4.76	2.48	1.94	73.3	28.8	23.8	0.356	2.20	5.17
			15		33.95	26.7	0.471	764	1680	207	376	127	4.74	2.47	1.93	78.0	30.5	25.3	0.354	2.24	5.21
			16		36.03	28.3	0.470	806	1800	217	403	134	4.73	2.45	1.93	82.6	32.3	26.8	0.352	2.27	5.25

续表

型号	截面尺寸/mm				截面面积/cm²	理论重量/(kg/m)	外表面积/(m²/m)	惯性矩/cm⁴					惯性半径/cm			截面模数/cm³			$\tan\alpha$	重心距离/cm	
	B	b	d	r				I_x	I_{x1}	I_y	I_{y1}	I_u	i_x	i_y	i_u	W_x	W_y	W_u		X_0	Y_0
16/10	160	100	10	13	25.32	19.9	0.512	669	1360	205	337	122	5.14	2.85	2.19	62.1	26.6	21.9	0.390	2.28	5.24
			12		30.05	23.6	0.511	785	1640	239	406	142	5.11	2.82	2.17	73.5	31.3	25.8	0.388	2.36	5.32
			14		34.71	27.2	0.510	896	1910	271	476	162	5.08	2.80	2.16	84.6	35.8	29.6	0.385	2.43	5.40
			16		39.28	30.8	0.510	1000	2180	302	548	183	5.05	2.77	2.16	95.3	40.2	33.4	0.382	2.51	5.48
18/11	180	110	10	14	28.37	22.3	0.571	956	1940	278	447	167	5.80	3.13	2.42	79.0	32.5	26.9	0.376	2.44	5.89
			12		33.71	26.5	0.571	1120	2330	325	539	195	5.78	3.10	2.40	93.5	38.3	31.7	0.374	2.52	5.98
			14		38.97	30.6	0.570	1290	2720	370	632	222	5.75	3.08	2.39	108	44.0	36.3	0.372	2.59	6.06
			16		44.14	34.6	0.569	1440	3110	412	726	249	5.72	3.06	2.38	122	49.4	40.9	0.369	2.67	6.14
20/12.5	200	125	12	14	37.91	29.8	0.641	1570	3190	483	788	286	6.44	3.57	2.74	117	50.0	41.2	0.392	2.83	6.54
			14		43.87	34.4	0.640	1800	3730	551	922	327	6.41	3.54	2.73	135	57.4	47.3	0.390	2.91	6.62
			16		49.74	39.0	0.639	2020	4260	615	1060	366	6.38	3.52	2.71	152	64.9	53.3	0.388	2.99	6.70
			18		55.53	43.6	0.639	2240	4790	677	1200	405	6.35	3.49	2.70	169	71.7	59.2	0.385	3.06	6.78

注：截面图中的 $r_1 = 1/3d$ 及表中 r 的数据用于孔型设计，不做交货条件。